3D 科研绘图
与学术图表绘制
从 入门 到 精通

李浩东 著

北京大学出版社
PEKING UNIVERSITY PRESS

内 容 提 要

本书共7章，系统讲解了化学、材料学、生物医学等领域的作图需求和相关软件技术，并从设计基本概念、软件底层原理和案例实际操作三个方面展开全方位的教学。

本书在内容的设定和案例的选择上充分考虑了读者对象的需求，无论是刚入门的初学者还是寻求深度发展的科学可视化人员，都能从中汲取所需的知识。特别是涉及专业科学可视化部分的内容，有效填补了现有同类型参考书的空白。本书专为有图像设计需求的研究人员和科学可视化从业者编写。

图书在版编目(CIP)数据

3D科研绘图与学术图表绘制从入门到精通 / 李浩东著. — 北京：北京大学出版社，2023.8
ISBN 978-7-301-34050-9

Ⅰ.①3… Ⅱ.①李… Ⅲ.①三维动画软件－应用－科学研究工作 Ⅳ.①G31-39

中国国家版本馆CIP数据核字（2023）第099736号

书　　　名	**3D科研绘图与学术图表绘制从入门到精通**	
	3D KEYAN HUITU YU XUESHU TUBIAO HUIZHI CONG RUMEN DAO JINGTONG	
著作责任者	李浩东　著	
责任编辑	刘　云　刘　倩	
标准书号	ISBN 978-7-301-34050-9	
出版发行	北京大学出版社	
地　　　址	北京市海淀区成府路205号　100871	
网　　　址	http://www.pup.cn　　新浪微博：@北京大学出版社	
电子邮箱	编辑部 pup7@pup.cn　总编室 zpup@pup.cn	
电　　　话	邮购部 010-62752015　发行部 010-62750672　编辑部 010-62570390	
印　刷　者	三河市北燕印装有限公司	
经　销　者	新华书店	
	787毫米×1092毫米　16开本　16.75印张　461千字	
	2023年8月第1版　2024年1月第2次印刷	
印　　　数	3001-5000册	
定　　　价	109.00元	

未经许可，不得以任何方式复制或抄袭本书之部分或全部内容。
版权所有，侵权必究
举报电话：010-62752024　电子邮箱：fd@pup.cn
图书如有印装质量问题，请与出版部联系，电话：010-62756370

前言

钱学森说:"我主张科学技术工作者多和文学艺术家交朋友,因为他们之间太隔阂了。"科学和艺术,一个讲究逻辑严谨,一个追求天马行空,两条看似截然不同的并行的轨道,实际上却有着千丝万缕的联系。

很多科学技术工作者都会有这样的困扰:如何让自己的工作看上去更有吸引力?内容的新颖性和重要性固然是一方面,而另一方面,成果展现的形式在很大程度上影响读者的关注和理解。对于编辑和读者而言,一篇文章中的插图往往是最先被注意到的对象,很大程度上会影响继续阅读下去的兴趣。特别是随着计算机图形技术的发展,示意或概念性插图在科研论文中出现的比重逐年上升。然而,相比于科学理论或实验的探索,研究人员在图像表达方面受到的培训却表现为完全不对等的欠缺。

科学可视化的诞生像是架起了一座沟通科学和艺术的桥梁。更准确地说,它使得科学图像能够以一种更加艺术化的方式表达出来。这无疑将有助于跨越学科、文化和语言的障碍。和传统艺术最大的区别在于,这一可视化方式主要基于科学的概念。很显然,一名合格的科学可视化工作者必须兼具基本的科学和艺术素养。本书的编写正是为了满足那些不懂设计的研究人员在图像创作方面的需求,同时也为那些没有科学背景的设计师提供了具有学术价值的参考。

读者在学习本书中的案例时,不要拘泥于单个步骤的操作,而应该对整体创作流程加以思考。技术总是容易过时的,随着软件版本的更新,某些具体的操作方式可能会随之发生改变,但设计的思路和软件操作的本质大抵是相通的,认真的学习者将在不断的思考和试错中获得进步。

和市面上其他相关书籍相比,本书的案例讲解更加系统全面,主体脉络清晰,层层递进,而非东拼西凑型的简单工具书式教学。此外,笔者拥有10年以上的科学研究和艺术设计双重经验。

当然,个人的经验和智慧总有局限性。虽然在编写的过程中参考了大量相关文献,但也很难考虑得面面俱到。无论是科学研究还是艺术创作,都是一个无止境的探索过程。如果本书能够帮助初学者打开科学可视化领域的大门,或是引发相关从业者的共鸣乃至更深层次的思考,它就实现了其应有的价值。

最后给那些愿意在科学可视化领域获得些许成就的个人提一点建议——懂得什么是美很重要。优秀的图像设计应如一首美妙的诗,每个字符都恰到好处地出现在它该出现的位置上。

科学图像的创作同样如此,那些色彩、线条、光和影的交织,让人忍不住想要去了解其背后的故事。这创作本身不一定要多么华丽,毕竟,对科学的解释或思维的阐述才是其最重要的价值体现。

科学可视化提供了这样一种契机,使原本枯燥的知识和技术变得具象。正如万有引力本是个抽象的概念,但掉落的苹果终让艾萨克·牛顿的思想变得更加亲切而真实。

温馨提示 本书附赠案例文件,读者可以通过扫描封底二维码,关注"博雅读书社"微信公众号,找到资源下载栏目,输入本书77页的资源下载码,根据提示获取。

目录

第一章 科学可视化概述 1

- 1.1 科学可视化的发展历程 1
- 1.2 图像化语言在科学传播中的意义 3
- 1.3 图像设计基础 5
  - 1.3.1 位图与矢量图 5
  - 1.3.2 论文图像的尺寸和分辨率 6
  - 1.3.3 颜色模式的选择 7
- 1.4 科研绘图常用软件介绍 9
  - 1.4.1 数据图表类 9
  - 1.4.2 矢量图类 11
  - 1.4.3 分子可视化类 14
  - 1.4.4 三维建模类 18
- 1.5 科研图像的主体设计思路 21
  - 1.5.1 面向过程 21
  - 1.5.2 面向结果 22
  - 1.5.3 期刊封面的综合设计 23

第二章 数据的 3D 可视化 27

- 2.1 三维数据的展现形式 27
- 2.2 Origin 中三维图形的制作方法 29
  - 2.2.1 散点图 30
  - 2.2.2 曲线图 34
  - 2.2.3 曲面图 38
- 2.3 平面图的高维展示 43
  - 2.3.1 色彩也是一种维度 43
  - 2.3.2 医学影像的三维重建 51

第三章 分子结构的 3D 可视化 55

- 3.1 常用的分子可视化软件 55
  - 3.1.1 分子绘制软件 55
  - 3.1.2 晶体可视化软件 56
  - 3.1.3 蛋白质分子可视化软件 57
- 3.2 Chem3D 创建分子的立体结构 58
  - 3.2.1 分子立体模型的绘制 58
  - 3.2.2 分子文件生成模型 62
- 3.3 Diamond 编辑晶体分子结构 72
  - 3.3.1 Diamond 软件介绍 72
  - 3.3.2 Diamond 软件的基本设置和基础操作 ... 73
  - 3.3.3 Diamond 应用案例 79
- 3.4 ChimeraX 编辑蛋白质分子结构 ... 90
  - 3.4.1 ChimeraX 软件简介 90
  - 3.4.2 蛋白质分子的表现形式 92
  - 3.4.3 对象选择和颜色设置 94

第四章 三维软件基础和微纳米材料的 3D 可视化 ... 98

- 4.1 来自材料科学的可视化需求 98
- 4.2 三维软件中的空间思维 98

4.2.1	空间视图基本概念 …………… 99	4.3.3	等值面和距离场 …………… 125
4.2.2	坐标、颜色与方向 …………… 101	**4.4**	**轮廓与光影**	**130**
4.2.3	C4D 软件设置和基础操作 …… 103	4.4.1	材质和照明 ………………… 130
4.3	**三维模型的构建思路**	**109**	4.4.2	模型的轮廓线 ……………… 144
4.3.1	基于 NURBS 的曲面建模 …… 109	4.4.3	PowerPoint 中的三维表现技巧 … 146
4.3.2	点、边和多边形网格 ………… 115		

第五章　生命科学中的 3D 可视化　　156

5.1	**DNA 分子模型**	**156**	5.2.3	细菌 ………………………… 182
5.1.1	全原子 DNA 模型 …………… 157	5.2.4	病毒 ………………………… 186
5.1.2	简化 DNA 模型 ……………… 158	**5.3**	**组织、器官和生物体**	**193**
5.2	**细胞、细菌和病毒**	**163**	5.3.1	血管和肿瘤建模 …………… 193
5.2.1	运动图形的克隆工具 ………… 163	5.3.2	生物医学插画中的三维效果 … 196
5.2.2	细胞和细胞器 ………………… 178	5.3.3	模型的细节雕刻 …………… 199

第六章　科研图像设计的基本法则　　203

6.1	**配色、排版与构图**	**203**	6.2.2	对比和强调 ………………… 213
6.1.1	色彩的选择 …………………… 203	**6.3**	**常用元素的绘制理念**	**215**
6.1.2	图像的排版 …………………… 206	6.3.1	表现结构 …………………… 215
6.1.3	构图的技巧 …………………… 209	6.3.2	表现性质 …………………… 216
6.2	**如何在画面中突出重点**	**212**	6.3.3	表现过程 …………………… 218
6.2.1	位置和视角 …………………… 212	6.3.4	表现细节 …………………… 220

第七章　科研绘图中的参数化设计　　225

7.1	**什么是参数化设计？**	**225**	7.3.2	力学模拟 …………………… 241
7.2	**参数化让绘图更科学**	**227**	**7.4**	**计算机图形的算法实现**	**252**
7.2.1	XPresso 与自定义参数 ……… 228	7.4.1	分形与迭代 ………………… 253
7.2.2	Grasshopper 简介 …………… 232	7.4.2	反应扩散图案 ……………… 254
7.3	**设计中的数值计算和模拟**	**236**	7.4.3	扩散限制凝聚 ……………… 256
7.3.1	公式与函数 …………………… 236		

附录一　参考文献　　259

附录二　软件快捷键　　261

第一章 科学可视化概述

科学的发展和传播离不开信息表达方式的进化。从文字到图像，从相对独立到可交互，无论是形式上还是技术上，科学可视化的方法都经历了翻天覆地的变化。尤其是计算机图形学技术的出现，使更多非艺术创作者加入科学图像设计的行列。科学和艺术这两个看似截然不同的领域，由此得到了更加充分的交融。

1.1 科学可视化的发展历程

"感受科学中的艺术，学习艺术中的科学。"——Leonardo da Vinci

作为欧洲文艺复兴时期的代表人物之一，意大利的Leonardo da Vinci（列奥纳多·达·芬奇）在包括艺术和科学在内的多个领域都展现出了非凡的造诣。在保存下来的将近6000页手稿中，有大量的人体解剖图、机械图、建筑图、武器图等画作。这些作品的重要价值不言而喻，甚至对几百年后的科学研究都有着跨时代的指导意义。

达·芬奇的画作并非简单的写实描绘，而是基于大量反复观察后的综合性结果再现。他将这一结果再现的过程定义为艺术手法、科学知识和想象力三者的结合，这可以说是最早的关于科学可视化的定义。

图1-1-1所示为公元1500年前后达·芬奇的手稿之一。在手稿中他对人体肩部和手臂的肌肉及骨骼结构进行了精美而细致的描绘，并附以详细的文字描述。尽管有些描述难以避免时代的认知局限性，但这种阐述科学的方式对后世产生了深远的影响。

早期人类对自然和生命的探索采取的是最直接而原始的观察，研究对象的尺度和细节也多是肉眼可分辨的范围。过了大约一个世纪，借助于各类玻璃仪器的研制，科学的探索才又往前迈进了一大步。1609年，意大利天文学家、物理学家Galileo Galilei（伽利略·伽利雷）用望远镜观测月球，并绘制了人类历史上第一幅月球表面图，如图1-1-2所示。通过对光影分界线附近的光影模式分析，Galileo证明了月球表面山脉和山谷的存在。

1665年，英国科学家Robert Hooke（罗伯特·虎克）发表了 *Micrographia*（显微摄影）。书中有一幅插图描绘的是软木树皮在

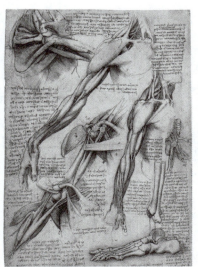

图1-1-1

显微镜下的结构，如图1-1-3所示。这是细胞最早的图像描述，cell这个英文单词就是Robert发明的，本意为"一个个单独的房间"。

以上这些图片真实地记录了早期的科学发现，并且在一定程度上推动了科学发展的进程。在最早诞生的众多学科中，生物学和医学领域的图像可视化是不可或缺的，包括中医的穴位图和西医的解剖图在内的种种可视化成果，都经历了无数医学工作者的反复试验和考证，才形成了今天的知识体系。

然而，并不是所有的科学工作者都同时具有绘画的天赋。绝大多数研究成果都以文字、表格和数学公式的形式保存下来。这些记录都有一个相同的载体——纸张。1874年，英国物理学家James Clerk Maxwell（詹姆斯·克拉克·麦克斯韦）在论文中看到Gibbs（吉布斯）定义的"热力学表面"，它表达了不同温度和压力下物质的体积、熵和能量之间的关系。出于赞赏，他亲手制作了一个热力学表面的石膏模型并送给了Gibbs。如图1-1-4所示，这是一个看似简单却有不寻常意义的模型。它不同于以往任何的雕塑或建筑，将抽象的知识用一种具象化的方式呈现出来。这个石膏模型直接将科学可视化的概念提升了一个维度，原来表现科学的方式除了绘画外，还可以是手工。

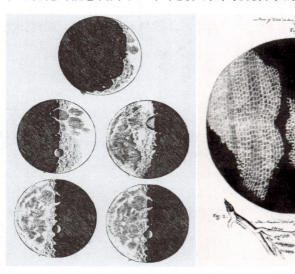
图1-1-2

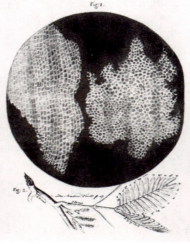
图1-1-3

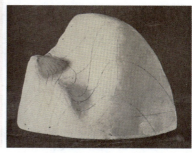
图1-1-4

即便如此，对科学工作者而言，这样的要求也是苛刻的。最好的方式莫过于寻求精于此道的人进行合作，可是在很长一段时间内，这样的伙伴是可遇而不可求的。

等到科学可视化迎来真正意义上的发展，要追溯到20世纪50年代。得益于计算机技术的发展和普及，科学图像或模型不再局限于绘画或手工制作的方式。一方面，用于创作科学图像的软件工具层出不穷；另一方面，科学图像的表现手法也日趋繁多。甚至这类基于计算机进行图像创作的技术本身，也逐渐发展为一门学科——计算机图形学。它的应用范畴几乎涵盖了所有的科学领域。

计算机图形的出现给了人们更自由的创作发挥空间，科学之外的众多领域对此同样有着巨大的需求，因而更加促进了这门技术的蓬勃发展。最直观的体现在图像的最终效果上。

以1950年到2010年间发表的文献中对Micelle（胶束）的展示形式为例，如图1-1-5所示，从早期的二维简单线条图到现在的全原子模型，科学的语言也逐渐从抽象变得形象。

图1-1-5

著名科学家钱学森曾在中国科学技术协会第二次全国代表大会上做过一篇题为《科学技术现代化一定要带动文学艺术现代化》的报告,在报告中他这样说道:"往大里说,科学家知道地球外十几万千米的情况,那里有太阳风引起的磁暴。再往外到月球、火星、金星、水星、木星、土星、天王星、海王星,天文学家能讲上不知道多少昼夜,那是太阳系的世界。再往远处是恒星的世界,在星团区域里,天上不是一个太阳,而是几十个、上百个太阳同时放出光辉,有像我们太阳光的,有放橙黄色光的,有放带红光的,绚丽多彩。这是银河星系的世界。天文学家还知道星系以上范围更大的星系团和星系团集的世界,那是几亿光年范围的世界。我们也希望我们的文艺界朋友写一写或画一画这些世界!"

"往小里说,生物学家对微生物,对细胞、遗传基因,还有核糖核酸、脱氧核糖核酸的活动,都能讲得很详细,讲得很生动,这也是一个世界。物理学家和化学家还可以讲到更小尺度的世界,讲分子、原子的世界,讲原子核的世界,讲基本粒子的世界,一直讲到基本粒子里面的世界。这是小到一个厘米的亿分之一了。我们也希望我们的文艺界朋友能写一写或画一画这些世界!"

时至今日,科学家们仍在宏观和微观尺度上进行着不懈的探索。电荷耦合器件的发明使图像可以在硅芯片上拍摄,望远镜和显微镜的功能也早已超出可见光学波段的范围(400~780 nm)。2017年10月4日,诺贝尔化学奖被授予了分别来自瑞士、德国和苏格兰的3位科学家,以表彰他们"在开发用于溶液中生物分子高分辨率结构测定的冷冻电镜技术方面的贡献"。这一技术能帮助研究人员在原子层面的分辨率下获得蛋白质的三维结构图像。

2019年4月10日,人类有史以来的第一张黑洞图像发布,如图1-1-6所示。这个黑洞位于距地球5500万光年之外的M87星系,拍摄工具是分布在世界多地的8个射电望远镜的组合,合称为Event Horizon Telescope(EHT,事件视界望远镜)。

图1-1-6

"科学从根本上来说是一种视觉的努力",正如当年发表在 *Nature* 上的一篇文章中所说的那样,"它自诞生以来,就执着于对物质的探索。无论是原子、基因、晶体、鲸鱼还是遥远的星系,揭示和阐述是科学的根本目的"。

1.2 图像化语言在科学传播中的意义

目前,我们已经很少看到一篇通篇都是文字,没有任何图表或插图的自然科研论文。学术会议上的报告和用于答辩的PPT文稿更是如此。在讲述图像化语言的意义之前,我们先来看两个例子。

第一个例子跟有机化合物的结构式有关,如图1-2-1所示。左边是苯分子的键线式结构式,无论是看到分子名称还是结构式,我们都可以快速在脑中构建出苯的分子结构图像,因为这时文字和图像都很简洁。但对于右边的樟脑分子来说,即便是受过专业训练的有机化学专业的同学,直接从名称推出其结构式也不是件容易的事情。

图1-2-1

第二个例子跟数据和图表有关。表1-1是1960—2020年间记录的夏威夷的Mauna Loa火山附近区域每月的二氧化碳浓度(数据来自Global Monitoring Laboratory)。

表1-1　Mauna Loa地区1960—2020年每月二氧化碳浓度（ppm）

Year	Jan	Feb	Mar	Apr	May	Jun	Jul	Aug	Sep	Oct	Nov	Dec
1960	316.43	316.98	317.58	319.03	320.04	319.59	318.18	315.9	314.17	313.83	315	316.19
1961	316.89	317.7	318.54	319.48	320.58	319.77	318.57	316.79	314.99	315.31	316.1	317.01
1962	317.94	318.55	319.68	320.57	321.02	320.62	319.61	317.4	316.25	315.42	316.69	317.7
1963	318.74	319.07	319.86	321.38	322.25	321.48	319.74	317.77	316.21	315.99	317.07	318.35
1964	319.57	320.01	320.74	321.84	322.26	321.89	320.44	318.69	316.7	316.87	317.68	318.71
1965	319.44	320.44	320.89	322.14	322.17	321.87	321.21	318.87	317.81	317.3	318.87	319.42
1966	320.62	321.6	322.39	323.7	324.08	323.75	322.38	320.36	318.64	318.1	319.78	321.03
1967	322.33	322.5	323.04	324.42	325	324.09	322.54	320.92	319.25	319.39	320.73	321.96
1968	322.57	323.15	323.89	325.02	325.57	325.36	324.14	322.11	320.33	320.25	321.32	322.89
1969	324	324.42	325.63	326.66	327.38	326.71	325.88	323.66	322.38	321.78	322.86	324.12
1970	325.06	325.98	326.93	328.13	328.08	327.67	326.34	324.69	323.1	323.06	324.01	325.13
1971	326.17	326.68	327.17	327.79	328.93	328.57	327.36	325.43	323.36	323.56	324.8	326.01
1972	326.77	327.63	327.75	329.72	330.07	329.09	328.04	326.32	324.84	325.2	326.5	327.55
1973	328.55	329.56	330.3	331.5	332.48	332.07	330.87	329.31	327.51	327.18	328.16	328.64
1974	329.35	330.71	331.48	332.65	333.19	332.2	331.07	329.15	327.33	327.28	328.31	329.58
1975	330.73	331.46	331.94	333.11	333.95	333.42	331.97	329.95	328.5	328.36	329.38	330.62
1976	331.56	332.74	333.36	334.74	334.72	333.98	333.08	330.68	328.96	328.72	330.16	331.62
1977	332.68	333.17	334.96	336.14	336.93	336.17	334.88	332.56	331.29	331.28	332.46	333.6
1978	334.94	335.26	336.66	337.69	338.02	338.01	336.5	334.42	332.36	332.45	333.76	334.91
1979	336.69	336.66	338.27	338.82	339.24	339.26	337.54	335.72	333.97	334.24	335.32	336.81
1980	337.9	338.34	340.07	340.93	341.45	341.36	339.45	337.67	336.25	336.14	337.3	338.29
1981	339.29	340.55	341.63	342.6	343.04	342.54	340.82	338.48	336.95	337.05	338.57	339.91
1982	340.93	341.76	342.78	343.96	344.77	343.88	342.42	340.24	338.38	338.41	339.44	340.78
1983	341.57	342.78	343.37	345.4	346.14	345.76	344.32	342.51	340.46	340.53	341.79	343.2
1984	344.21	344.92	345.68	347.14	347.78	347.16	345.79	343.74	341.59	341.86	343.31	345
1985	345.48	346.41	347.91	348.66	349.28	348.65	346.9	345.26	343.47	343.35	344.73	346.12
1986	346.78	347.48	348.25	349.86	350.52	349.98	348.25	346.17	345.48	344.82	346.22	347.48
1987	348.73	348.92	349.81	351.4	352.15	351.59	350.21	348.2	346.66	346.72	348.08	349.28
1988	350.51	351.7	352.5	353.67	354.35	353.88	352.8	350.49	348.97	349.37	350.43	351.62
1989	353.07	353.43	354.08	355.72	355.95	355.44	354.05	351.84	350.09	350.33	351.55	352.91
1990	353.86	355.1	355.75	356.38	357.38	356.39	354.89	353.07	351.38	351.69	353.14	354.41
1991	354.93	355.82	357.33	358.77	359.23	358.23	356.3	353.97	352.34	352.43	353.89	355.21
1992	356.34	357.21	357.97	359.22	359.71	359.43	357.15	354.99	353.01	353.41	354.22	355.68
1993	357.1	357.42	358.59	359.39	360.3	359.64	357.46	355.76	354.14	354.23	355.53	357.03
1994	358.36	359.04	360.11	361.36	361.78	360.94	359.51	357.59	355.86	356.21	357.65	359.1
1995	360.04	361	361.98	363.44	363.83	363.33	361.78	359.33	358.32	358.14	359.61	360.82
1996	362.2	363.36	364.28	364.69	365.25	365.06	363.69	361.55	359.69	359.72	361.04	362.39
1997	363.24	364.21	364.65	366.49	366.77	365.73	364.46	362.4	360.44	360.98	362.65	364.51
1998	365.39	366.1	367.36	368.79	369.56	369.13	367.98	366.1	364.16	364.54	365.67	367.3
1999	368.35	369.28	369.84	371.15	371.12	370.46	369.61	367.06	364.96	365.52	366.88	368.26
2000	369.45	369.71	370.75	371.98	371.75	371.87	370.02	368.27	367.15	368.12	368.53	369.83
2001	370.76	371.69	372.63	373.55	374.03	373.4	371.68	369.78	368.34	368.61	369.94	371.42
2002	372.7	373.37	374.3	375.19	375.93	375.69	374.16	372.03	370.92	370.73	372.43	373.98
2003	375.07	375.82	376.64	377.92	378.78	378.46	376.88	374.57	373.34	373.31	374.84	376.17
2004	377.17	378.05	379.06	380.54	380.8	379.87	377.65	376.1	374.43	374.63	376.33	377.68
2005	378.63	379.91	380.95	382.27	382.64	382.4	380.93	378.93	376.89	377.19	378.54	380.31
2006	381.58	382.4	382.86	384.8	385.22	384.24	382.65	380.6	379.04	379.33	380.35	382.02
2007	383.1	384.12	384.81	386.73	386.78	386.33	384.73	382.24	381.2	381.57	382.7	384.19
2008	385.78	386.06	386.28	387.33	388.78	387.99	386.61	384.32	383.41	383.21	384.41	385.79
2009	387.17	387.7	389.04	389.76	390.36	389.7	388.25	386.29	384.95	384.64	386.23	387.63
2010	388.91	390.41	391.37	392.67	393.21	392.38	390.41	388.54	387.03	387.43	388.87	389.99
2011	391.5	392.05	392.8	393.44	394.41	393.95	392.72	390.33	389.28	389.19	390.48	392.06
2012	393.31	394.04	394.59	396.38	396.93	395.91	394.56	392.59	391.32	391.27	393.2	394.57
2013	395.78	397.03	397.66	398.64	400.02	398.81	397.51	395.39	393.72	393.9	395.36	397.03
2014	398.04	398.27	399.91	401.51	401.96	401.43	399.38	397.32	395.64	396.29	397.55	399.15
2015	400.18	400.55	401.74	403.35	404.15	402.97	401.46	399.11	397.82	398.49	400.27	402.06
2016	402.73	404.25	405.06	407.6	407.9	406.99	404.59	402.45	401.23	401.79	403.72	404.64
2017	406.36	406.66	407.53	409.22	409.89	409.08	407.33	405.32	403.57	403.82	405.31	407
2018	408.15	408.52	409.59	410.45	411.44	410.99	408.9	407.16	405.71	406.19	408.21	409.27
2019	411.03	411.96	412.18	413.54	414.86	414.16	411.97	410.18	408.76	408.75	410.48	411.98
2020	413.61	414.34	414.74	416.45	417.31	416.6	414.62	412.78	411.52	411.51	413.12	414.26

直接从这么一堆数字中分析出二氧化碳浓度的变化趋势无疑是费时费力的，不管是横向还是纵向的比较，都很容易因为粗心而产生错误。显然，这样的数据呈现方式在理解和表达上都存在一定

的问题。

如果将表格中的数字用图像化的语言呈现出来的话，以年份为横坐标，二氧化碳的浓度数值为纵坐标，很容易得到如图1-2-2所示的关系曲线图。从图中可以清晰地看出锯齿状的上升趋势，它告诉我们两个信息：其一，Mauna Loa火山附近的二氧化碳浓度是逐年递增的；其二，具体到每个年份，二氧化碳浓度呈现先上升后下降的趋势，并且在每年的五六月份达到最高值。

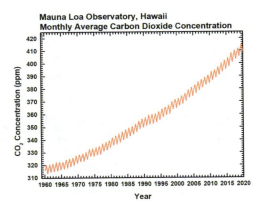

图 1-2-2

上面两个例子说明，人脑对于文字（数字）和图像信息的接收与转化存在着明显的差异。信息越复杂，这种差异化的程度也会被成倍放大。而造成这一差异的根源在于人的左脑和右脑的不同分工。根据1981年诺贝尔生理学或医学奖得主Roger W. Sperry对分裂脑行为的研究，大脑的左右两个半球可以控制不同的感知和认知。通常的说法是，左脑更倾向于逻辑思维，负责理性；右脑则更倾向于艺术思维，负责感性。图像信息的处理一般认为与右脑有不可分割的联系，这在科学界和非科学界都已成为主流的共识。

这里引用Roger的诺贝尔演讲中关于大脑右半球的一段描述："人脑右半球的特长都是非语言、非数学和非顺序的，它们在很大程度上跟空间和想象有关，一张图片或一个心理意象抵得上千言万语。"

如果我问你图1-2-1中樟脑分子结构式中有几个碳原子，你很容易能给出"10个"的答案。可如果问题变成"1,7,7-三甲基二环[2.2.1]庚烷-2-酮中有几个碳原子"，你也许就没有那么确定了。

实际的科学研究内容要比上面的例子复杂得多。除了数据外，研究对象本身的结构和功能等信息往往也需要加以图像化的润色，以便在最大程度上为他人所理解和接受。这其实相当于一个"讲故事"的过程，优秀的科学传播者总是善于结合视觉效果讲述引人入胜的故事来说明他们的观点。SCI期刊封面的文章通常也比其他论文更容易获得较高的曝光率。

1.3 图像设计基础

本节主要介绍计算机图像设计中的基本概念，包括图像的类型、分辨率及颜色模式的选择等。

1.3.1 位图与矢量图

在图像设计领域，位图和矢量图是两个至关重要的流行术语。理解这两个概念对每一个从事图像设计的人来说都是必要的。从根本上来说，位图是由许多单独的像素组成的，而矢量图是通过几何形状得到的。两者的主要区别如下。

（1）位图由像素矩阵组成，其图像清晰度受分辨率影响，放大后会呈现"马赛克"状；矢量图是用数学公式生成图形路径，任意缩放不会改变其形状，与分辨率无关。

（2）位图能够呈现丰富的色彩变化，可表达复杂且色彩过渡自然的逼真实物效果；矢量图一般多用于表现简单的图形，如Logo、标识等。

（3）常用的位图格式有*.png、*.jpg、*.gif、*.tiff、*.bmp等；常用的矢量图格式有*.ai、*.eps、*.svg、*.dwg、*.cdr等，表1-2所示是不同格式图片文件的比较。

（4）矢量图绘制要用专门的软件，如 PowerPoint、Adobe Illustrator、AutoCAD、CorelDRAW 等，且矢量图可以很方便地转成位图。但位图转成矢量图必经过复杂的数据处理，结果也会伴随着不同程度的信息丢失。一般三维软件渲染的图片都是位图格式，以表现更加真实的图像效果。图像处理软件 Adobe Photoshop 也是以位图作为处理对象。在实际绘图中，可根据需要选择不同的软件。

表1-2　图片文件的格式比较

文件类型	全　称	优　点	缺　点
EPS	Encapsulated PostScript	矢量格式，保持可编辑的图层和形状	文件较大，软件兼容性有限（用于 Adobe Ilustrator）
GIF	Graphics Interchange Format	可压缩成较小的文件	仅有256种颜色
JPEG	Joint Photographic Experts Group	可压缩成较小的文件，有1670万种颜色	有损压缩，压缩变形
PDF	Portable Document Format	保存为显示在监视器或打印机上的文档，独立于软件、硬件或操作系统，可以是矢量或栅格格式	最适合嵌入图像的文本，不适合矢量导出
PNG	Portable Network Graphics	无损压缩和色度校正	早期浏览器支持有限
PSD	Photoshop Document	矢量格式，保持可编辑的图层和形状	文件较大，软件兼容性有限（用于 Photoshop）
SVG	Scalable Vector Graphics	矢量格式，保持可编辑的图层和形状	软件兼容性有限
TIFF	Tag Image File Format	无损压缩，支持一系列图像大小、分辨率和颜色位深度	高分辨率或使用可编辑图层保存时文件较大

1.3.2　论文图像的尺寸和分辨率

学术期刊通常会在网站提供指导作者写作的格式规范，所以在论文撰写投稿之前，必须参考所投期刊的规范来写。例如，《美国化学会志》（Journal of the American Chemical Society）在其作者指南中就明确规定了不同类型图像的分辨率要求：黑白线条图（1200 dpi）、灰度图像（600 dpi）、彩色图像（300 dpi）。对于摘要图的尺寸和格式也有专门的要求，大小不能超过3.25英寸×1.75英寸（8.25 cm×4.45 cm），格式为 TIFF（位图）或 EPS（矢量图）。彩色 TIFF 的分辨率为300 dpi，黑白 TIFF 的分辨率为1200 dpi。EPS 则需要在 RGB 颜色模式下将所有字体转换为轮廓或嵌入文件中。

当然，不同的期刊其具体要求也不尽相同。但基本上关于图像的要求都体现在尺寸、分辨率和颜色模式这三个方面。尺寸很好理解，就是指图片的长度和宽度，单位通常是英寸或厘米。在尺寸相同的情况下，像素点的多少就决定了图像的清晰程度。对一幅图片来说，单位距离（或面积）内像素点的数量就是分辨率。

图 1-3-1

如图 1-3-1 所示，两幅图的尺寸均为4英寸×3英寸，每个方形色块代表一个像素点。不同的是左图的分辨率为10像素/英寸，右图的分辨率为30像素/英寸。两幅图的清晰度对比有明显的差别。

常用的描述分辨率的单位有两种：DPI 和 PPI。DPI 全称为 Dots Per Inch（每英寸点数），最初是应用于打印技术中的术语，点指的是打印机的墨点。有了电子显示设备后，相应产生了 PPI 的概念，全称为 Pixels Per Inch（每英寸像素）。严格来说，PPI 只存在于电子显示领域，而 DPI 只存在于印刷领域。但由于很多行业都用 dot 来泛指图像的基本单元，所以 DPI 和 PPI 经常会混用。

对于给定的电子图片，可以单击鼠标右键在属性中查看其分辨率。其计算公式为：

$$PPI = \frac{\sqrt{X^2 + Y^2}}{Z}$$

其中，X 为图像长度的像素数，Y 为宽度的像素数，Z 为图像的对角线长度。如图 1-3-1 的左图，长度为 40 像素，宽度为 30 像素，对角线长度为 5 英寸。代入上式计算得：

$$PPI = \frac{\sqrt{40^2 + 30^2}}{5} = 10（像素/英寸）$$

本书出于叙述和阅读的连贯性起见，统一采用 DPI 作为分辨率的单位。

从理论上来说，图像的分辨率越高，显示的细节就会越丰富，但在实际生活中往往会受到成像设备或肉眼分辨率的限制。例如，我们的计算机屏幕在设置显示分辨率时，通常会出现诸如"1920×1080"的选项，这里的 1920 和 1080 分别是指显示器的长和宽所划分的单元格数。而抛开屏幕尺寸谈分辨率，其实是没有意义的。以一个 27 英寸（对角线长度）的计算机屏幕为例，最高显示分辨率为 2560×1440，按照上面的公式可计算出分辨率为 108.8 dpi。

所以如果一幅图片只需要用于电子屏幕展示，最高分辨率设置为 120 dpi 就足够。如果需要印刷出来，彩色图或灰度图的分辨率一般设为 300~600 dpi 即可。黑白二色图为了避免印刷中出现明显的锯齿，通常采用更高的 1200 dpi 分辨率。

1.3.3 颜色模式的选择

除了分辨率外，色彩也是图像的重要属性之一。图 1-3-2 所示是 Adobe Photoshop 软件中设置颜色时可选择的模式，本节主要介绍 RGB、CMYK 和 HSB 三种颜色模式的联系和区别。

❶ RGB 模式

R、G、B 分别是 Red（红色）、Green（绿色）和 Blue（蓝色）的缩写，也称为光学三原色或三基色。这里首先必须明确一个概念，那就是我们看到的颜色其实是由人眼视网膜上的感光细胞（视锥细胞）接收到外界光线信息，然后传递到大脑再做出的相应判断。人眼可见的光波长范围在 400~780 nm，在整个对颜色做出判断的过程中，有三种视锥细胞起到了作用，如图 1-3-3 所示。第一种叫 L（Long）视锥细胞，对长波长（~570 nm）的可见光敏感；第二种叫 M（Medium）视锥细胞，对中波长（~540 nm）的可见光敏感；第三种叫 S（Short）视锥细胞，对短波长（~440 nm）的可见光敏感。

图 1-3-2

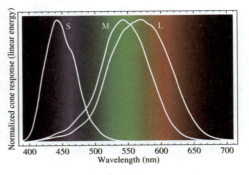

图 1-3-3

RGB颜色模式是一种加色模式，可以理解为不同颜色的光线按照不同比例进行叠加得到最终的颜色。该模式被广泛应用于电子显示屏和计算机设计软件中。例如，Photoshop中R、G、B也被称作三种颜色通道，其数值可为0~255的任意整数值。0表示最暗的，即黑色调，255表示相应通道的最亮色调。当R、G、B均为255时，即为最亮的白色调。按照每个通道有256级的亮度计算，总共有256的3次方（约1678万）种色彩组合，也称为24位色（2的24次方）。

❷ CMYK 模式

和主动发光的电子屏幕不同，日常生活中的绝大多数事物都是不会发光的。我们之所以能看到它们拥有不同的颜色，是因为对光线反射的结果。

当一束自然光照射到物体表面，不同波长的光会被不同程度地吸收，未被吸收的光线经过反射被人眼识别转化为相应的颜色。油漆、墨水、颜料、色素的着色都属于这一模式，也称为减色模式。例如，叶绿素主要吸收波长为400~500 nm的蓝紫光和600~700 nm的红光，反射的光集中在绿色波段，所以我们看到树叶的颜色多是绿色的。而秋天叶子变黄则是因为叶绿素含量下降，类胡萝卜素成为主要成分造成的结果。

C、M、Y、K分别是Cyan（青色）、Magenta（洋红色）、Yellow（黄色）和Black（黑色）的缩写，主要用于印刷行业。理论上用100%的C、M、Y可以混合出纯黑色，但由于油墨的纯度很难达到100%，实际操作中需要耗费大量油墨才能实现。所以黑色用另外一种对各个波段的可见光都有较强吸收的油墨来实现，可以减少油墨的浪费。

这里简单总结下RGB和CMYK两种颜色模式的不同。

（1）RGB是加色模式，主要用于电子显示领域；CMYK是减色模式，主要用于印刷领域。

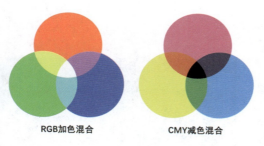

（2）RGB比CMYK有更大的色彩空间范围，所以RGB模式转为CMYK模式可能伴随一些色彩信息的丢失。

图1-3-4所示是两种颜色混合的模式，在Photoshop中可分别用滤色（左）和正片叠底（右）的叠加方式来模拟得到。需要注意的是，纯的R、G、B三原色印刷出来后与电子屏幕显示的颜色相比会明显变暗，因其超出了CMYK的色彩空间范围。

图 1-3-4

❸ HSB 模式

还有一种经常用到的颜色模式，即HSB模式，H、S、B分别是Hue（色相）、Saturation（饱和度）和Brightness（亮度）的缩写。该模式是基于人对色彩的感觉对颜色基本特性作出的一种描述。

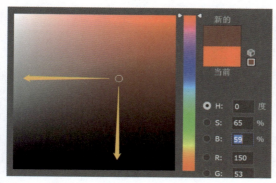

其中，色相指的是色彩的相貌或颜色的种类，光学意义上是由于光的波长不同造成的。红、橙、黄、绿、蓝、紫是六种基本色相，继续细分可得到十二种基本色相和二十四种基本色相。色相一般是用角度来表示，在一个色相环中，0°或360°表示红色，120°表示绿色，140°表示蓝色。Photoshop中设置画笔颜色时，在HSB模式下可以看到转化为条形的"色相环"，如图1-3-5所示。

饱和度指的是色彩的纯度，反映的是颜色的鲜艳程度。当H和B的值固定时，只改变S的值，对应

图 1-3-5

于图1-3-5中色板上颜色选取圈会水平左右移动。饱和度为0时，彩色图会转变为黑白图。

亮度指的是色彩的明暗程度，当H和S的值固定，只改变B的值，对应色板上的颜色选取圈会垂直上下移动。亮度为0时，颜色变为最暗，即黑色。

饱和度和亮度的取值范围均为0%~100%，在使用设计软件时，RGB和HSB两种模式可以相互转换，根据个人的使用习惯可自由选择。

1.4 科研绘图常用软件介绍

本书介绍对象以3D软件为主，某些带有绘制三维图形功能的常用软件将一并介绍。这里列举的软件是结合笔者十余年科研绘图经验挑选的，可解决绝大多数自然科学图像的绘制问题。对于某些特别的作图需求，可根据实际情况使用更具针对性的专业软件。

1.4.1 数据图表类

图形和表格在科学研究中是数据呈现的主要方式，常见的图表类型有散点图、柱形图、折线图和曲面图等。这些图表本质上都是将数字型数据在坐标系中对应的位置呈现出来，让读者更直观地观察其中的规律。软件的差异仅在于其侧重的功能不同，大多数的数据图表以二维形式为主。

以Excel为例，Excel全称为Microsoft Office Excel，是美国微软公司编写的一款电子表格软件。因其全面而便捷的数据统计分析和图形报表制作功能，深受各行各业办公人士的喜爱。Excel可以方便地将数据转化为各种图表的形式，包括散点图、柱形图（或条形图）、曲面图、雷达图、饼图等，如图1-4-1所示。

Excel中的图表以插入新的图形用户界面（GUI）的形式创建，创建后可以更改图表的样式和类型。通常，插入的图表含有标题、横纵坐标轴、刻度线和背景网格线等内容。双击相应部分，会在右侧显示其属性面板并设置格式。在需要更改的内容处单击鼠标右键，也会弹出列表选项，选择"设置数据点格式"命令同样可以进行格式设置，如图1-4-2所示。

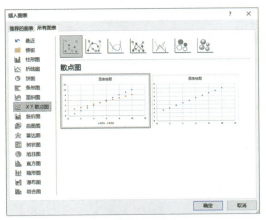

图1-4-1

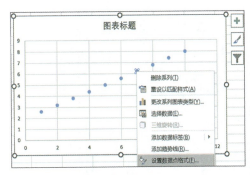

图1-4-2

对于散点型数据，Excel还提供了"添加趋势线"的功能。其实现是根据不同的回归分析方法对数据作出的拟合，常用的拟合方式有指数、线性、对数、多项式、乘幂、移动平均等，拟合之后还可以选中"显示公式"和"显示R平方值"选项，如图1-4-3所示。

图 1-4-3

此外，Excel 也内置了一些三维格式的图表类型，如三维折线图、三维曲面图等，但在科研绘图中整体使用频率并不高。

与 Excel 相比，科研人员更青睐于使用的作图软件非 Origin 莫属。Origin 软件是由 OriginLab 公司（原名 MicroCal）开发的，最初是专门为微型热量计设计的数据采集和拟合工具。自 1992 年正式发布以来，该软件受到科学家和工程师的广泛欢迎。Origin 的数据分析和图形绘制功能更全面，可以满足绝大多数科研论文图表制作的需要。无论是提供的图表模板还是格式编辑的方式，都有更多的可选择性，并且在三维图表的绘制方面体现出更大的优势。

Origin 中提供的图表模板有基础二维图（Basic 2D）、三维图（3D）、统计分布图（Statistical）、外形轮廓图（Contour）、特殊图表（Specialized，包括雷达图、极坐标图、Smith圆图等）、分类图（Categorical）和函数图像（Function Plot），如图 1-4-4 所示。科研论文中常见的光谱堆叠图、瀑布图、统计分布直方图、误差棒图、等高线图等，都可以用 Origin 软件进行绘制。

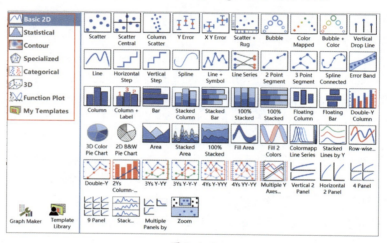

图 1-4-4

除了基本的菜单栏和工具栏外，Origin 用于显示数据的界面主要有两个——工作表（Workbook）和图形（Graph）窗口，分别如图 1-4-5 和图 1-4-6 所示。工作表中的每列数据可以设置成 X、Y 或 Z 系列，作图时自动对应 3 个不同的维度。

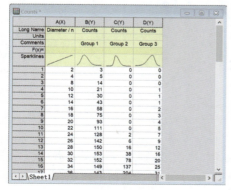

图 1-4-5

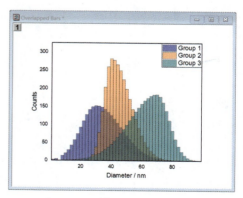

图 1-4-6

在 Graph 窗口双击坐标轴或图表区，可分别设置坐标轴格式和图层的属性等，在不同区域单击鼠标右键，选择 Properties 选项，也可以对相应的属性进行编辑。而且，Origin 还可以实现双 Y 坐标轴、坐标轴分段、多图层合并等复杂功能。生成的图表可以输出为多种图像格式，如 *.bmp、*.eps、*.gif、*.jpg、*.png、*.tif 等。总之，Origin 软件非常适用于自然科研论文中的图表制作。

还有一类作图软件是基于编程语言的，以 MATLAB 为例。MATLAB 全称为 Matrix Laboratory（矩阵实验室），是美国 MathWorks 公司推出的用于算法开发、数据可视化、数据分析及数值计算的高级技术计算语言和交互式环境的商业数学软件。其具有数值分析、数值和符号计算、工程与科学绘图、数学图像处理等诸多功能。

在图像绘制方面，MATLAB 有大量的内部函数可调用，常用的绘图函数如 plot（绘制二维图形）、plot3（绘制三维图形）、meshgrid（绘制三维网格图）、surf（绘制曲面）等。任何可表示为向量和矩阵形式的数据在 MATLAB 中都能用图形表现出来。由于 MATLAB 的使用是基于编程语言的，不像 Excel 或 Origin 那样有现成的内置工具模块，所以学习成本相对较高。但它的优势在于，底层代码可以实现更多的复杂功能，还可以根据用户的特异化需求自行设定。另外，如果存在大量重复性劳动的情况，编程语言可显著提高操作效率，缩短用户的工作时间。

随着时代的发展，有关数据处理和图形绘制的软件也层出不穷。这些软件在功能的全面性、操作的便捷性、结果的美观性等方面互有优势和不足。在具体选择使用哪一款软件时应结合实际情况，以有效解决自身需求为导向。笔者建议简单的二维图表制作首选 Excel 软件，科研论文作图则推荐使用 Origin 软件。对于那些需要烦琐的数据处理或大批量绘制某一类型图表的工作，宜使用编程类作图软件，如 MATLAB、R 语言、Python 等。由于本书的主要侧重点并非数据图像的绘制，涉及数据可视化的内容更多偏向于三维或更多维数据的呈现方法，具体相关内容将在第二章进行系统性的介绍。

1.4.2 矢量图类

矢量图作为一类重要的图像格式，在科研绘图中同样有着广泛的应用范围。目前，矢量图多用于生物类插图的绘制，如 DNA、细胞膜、细胞信号通路等。但并不意味着其他研究领域矢量图就不适用，一些简单的材料和器件示意图，甚至三维效果的结构图，都可以用矢量图的方式进行表达。

矢量图最为看重的优点在于图像不受到分辨率的限制，即图像可以无限制放大而不会失真。如图 1-4-7 所示，左侧为矢量图放大，右侧为位图放大，两者有明显的区别。

考虑到学习的难易程度和软件的普适性，这里给大家推荐的适合科研人员使用的矢量图绘制软件主要有两个——PowerPoint（简称 PPT）和 Adobe Illustrator（简称 AI）。先说 PPT，这是几乎所有科研人员都会使用的软件，但大多只用了不到 30% 的功能。PPT 的主要功能包括文字、图形、照片、声音和视频的编辑与排版等，这里主要对其在科研矢量图绘制方面的功能做一个全面的介绍。

图 1-4-7

① 插入图表

和 Excel 一样，PPT 具有类似的插入图表功能，可与 Excel 实现联用。当对图表的数据进行编辑时，可直接打开 Excel 的窗口。PPT 中可插入的图表类型也和 Excel 中的一致，如图 1-4-8 所示。某些特殊的图形也可以用图表的方式来制作，如图 1-4-9 所示的环状图，就是用插入饼图中的圆环图的方法来制作的。

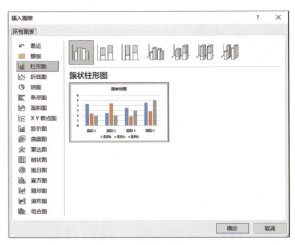

图 1-4-8

需要注意的是，如果在导出图表为图片时，如果单击鼠标右键选择"另存为图片"命令，只能保存为 *.jpg、*.png 等位图格式。为了保证导出的图片不受分辨率的限制，可以选择将图表页的幻灯片输出为 PDF（"文件"菜单中），再用矢量图软件（如 AI）打开进行更多的编辑。

图 1-4-9

❷ **绘制简单形状**

对大多数科研人员来说，PPT 中使用最多的图形绘制功能是插入形状，如图 1-4-10 所示的箭头和方形标注等。插入的形状可以自由设置轮廓线的粗细、颜色、线型，以及填充的图案、透明度等。

这些形状均是由直线或曲线构成的矢量图，可用笛卡尔坐标系中的一组点 $p = (x, y)$ 来描述。矢量形状的基本图元包括单点、两个端点定义的线段、多段连接线段和封闭多边形图形，如图 1-4-11 所示。图形路径和点的数学关系定义了矢量形状和颜色，而非像素的颜色分配。

图 1-4-10　　　　　　　　　　　　图 1-4-11

在这些基本图元的基础上，矢量形状还可以进一步扩展到参数化曲线和形状、参数曲面、多边形网格及分形图案等。从本质上来说，任何矢量形状均可用一个或多个数学公式或函数来表示。PPT 中提供的矢量形状一般还提供控制手柄，如图 1-4-12 所示。旋转手柄可以控制图形旋转的角度，尺寸调节手柄可以控制图形的大小，形状调节手柄可以控制图形相关的特定参数，如箭头的宽度、转角的弧度等。

❸ **复杂图形和三维效果**

当然，简单的形状只能满足一小部分的绘图需求。如果想在 PPT 中绘制更复杂的图形，往往需要懂得如何将一幅图像拆分为多个简单图形的组合。比如怎样的形状才符合透视原理，如何塑造出图形之间的层次感，如何用高光和阴影凸显出三维效果等。如图 1-4-13 所示的实验器材和设备效果图就是用 PPT 绘制的。这些图虽然是矢量图，但足够丰富的细节弥补了矢量图本身在三维表现力上的不足。

图 1-4-12　　　　　　　　　　　　图 1-4-13

此外，PPT本身也提供了简单三维效果的制作方法。选择任意形状，在"形状格式"菜单中可以找到"三维格式"的选项，如图1-4-14所示。可以给形状设置顶部棱台、底部棱台、深度等。例如，一个圆形形状，只需要将顶部棱台和底部棱台的宽度和高度值均设为圆形的半径值（注：PPT中1厘米对应28.4磅），即可得到一个球体。结合形状的顶点编辑和明暗色变化填充，可以绘制出如图1-4-15所示的"空心"球壳结构。

图1-4-14

图1-4-15

在材质表现方面，矢量图难以做到色彩的连续变化。但在某些情形下，这一点可以借助平面图形的渐变填充或PPT中三维格式的简单照明效果得到一定程度上的弥补。如图1-4-16所示的激光示意图就是结合了多种PPT绘图技巧绘制而成的，该图充分说明了三维效果和质感在矢量图中也可以得到完美的体现。不过这样的案例毕竟是少数，对于更复杂的模型，用矢量图来还原细节将会耗费大量的精力。关于如何用PPT来呈现三维效果的技巧，将在第四章中详细介绍。

和PPT相比，AI是更专业的矢量图绘制软件，该软件由Adobe公司推出。PPT中的基本绘图工具在AI中都能找到，并且功能更加齐全。作为一款基于矢量的绘图软件，AI最大的特点在于钢笔工具的使用，它允许用户以贝塞尔曲线的形式创建各种复杂平滑的线条形状。计算机绘图和一般的手绘不同，需要通过鼠标来控制线条的路径。贝塞尔曲线可以通过"锚点"和"控制杆"来改变曲线的形状和曲率，符合鼠标的操作方式，如图1-4-17所示。

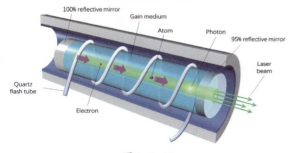

图1-4-16

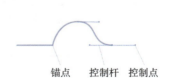

图1-4-17

AI中的曲线不仅可以用来创建形状，还可以作为路径。如图1-4-18所示的弧线，用描边功能可以创建以弧线为路径的箭头，箭头的粗细、大小、形状均可以在描边属性中设置。曲线路径还可以在两个不同的形状之间使用混合功能，生成连续过渡的效果。该功能可以制作种类丰富的图案效果，而且基于路径的效果可以随着路径的变化而变动，灵活性非常高。

另外，AI还提供了最基础的三维"建模"功能，可以直接从图形得到三维效果。"效果"菜单的3D选项中提供了两种三维效果——凸出和斜角、绕转。这两种效果分别类似于加工行业中的挤出和

13

车削，如图1-4-19所示。将图形看作截面，"凸出"是指沿着垂直于图形所在平面的直线方向挤出，产生一定的厚度。"斜角"是指在挤出的基础上对顶底边缘塑造出不同的倒角形状，得到更多样的造型。"绕转"是指截面绕着圆周旋转生成三维物体，旋转角度可从0°到360°变化。

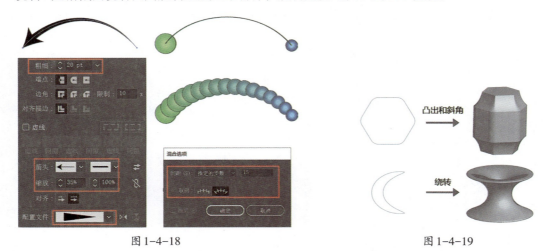

图1-4-18　　　　　　　　　　　　　　图1-4-19

随着软件版本的不断更新，AI导出的矢量图格式文件还可以导入其他设计软件中加以编辑，如Adobe Photoshop、Cinema 4D等。软件之间的联用在带来便捷的同时，也将提供更多的设计可能性。

1.4.3 分子可视化类

分子的尺寸通常在数埃（Å，长度单位，1 Å为10^{-10} m）到数十埃之间，是肉眼不可见的。但是在科研绘图中，分子可视化却占据了相当重要的位置。按照字面上的意思，分子可视化可以理解为用不同的手段将分子特征用视觉可见的方式呈现出来。因此，广义上的分子可视化包括分子光谱、色谱、磁共振成像、电子显微镜成像、计算机模拟、计算机图形建模等，如图1-4-20所示。

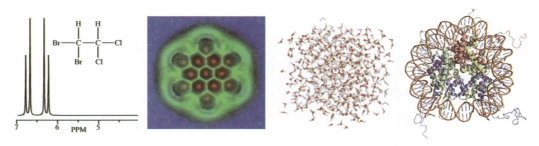

图1-4-20

本书中涉及的分子可视化内容指的是在现有的科学基础上，利用专业和非专业的分子可视化软件将分子转化为特定的模型（如球棍模型），属于计算机图形建模的范畴。所举案例包含的尺度从小分子（10^{-10} m）到大分子和分子组装体（10^{-9}~$^{-8}$ m）乃至更大的尺寸。在不同的尺度下，分子展现出的细节和呈现方式也不尽相同。更特别地，晶体分子和生物大分子的结构均有着特定的描述方法，需要专门的软件来处理。

关于分子结构的可视化软件有很多，如Chem3D、Diamond、CrystalMaker、VMD、Chimera等，具体案例将在第三章进行详细讲解。本节将从小分子、大分子和分子聚集体三个层面对使用的软件作基本介绍。

❶ 小分子

关于小分子的可视化类型主要有四种，如图1-4-21所示，分别为球棍模型（Ball and Stick）、棒状模型（Sticks）、键线式（Wire Frame）和空间填充模型（Space Filling）。其中，空间填充模型也称作比例模型。

图 1-4-21

通常，专业的可视化软件（如Diamond、VMD、Chimera等）均提供以上类型的分子可视化选项。在已知分子内各原子坐标和原子间连接方式的前提下，以球体表示原子，圆柱表示化学键。以上四种类型其实就是球体和圆柱半径的不同组合方式，其数值关系参考如下。

球棍模型：$r_{vdW} > r_a > r_b$

棒状模型：$r_a = r_b < r_{vdW}$

键线式：$r_a = r_b \approx 0$

空间填充模型：$r_a \approx r_{vdW}$，$r_b = 0$

其中，r_a是球体半径，r_b是圆柱半径，r_{vdW}代表原子的范德华半径。

以UCSF Chimera为例，这是一款开源的用于交互式可视化和分析分子结构及相关数据的程序软件。最早是由美国加州大学的生物计算、可视化和信息学资源中心（前身是计算机图形学实验室）开发，专门提供分子结构和相关非结构生物信息的继承可视化和分析。如图1-4-22所示是Chimera软件的界面，在Actions菜单的Atoms/Bonds列表选项中就可以设置分子模型的不同显示模式。

对于结构对称性较强的小分子，也可以尝试用综合型的三维软件（如Cinema 4D，C4D）来创建。根据分子的中心原子配位数不同，分子会呈现出不同的构型。例如，甲烷分子，分子呈现出正四面体的构型，四面体中心为碳原子，顶点处为氢原子，碳原子和氢原子连接形成四个共价键。此外还有三角锥、三角双锥、五角双锥、正六面体、正八面体都是常见的对称构型，如图1-4-23所示。

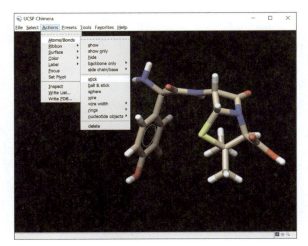

图 1-4-22

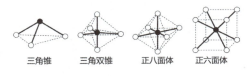

图 1-4-23

在C4D中，球棍模型可以用晶格生成器来创建。最典型的例子是足球烯（C_{60}）模型。足球烯也叫作富勒烯（Fullerene），是由60个碳原子构成的笼状分子，形似足球。用C4D软件创建足球烯的步骤如图1-4-24所示，仅需两步即可。第一步是正二十面体类型的宝石对象倒角处理，得到由12个正五边形和20个正六边形构成的足球状多面体；第二步是添加晶格生成器，设置合适的球体和圆柱半径得到球棍模型。

更为一般的方法是用分子文件来生成相应的模型,这部分的详细内容见第三章。

C4D用于分子可视化的优势还体现在另外两个方面:①克隆工具;②ePMV插件。先说说克隆,这是C4D的运动图形功能中一项最常用的工具,其作用是将某一对象(可以是组合对象)按照各种不同形式进行重复排列。显然,这一工具非常适合创建周期性重复排列的晶体分子模型。晶体分子按照对称程度的不同可分为七大类,对称性由低到高分别是三斜晶系、单斜晶系、斜方晶系、三方晶系、四方晶系、六方晶系和等轴晶系。具体到C4D的克隆中,晶体分子的对称性操作可对应为两种克隆模式——网格排列和蜂窝阵列,如图1-4-25所示。

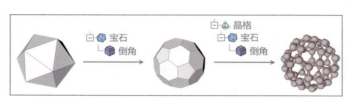

图 1-4-24

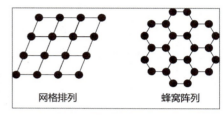

图 1-4-25

例如,二维材料二硫化钼的层状分子结构就可以用蜂窝阵列模式的克隆工具来创建,参考步骤如图1-4-26所示。

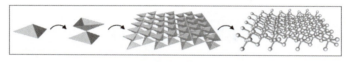

图 1-4-26

克隆工具不仅在创建晶体分子时体现出诸多优势,在大分子模型的创建中也是重要的帮手。与此同时,ePMV插件也将在大生物大分子可视化领域展现其独特的功能。

❷ 大分子

根据定义,相对分子质量在5000以上的化合物就可以归到大分子的范畴。在分子可视化领域,按照模型表现形式的不同,可将大分子分为生物大分子和非生物大分子。

生物大分子主要包括核酸(DNA和RNA)和蛋白质,分子的尺寸通常在几纳米到几十纳米。如果用全原子模型来表示,往往难以看清其中的细节。在研究论文中,大分子一般都会用简化模型来表示。对生物大分子而言,常用的简化模型有管道模型、飘带模型、网格或融球模型,如图1-4-27所示。

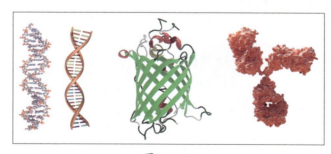

图 1-4-27

几款使用率较高的生物大分子可视化软件有Pymol、VMD和Chimera,还有就是ePMV插件。ePMV全称为embedded Python Molecular Viewer,是一款基于Python语言的分子可视化插件。它有对应于各种主流三维软件的插件版本，如 Autodesk 3ds Max、Autodesk Maya、Blender、Cinema 4D 等，如图 1-4-28 所示。

这里以 C4D R23 版本的 ePMV 插件为例，下载后将文件夹解压到 C4D 安装路径的 Plugins 文件夹中即可。ePMV 在 C4D 中打开的窗口界面如图 1-4-29 所示，加载的分子文件格式以 *.pdb 为主。对于蛋白质分子，可以直接输入其 PDB 号，如 "1crn"，然后单击 Fetch 按钮即可直接生成模型，并且在对象窗口可以看到生成的对象名称，除了直接生成的显示 α-螺旋和 β-折叠的飘带模型外，还可以选择生成球棍模型、网格模型和融球模型等。

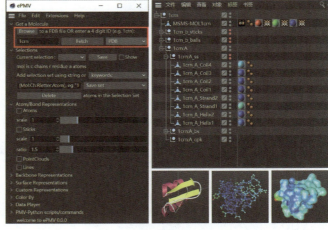

图 1-4-28　　　　　　　　　　　　　　　　图 1-4-29

除了生物大分子外，还有一类人工合成的非生物大分子，通常也称作高分子或聚合物，如聚氯乙烯、尼龙 66 等。这类大分子模型一般可简化表示成线条或串珠模型。绘制过程中只需先确定好路径，然后沿着路径分布圆柱或小球即可。在选择软件时有一定的自由度，平面或三维软件都可以。

例如，C4D 中的克隆工具就是个不错的选择。先绘制一根样条作为路径，采用对象模式的克隆沿样条均匀分布球体。每个球体相当于一个单体单元。当有两种以上不同的单元时，克隆属性中可以设定不同的混合模式以得到不一样的单体分布。由此可以很容易得到嵌段共聚物、交替共聚物、梯度共聚物和无规共聚物的串珠模型，如图 1-4-30 所示。

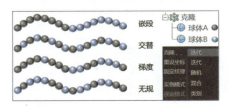

图 1-4-30

❸ 分子聚集体

相较于单个的分子而言，分子聚集体的种类更加复杂，表现形式也没有唯一的标准。常见的分子聚集体有胶束、囊泡、脂质体、磷脂双分子层膜等。这类分子大多采用简化模型来表示，旨在体现出聚集体的介观形貌特征。就表现形式来看，选择截面或剖面来表达的情形更多。如图 1-4-31 所示的双层膜示意图，无论是二维还是三维，截面或剖面是展现磷脂双分子层结构的最佳形式。

同样，这类示意图使用的软件也没有固定的要求，PPT、AI、Photoshop、C4D、Blender 等都是合适的选择。如果是没有自然科学专业知识背景的设计师，在绘制这类图像时唯一需要注意的问题是分子的相对尺寸。小分子和大分子的简化形式本身就存在差别，通常分子尺寸越大，简化时所省略的结构信息相对也会越多。比如两亲性分子，如果是小分子，则称作表面活性剂，如果是大分子，则称作两亲性嵌段共聚物。不仅是画法不同，在组装成封闭的双层空心结构后也有着不同的叫法。相应的小分子组装体可称为脂质体或囊泡，而大分子组装体统一称为（聚合物）囊泡，如图 1-4-32 所示。

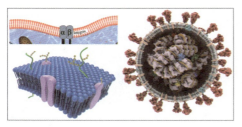

图 1-4-31

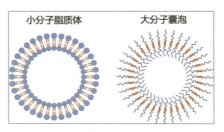

图 1-4-32

这里比较值得一提的是，美国国立卫生研究院（National Institutes of Health，NIH）支持开发的cellPAINT软件，这是一款专门针对分子细胞学和生物细胞学而开发的交互式数字可视化工具。该软件提供了基于多个不同实验室的真实实验数据的生物分子结构，这些数据包括X射线晶体衍射、核磁共振波谱、电子显微镜图像等，即便是非专业人士，也能用cellPAINT软件轻松画出细胞和病毒的结构示意图。

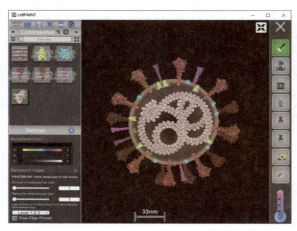

图 1-4-33

cellPAINT软件的截面如图1-4-33所示，软件的绘图界面底部有真实的比例标尺作参考。最终效果是以2.5D的方式进行展示，包括一层前景层和两层背景层，并用不同的色彩明暗度来区分不同的深度。最重要的一点是，cellPAINT软件中的图元组件都含有根据实际生物体环境添加的动力学设定。例如，蛋白质之间的碰撞，蛋白质和细胞膜的碰撞，病毒衣壳和RNA之间的碰撞，膜蛋白在膜上的流动等，软件还可以设定温度来加速或减缓分子的运动。通过用cellPAINT先绘制出介观尺度上的生命体系图像，可以作为三维建模的参考，以创建更加接近真实的生物体模型。

1.4.4 三维建模类

三维图像和二维图像的差别不仅在于空间上多出了一个维度，在表现力上更是有着天壤之别。目前，可用于科研绘图的三维建模软件主要有Cinema 4D（C4D）、Autodesk 3ds Max（3ds Max）、Autodesk Maya（Maya）、Blender、SolidWorks、Rhinoceros 3D（Rhino3D）等。按照软件的综合程度和普及程度来看，以C4D和3ds Max为首选。

3ds Max是Discreet公司（后被Autodesk公司合并）开发的一款基于PC系统的三维建模和渲染软件，在建筑设计、工业设计、广告、影视、游戏等领域均有应用。在国内，早期关于科研图像的三维建模教程几乎是一片空白，尤其是化学材料相关领域。2017年以来，笔者基于专业知识原创了一系列3ds Max科研绘图教程，从核壳颗粒到石墨烯，从胶束组装体到多孔材料。随后，网络上与此相关的教程也越来越多。作为一款综合型3D软件，3ds Max在三维建模、材质、灯光、动力学、粒子系统等方面的功能基本构成一个完备的体系。特别是在建模方面，3ds Max软件内置了强大的多边形建模工具，有着异常方便的结构布线操作。另外，3ds Max经过长期的发展，积累了一批功能丰富的插件。包括破碎插件RayFire、特效插件FumeFX、粒子插件Krakatoa、渲染插件VRay等。这些插件的应用在一定程度上弥补了3ds Max本身创建不规则对象能力上的不足，但与此同时也带来了更高的学习成本。

第一章 科学可视化概述

相比之下，另一款三维软件 C4D 就要灵活得多。在保证功能齐全的前提下，C4D 的操作界面更加简洁，逻辑也更加清晰，如图 1-4-34 和图 1-4-35 所示是 3ds Max 和 C4D 软件界面的比较。标题栏、菜单栏、工具栏、视图窗口和动画编辑栏是两者共同的部分，命令面板部分类似于属性窗口。剩下的区别在于，3ds Max 专门在工具栏下方辟出一个建模功能增强区，而 C4D 则多出了对象窗口和材质窗口。

①标题栏；②菜单栏；③主工具栏；④功能区；⑤视图窗口；
⑥命令面板；⑦时间帧滑块；⑧视图控制区；⑨动画编辑栏
图 1-4-34

①标题栏；②菜单栏；③工具栏；④视图窗口；⑤动画栏；
⑥对象窗口；⑦属性窗口；⑧材质窗口；⑨状态栏
图 1-4-35

C4D 是德国 MAXON 公司旗下的一款三维动画、建模、模拟和渲染软件，广泛应用于影视、广告、工业设计等领域。在国外 C4D 很早就被用于科学可视化。近年来，国内也有越来越多的机构认识到，C4D 非常适合用于科研绘图。相比于早期流行的 3ds Max 而言，C4D 具有软件更轻便、操作更灵活、功能更全面等特点。下面列出和 3ds Max 相比，C4D 软件的一些优势。

❶ 软件所占的存储空间小

这里我们可以比较下 3ds Max 2020 和 C4D R25.015 两个安装压缩包的大小，前者有 5.16 GB，后者仅有 524 MB，如图 1-4-36 所示。可见 C4D 较 3ds Max 占用的计算机资源更少，此外，C4D 对硬件性能的要求也更低（4GB 以上内存即可顺畅运行）。

❷ 安装便捷

C4D 的安装和卸载均十分方便，可同时安装多个不同的版本，支持 Windows 和 Mac 系统。而 3ds Max 软件只支持 Windows 版本，且同一系统中只能安装一个版本。卸载时经常有残留垃圾文件导致新版本安装时出现问题。

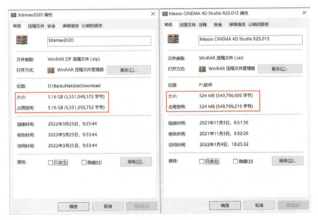
图 1-4-36

❸ 运行流畅

C4D 的软件界面非常简洁，布局也十分合理，运行时极少有 Bug 出现。对于场景中有大批量对象复制的情形，C4D 还提供了实例对象以大幅降低计算机 CPU 和显卡的负担。

❹ 渲染逼真

不需要安装任何渲染插件，C4D 自带的默认渲染器即可实现绝大多数科研绘图中所需的材质效果，如金属、陶瓷、玻璃、溶液等。此外，C4D 还支持多款基于 GPU 的渲染插件，如 Octane、Redshift 等。

当然，Arnold、VRay、Corona等渲染插件C4D也同样支持。

❺ 逻辑清晰

C4D的操作逻辑是所有三维软件中最清晰明了的，层次分明的对象窗口让初学者可以一览无余。对象之间的关系井然有序，比如效果/变形器可以控制模型对象，域对象可以控制效果/变形器的范围。层级关系一目了然，非常适合研究自然科学的具有理性思维的群体。

❻ 功能强大

这里所说的功能强大绝非只是功能全面那么简单。事实上，C4D拥有最先进的毛发系统和节点丰富的Thinking Particles系统。此外，C4D的动力学结算性能也远优于3ds Max。更不用说C4D还支持Python语言，可以和各种后期软件完美兼容。从R20版本推出的域对象，R21版本新增的适量功能，到R23版本新增的场景节点，可以看出C4D的每一步发展都是跨越式的。

本书涉及三维建模的部分，主要以C4D软件的讲解为主。从生物医学到材料化学，从天文物理到机械电子，各种模型和场景的构建C4D都能轻松胜任。无论是NURBS建模、多边形建模还是体积建模，不同水平的学员都能找到适合自己的建模工具。对于那些从未接触过C4D的科研人员来说，无疑将打开新世界的大门。

但C4D的魅力远不止于此。举两个小的例子，第一个是反应扩散模型（Reaction-Diffusion Model）。这个模型可用于解决许多问题，比较有名的如图灵花纹。1952年，英国数学家Alan Turing提出一种数学机制，用来解释自然界中各种生物图案的形成原因，如图1-4-37（a）所示的猎豹斑点、环形海蛇的条纹等。在C4D中，可以用顶点贴图结合域的扩散控制来实现这一效果，如图1-4-37（b）所示。

第二个是病毒传播的粒子模拟，用到的是C4D中Thinking Particles的基础功能。在这个例子中，基于XPresso编辑器的节点操作，可以实现粒子的碰撞、迁移、转化等操作。如图1-4-38所示，绿色粒子表示健康个体，红色粒子表示患病个体。在特定条件下，还可以模拟得到扩散限制凝聚的分形团簇图案。

图1-4-37

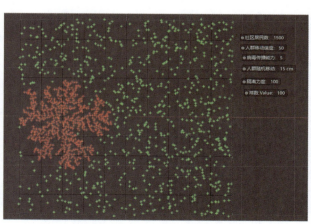

图1-4-38

举这两个例子并不是为了说明在这些问题的解决方案中C4D就作为首选，毕竟，软件的专业性和全面性是不可兼得的两面。从专业的角度来说，C4D主要是针对三维设计的。但是其软件背后的逻辑体现出的是一种科学的思维方式，在学习过程中要把这种思维方式的培养放在第一位。唯有如此，才能最大程度地理解C4D这款软件，并灵活运用其中的工具来解决各种问题。

1.5 科研图像的主体设计思路

在用图像化的语言来表述研究内容或思想之前,研究人员必须清楚,其首要目的是在正确表达的前提下将内容或思想阐述清楚。文字和数据内容转化为图像是一个设计的过程,其主要作用是在科学和艺术之间搭起一座沟通的桥梁。虽然设计本身强调的是创造力和新颖性,但就科研绘图而言,设计的过程往往存在一些固有的模式和规范。对科研工作者而言,在绘制一幅论文插图时,首先应当思考的是最想凸显哪部分内容。结合笔者上千幅科研插图的绘制经验,大体有两种设计思路:面向过程和面向结果。以下是对实际绘图案例的一些总结,供诸位读者参考。

1.5.1 面向过程

大多数的科研图像强调的是研究的过程。结果固然重要,但如何得到该结果,通常是研究工作的核心内容。这一类科研图像可以归为面向过程的设计,主要有各种流程图和机理示意图,代表性作品如图1-5-1和图1-5-2所示。

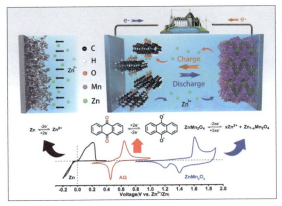

图1-5-1

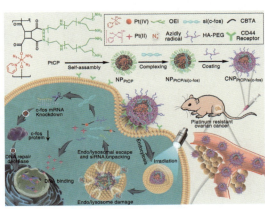

图1-5-2

一般情况下,箭头符号是这类图像中不可缺少的元素。箭头的指向就是整个流程的时间轴。设计过程中更多考验的是绘图人员的综合分析力和图像排版能力。在一些材料制备的流程图中,每一步可能只有材料的局部发生了变化。这时就应该注意,单个步骤中的小图尺寸和角度要尽量保持一致。如图1-5-3所示的纤维结构变化示意图,主体部分用不同的材质加以区分,表示在制备过程中的物质改变,放大图进一步展现其微观结构上的差异。相同的尺寸和角度便于整齐排列,在表述清楚变化过程的同时又不失整体的统一和美观。

当流程图的长度过长时,只有一行会显得过于拥挤,这时可以采用如图1-5-4所示的两种排列形式——锯齿形和U字形。根据实际设计经验,U字形的排列在科研绘图中使用的频次更高一些。

图1-5-3

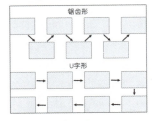

图1-5-4

箭头式的流程图除了可以表示时间上的连贯性外，也可以表示空间上的变化过程。特别是在一些管道或传送带式的体系中，可以将流程和实际体系相结合，获得更直观的示意效果。如图1-5-5所示的真空管式炉中加热制备材料的过程，左侧原材料以喷雾的形式进入真空腔，右侧是过滤膜和真空泵，流程图的主体部分直接以中间的管道剖面为背景。这样画出来的流程图不仅整体性更强，携带的信息量也更大。

还有一些表示过程的示意图可以用生活中常见的或意象化的元素来阐述其中的思想，这类图像往往对创作者的设计能力有更高的要求。如图1-5-6所示的固氮过程，用铁索桥和盘山公路分别表示一步催化和多步催化之间的区别。由于画面中的内容较多，除了分子催化反应步骤外，更多的是场景化元素，这就需要众多元素之间有较好的融合性。设计的时候得考虑整体构图、不同元素的布局、空间感和层次感等诸多因素，没有足够设计经验的话很容易弄巧成拙，适得其反。

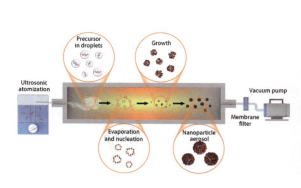

图1-5-5　　　　　　　　　　　　　　图1-5-6

关于流程图的绘制，初学者可以先在图像的排版上多下功夫。如果是用三维建模来表达材料结构或成分的变化，可以创建摄像机以固定画面的尺寸和角度，确保每次渲染出的单个图像尺寸和视角都是统一的。如果绘制的是平面图，可以先画出材料中不变的部分作为主体，然后每次在相同的主体上逐步改变或添加其他的元素。

1.5.2 面向结果

如果一项科研工作只需要展示最终的结果就有足够的吸引力，那这项工作很大概率是具有相当重要的研究价值或应用价值。例如，发现了某种新的现象，或者新的物质、新的结构，又或者结果是在以往的实验和计算中难以实现的。总之，无须列出具体的过程就能展示工作的重要性，这类图像适合采用面向结果的设计。

通常，面向结果的设计多见于封面图、综述图和产品介绍图中。可以是某个单独的结果，也可以是一系列结果的组合。比如发现或合成了某种新的分子结构，最有名的例子是1953年James Watson（詹姆斯·沃森）和Francis Crick（弗朗西斯·克里克）在 Nature 发表的关于DNA双螺旋结构的论文，论文题目为 Molecular Structure of Nucleic Acids: A Structure for Deoxyribose Nucleic Acid。该论文中发表了一张DNA双螺旋结构的示意图，是由Crick的妻子Odile Crick绘制的，如图1-5-7所示。没有绚丽的色彩，也没有多余的修饰，就是简单的线条勾勒成的形状。虽然这只是一幅示意图，但没有人会质疑其在科学史中的分量，可以说这幅图的诞生改变了整个生物学界。

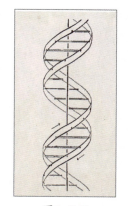

图1-5-7

具有如此价值的科学图像诚然是极少数的，但面向结果的设计总能给人以开门见山、直入主题的感受。从视觉效果上来看，具备某种对称性（特别是螺旋对称）的结构更容易引起人们的兴趣。更一般地，能够用某个简单的数学公式来描述的结果最容易引发视觉上的震撼。所谓真正的美敢于不借助任何粉饰，让人直视其朴实无华的一面，就是这个道理。如图1-5-8所示的C18分子环和"∞"状的无穷烯结构，就是典型的面向结果的封面设计。

很容易想到的是，产品展示和结构介绍类的图都属于面向结果的设计。设计的差异主要体现在具体的描述方式上，有整体式、拆分式、逐级呈现式等。如果需要展示的对象不止一个，例如，一些材料综述中综合介绍材料及其应用的TOC图，绘制时同样会涉及排版问题。这类综述图一般采用环状排列的方式，如图1-5-9所示。如果是多级分类，可以用从内往外的多层环状来表示，每一层均可根据具体分类数对环形做等分处理。

  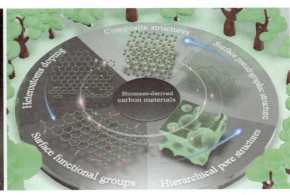

图1-5-8　　　　　　　　　　　　　　　图1-5-9

1.5.3　期刊封面的综合设计

任何SCI期刊封面都是科学与艺术的结合。*Nature*杂志的创意总监Kelly Krause认为，一幅好的期刊封面必须做到以下三点：讲述一个能准确表示研究内容的故事；基于科学数据进行发挥创造，但不能有误导信息；视觉上具有吸引力，是令人愉悦的。优秀的设计师甚至会考虑自己的作品用黑白打印机打印出来是什么样的效果，以及在色盲眼中还能否准确呈现出作品要表达的含义。

自笔者从事科学可视化相关工作以来，设计的作品曾被*Nature Catalysis*、*Journal of the American Chemical Society*、*Angewandte Chemie International Edition*、*Advanced Materials*、*Langmuir*、*Chemical Communications*、*Chemical Society Reviews*、*Nano Letters*、*Analytical Chemistry*、*ACS Macro Letters*等数十种SCI期刊选作封面。本节将结合笔者设计经验，尝试对SCI期刊封面创作中的常见思路和技法进行简单的总结（主要针对三维软件设计作品，摄影类除外）。

SCI期刊封面是对科学研究内容的艺术化再现，因此在创作之前对内容的理解是必不可少的。对于论文要表达的意思领会得越多，设计也将越发的游刃有余。在绝大多数情形下，设计师与论文作者并非同一人，两者之间协作的顺畅性很大程度上决定了作品品质。具体到设计SCI期刊封面时，一般可分为以下三步。

❶ 提炼中心思想

"大道至简"，无论是在科学还是在艺术领域，都不失为永恒的主题。越纯粹的研究往往具有非凡的意义，同样，越简单的元素反而容易触发高水平的表达。如何提炼画面主体，需要研究人员和设计人员双方的沟通，只有在纷繁的信息中提炼出重点，设计时才有可能做到主次分明。当表达的元素过多时，元素间固有的互斥性会加重画面中的矛盾，以至于造成整体的失衡。设计师应当切记，试图强调画面中的所有元素绝不是聪明的选择。

❷ 选择设计风格

当主体内容明确后，接下来是设计风格的选择。形式上的风格（三维渲染或平面卡通）倒为其次，主要是对内容风格的考量。绝大多数SCI期刊封面采用的是写实手法，场景通常脱胎于具体的研究对象，如实验图像、应用环境等。在不会造成误导的前提下，也可对图像内容加以适当的联想和延伸，例如，用宏观现象叙述微观事实就是一种常见的表现手法。此外，还有少数封面图像采用的是写意的设计方式。这类设计多会运用到视觉联想或文化因素，表达方式也相对更加间接和抽象。诸如一些神话故事或传统文化元素，都可以用于封面创作。注意在借用经典画作或形象时，不得有侵犯版权之嫌。一般而言，写实类的设计更看重技术，写意类的设计更看重想法。两者若能结合，往往能产生"1+1>2"的神奇效果，如图1-5-10所示的Nature封面就是此类设计的典型代表。

图1-5-10

❸ 把握创作细节

如同写文章一样，目标明确、胸有成竹，方能文思泉涌，落笔成书则是最后一步。当封面设计落实到软件操作时，脑海中应有清晰的图像或步骤，而不能做一步想一步。构图的方式、对象的主次分布、光影和材质等，都是这一步需要考虑的问题。细节的设计可以体现在主体内容上，也可以反映在环境或背景中。特别是一些表面的纹理、光线的照明和反射及其他涉及画面元素间交互关系的处理时，细节处的推敲尤为重要。

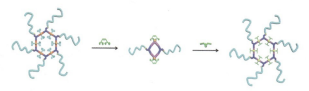

图1-5-11

抽象的文字描述可能无法令人产生切实的体会。下面以笔者设计的几幅图像作品为例，带大家感受SCI期刊封面设计的具体过程。

第一幅封面是2018年底为华东师范大学杨海波教授课题组设计的，研究内容是可控的超分子组装过程。分子简化模型如图1-5-11所示，组装的形式有六聚体和二聚体两种，添加小分子后可以调控组装形式的变化。委托者唯一的要求是体现该过程智能可控的性质。

显而易见，这是一个面向过程的封面设计，组装的调控过程就是要表达的核心内容。为了体现智能化，最终采用的是电子与机械相结合的风格。将分子具象化为多臂的智能机器人，用电路板作为场景的基底，模型以金属材质为主。如图1-5-12所示，先用简单模型搭建好场景，选

图1-5-12

择合适的视角后，在此基础上进行细化。细化的方式尽可能遵循机械的风格，如将聚合物画为链式机械臂，将小分子双（二苯基膦）乙烯和三乙基膦画为固定式螺栓，并根据各自分子结构设计其造型。红色小球表示金属 Pt 原子。电路板基底上也进行了细节描述，如用六元环代替圆形的节点，用组装过程中主要的元素符号（Pt、P、N、C 等）进行点缀说明，更增添了几分化学的意味。

最终该设计被《美国化学会志》期刊选为 2019 年第 1 期正封面，如图 1-5-13 所示。对细节的刻画是该封面设计的主要特点，最后还添加了放电效果强调 Pt 原子和配体分子间的相互作用。注意细节元素过多时，应尽量减少色彩的数量、元素的种类等。若对基底稍加淡化处理，可能会得到更好的效果。

第二幅封面是 2020 年给芬兰 Aalto 大学化学工程学院设计的，研究内容和液晶的取向有关。如图 1-5-14 所示，将带电的棒状纤维素纳米颗粒分散到水–乙二醇共溶剂中，随着水分的蒸发最终形成上层为向列相，下层为胆甾相的胶体液晶玻璃。

如果直接根据论文的中心思想来设计，利用截面可以最清楚地表达整个过程。如图 1-5-15 所示，上下两层分别为向列相与胆甾相，背景的渐变色表示溶剂组分的变化。最上方表示水分子的挥发，水分子和乙二醇分子在液相中的分布也进一步说明了水的挥发过程。但作为封面而言，该图像与论文示意图过于相似，且缺乏艺术感，难以吸引读者的关注。

图 1-5-13

图 1-5-14

修改方案后的最终设计效果如图 1-5-16 所示，用棒状的三维堆积增强液晶材料的视觉比重，除去标题区域，主体部分占据了画面的 80% 以上，极容易抓住读者的眼球。材质上选择透明玻璃的效果，并用渐变色的叠加突出上下相层的差异。同时，水分子和乙二醇分子分别简化为紫色和绿色的小球，几乎对图像主体不造成干扰。背景则选用的是相关实验图片，稍作变形和虚化处理后即可起到衬托主体内容的作用。最后，此概念图被 Langmuir 期刊选作 2020 年度 3 月份的正封面。

图 1-5-15　　　　　　图 1-5-16

第三幅封面是 2022 年为北京大学马丁教授团队的研究工作设计的，内容关于全裸露 Pd 团簇的催化。文章比较了不同的 Pd 物种在催化脱氢反应中的表现差异，其中，原子级分散的全裸露 Pd 团簇表现出优异的催化活性。

设计应善于抓住主要矛盾，关于催化的封面大多会选择表现催化过程，但此研究要突出的是 Pd_{13} 团簇。以此为切入点，可选催化过程中最关键的中间态作为画面的主体。最底部是纳米金刚石表面分子结构，然后是Pd$_{13}$团簇和与之相连的载氢分子12H-N-乙基咔唑（DNEC）。分子结构源文件均由Diamond软件处理后导出为3D模型，导入C4D软件中，如图1-5-17所示。整体采用正面视角，Pd$_{13}$团簇的球棍模型中刻意加大Pd原子的半径尺寸，起到突出表现的作用，并且选用反射较强的金属材质进一步强调，处理的目的都是让视觉重心落在Pd团簇上。

考虑到封面尺寸为美国信纸的比例（8.5英寸×11英寸），画面上方留出的空白范围较大。为了兼顾整体画面的平衡感，这里提出两种设计方案：一是在上方添加分子的催化过程，二是引入一些不影响原意表达的宏观元素，如图1-5-18（a）和图1-5-18（b）所示。由于画面本身全部是分子结构，两个方案的区别在于，图1-5-18（a）添加分子会进一步稀释Pd团簇的画面比重；而图1-5-18（b）中的机械手臂进一步强调了催化中间态这一关键步骤。最终，图1-5-18（b）方案顺利成为 *Nature Catalysis* 期刊2022年度6月份的封面，如图1-5-19所示。

图1-5-17

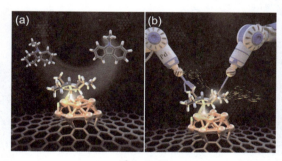

图1-5-18

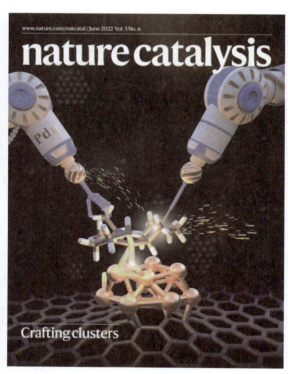

图1-5-19

以上三个封面案例仅是从创作思路角度提供的参考，具体设计时仍会遇到构图和表现技巧上的种种问题。更多的相关内容将在第六章中详细介绍。

02 第二章 数据的3D可视化

本章主要介绍常见的多维数据呈现方法。和传统的二维平面数据图相比,多维信息在展现方式和视觉效果上均有较大的不同。读者可通过多维的数值分析,训练并加强空间思维能力,对于后续章节内容的学习将大有裨益。

2.1 三维数据的展现形式

在科研论文中,数据通常以图表的形式呈现,其中又以散点图、曲线图和柱状图的使用频次最高。这些数据图绝大多数表现的是两个变量之间的相互关系,用X轴和Y轴所在的坐标平面就能很好地呈现。很多日常展示或商业化的案例为了展现更立体的效果,往往会为原本的平面图表添加厚度或深度,饼状图和柱状图如图2-1-1所示。

但这种方式并不建议使用在科研论文中,论文插图应遵循示意清楚、形式简洁的原则,尽量避免冗余的信息。很明显,上面的立体图中第三维(饼状图的高度和柱状图的深度)并未传递任何有价值的信息。通常,只有当需要呈现多组二维数据或表示三个变量之间的相互关系时,三维图表才有可能成为合适的选择对象。举个具有代表性的例子,如图2-1-2所示是水的三维曲线相图,三个互为正交关系的坐标轴分别表示温度(T)、压强(p)和摩尔体积(V_m)的对数。常见的水的二维相图在这里相当于三维空间中的曲线在p-T平面上的投影,水的三相点则对应三维坐标系中的一根线(Triple "point" line)。

特别需要注意的是,三维数据图并不只局限于三个维度的数据。在一个空间直角坐标系中,空间中的一个点可携带三维坐标信息。如果用一个有体积的球体代替点,那么球体的大小、透明度、颜色深浅等还可以表示更多维度的数据信息,如温度、极性、概率值等。数据图中最常见

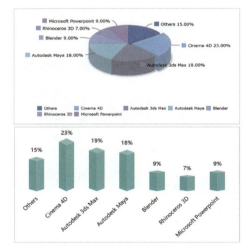

图 2-1-1

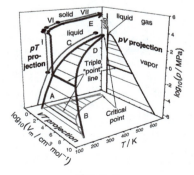

图 2-1-2

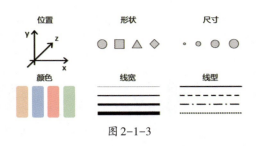

图 2-1-3

的信息表示方式如图 2-1-3 所示，包括位置、形状、尺寸、颜色、线宽和线型等。本节并不尝试对数据的可视化进行概括性的介绍，所述内容将以三维散点图、曲线图和曲面图的制作为主，还包括图像数据的三维化处理等方面的知识。更多情况下，我们将聚焦于数据的空间坐标位置的体现，其余如颜色、形状信息等仅起到分类、辅助观察或美化的作用。

鉴于论文数据图一般采取较简洁的表达方式，三维图表的视觉空间感主要来源于坐标轴/系和形状轮廓线。如果不是使用动态的或可交互式的展现方式，某些三维形式的数据反而会造成视觉上的混乱甚至误判。所以，盲目地追求立体效果而将数据三维可视化是不可取的。即便掌握了制作三维数据图的方法，在着手绘图之前，对于数据呈现方式的思考仍必不可少。特别是在传统的印刷出版物中，数据的呈现方式将很大程度地影响读者的判断。

如图 2-1-4 所示的三维柱状图，尽管用颜色的深浅对不同的数据系列进行了区分，并使用渐变色填充了三个坐标平面以增强透视效果，但就信息表达而言，这无疑是一幅糟糕的数据示意图。首先，柱状物的互相遮挡使得背景的柱形数据值得不到很好的分辨。其次，即便是未被遮挡的柱状物，在读取其高度时，也会因为顶部的两条水平线而产生不必要的干扰。最后，如果距离坐标轴刻度线较远，几乎无法确定高度的近似取值。以上都是在绘制数据图中应尽量避免的问题。事实上，使用分组的二维柱状图将以更简单有效的方式准确呈现出所有的数据，如图 2-1-5 所示。

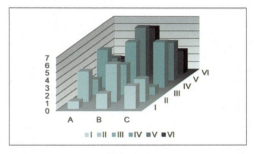

图 2-1-4

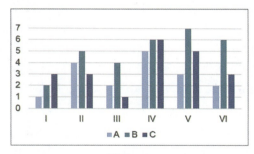

图 2-1-5

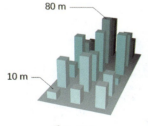

图 2-1-6

数据三维可视化还有一点应尽可能避免的是透视视角，即物理世界中的"近大远小"的效果。虽然透视使得图像看起来更加逼真，但会对数值的判断和分析造成"破坏"性的干扰。一般情况下，平行视图被认为是较为合适的选择。只有在少数特殊情况下，例如，数据被添加到具体的三维情景或结构中，仅起到标注和解释作用时，则不必考虑以上限制。如图 2-1-6 所示，柱状物表示的是建筑，此时透视视角和简单的标注将会使表意变得更加直观。

虽然目前的论文中三维图表仅占少数，但随着可视化技术的发展和软硬件的普及，三维图像的展示在科学讨论与传播中将日益彰显其重要性。除了数据图外，各种电子成像、光学成像技术对于三维重构的需求也越来越高，特别体现在生物医学领域。本章中进行三维化处理的数据对象以数值数据和图像数据为主。其中，处理数值数据使用的软件是 Origin，处理图像数据的软件包括 Adobe Photoshop 和专业科研图像处理软件（如 ImageJ）等，相关内容将在后续章节进行详细介绍。

2.2 Origin 中三维图形的制作方法

Origin 是一款功能强大的专为科学家和工程师量身定制的数据分析和绘图软件，支持用自定义模板的方式重复分析多个数据文件并批量绘制图表。

本节主要讲解 Origin 中几种常见三维图的制作方法，使用软件版本为 OriginPro 2019b。不同版本的 Origin 可能存在些许差异，但不影响主要功能的使用。打开 Origin 后的界面如图 2-2-1 所示，主要分为标题栏、菜单栏、工具栏、图表区和状态栏五个部分。其中，图表区是显示数据的主要界面，工作表（Workbook）和图形（Graph）界面是两个重要的子窗口。

按快捷键"F11"可以打开如图 2-2-2 所示的"学习中心"（Learning Center）窗口，或者点击"Help"菜单中的"Learning Center"选项同样可以打开。选中"Show on Startup"选项可以在每次启动 Origin 时显示此对话框。学习中心提供了丰富的图形示例，双击图例可以快速打开样本数据和绘制的图表，并附有教程链接。

图 2-2-1

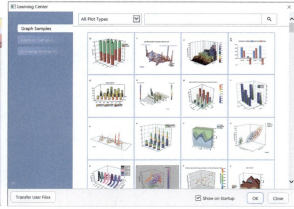

图 2-2-2

利用 Origin 软件作图的第一步是导入数据，Origin 支持导入的数据包括 ASCII、CSV、Excel、二进制文件及各种第三方格式文件，如 MATLAB、pClamp、NI TDM 和 NetCDF。对于简单结构化数据，可以直接用复制粘贴的方式添加到工作表中。长期使用旧版本的用户需要注意，"Import From File"（从文件导入数据）功能已从"File"菜单移至新的"Data"菜单中。另外，OriginPro 2019b 还新增了数据连接器（Data Connectors）的功能，支持从本地或基于 Web 的文件和页面向源项目导入数据。常见的数据格式如 Text/CSV、Excel、MATLAB、Origin File、HTML Table、JSON、HDF、TDMS、NetCDF 等，均可以用这种方式和源项目进行连接，省去了拷贝数据的麻烦，当原始数据发生变动时，相应的 Origin 项目也会实时做出更改。

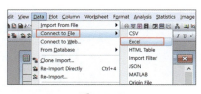

图 2-2-3

如图 2-2-3 所示，新建一个空白的工作表，单击"Data"菜单下的"Connect to File"→"Excel"选项。双击选择相应的 Excel 文件后，会弹出如图 2-2-4 所示的"Excel Import Options"对话框，单击"OK"按钮后数据关联导入成功。

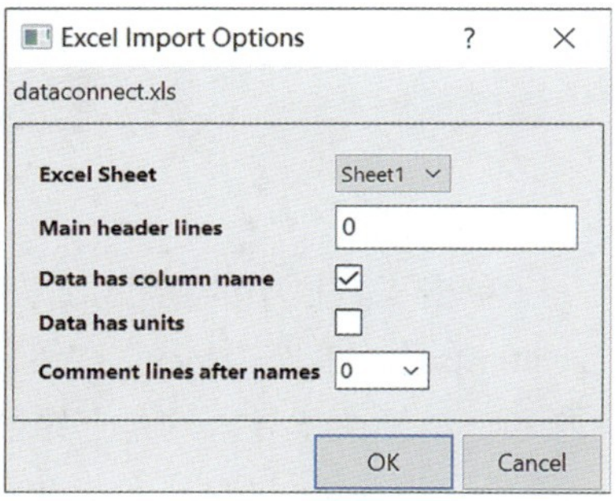

图 2-2-4

在工作表的左上角显示■图标，表示数据连接，如图2-2-5所示。使用这种方式导入数据后，数据值只能在原始的关联文件（这里为Excel）中修改，Origin中无法更改。单击数据连接图标■会弹出下拉列表，如图2-2-6所示。其中的"Auto Import"选项有三种选择：None、On Project Open和On Change。默认为"None"，表示关联文件的值修改后不会影响Origin中已有的值。这里改为"On Change"，意为当Excel中的数值更改并保存后，Origin中的关联数值也会发生变化，即便是文件未被打开，仍会执行。若同时选中"On Project Open"选项，下次打开文件后会自动显示出关联的数值。

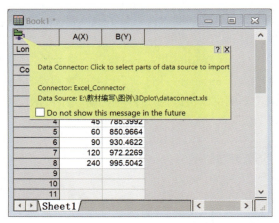

图 2-2-5

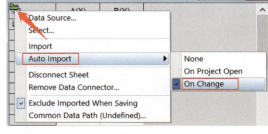

图 2-2-6

下面通过一些具体的案例帮助大家了解Origin的作图过程。案例主要侧重于图像的呈现和美化，至于数值拟合和分析等，则非本书关心的内容。

2.2.1 散点图

Origin的"Plot"菜单中提供了多种软件预设的3D图表类型，包括三维散点图、矢量箭头图、网格面图、瀑布线图、三维柱状图等，如图2-2-7所示。本节以三维散点图为例讲解Origin中数据图的一般绘制流程。

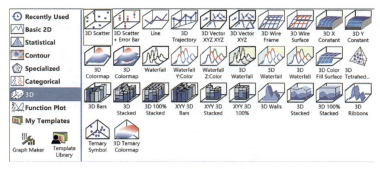

图 2-2-7

单击工具栏中的■图标（快捷键"Ctrl+K"），可导入单个ASCII码文件。选择本书提供的文件"3d scatter.txt"，单击"Open"按钮即可导入。Origin中的数据以列的形式排列，一般默认只有A(X)和B(Y)两列。本例由于导入的是三维数据，所以多出一列C(Y)，作图之前需要将其改为C(Z)。将鼠标指针移至第三列的标题"C(Y)"处，出现向下的黑色箭头，此时单击鼠标左键可以选中整列数据（黑底显示）。然后单击鼠标右键，在弹出的快捷菜单中选择"Set As"→"Z"选项，如图2-2-8所示。

工作表的第一行可以填写数据的系列名称，分别输入"Ignitibility""Sustainability"和"Combustibility"，如图2-2-9所示。将鼠标指针移至列的标题名称处，出现向下黑色箭头时按住鼠标左键从左往右拖动，选中三列数据。然后单击选择"Plot"菜单中的"3D"→"3D Scatter"图例选项，即可得到如图2-2-10所示的三维散点图"Graph1"。

用鼠标左键单击"Graph1"图中的不同位置可以选择相应的元素，包括背景、坐标轴、坐标刻度与名称、数据点等。然后单击鼠标右键选择"Properties"或"Plot Details"选项，可以打开属性设置窗口，如图2-2-11所示即为"X Axis"的属性设置窗口（也可以在"Format"菜单中打开）。窗口顶部有不同的选项卡，如"Scale"选项卡中可设置坐标刻度范围和类型，"Tick Labels"选项卡中可设置刻度数值的字体和尺寸等。设置后单击"Apply"按钮会显示结果，全部设置完成后可单击"OK"按钮。

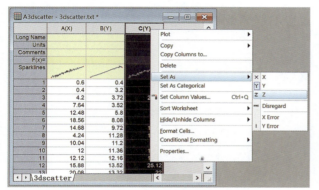

图 2-2-8

图 2-2-9

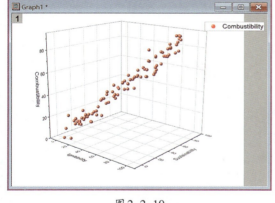

图 2-2-10

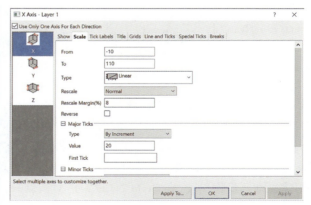

图 2-2-11

如果是以静态方式呈现的三维数据图，视角的选择非常重要。应以下列3个原则作为参考：①尽量呈现所有的数据，避免数据之间的相互遮挡；②数据图中的文字和刻度信息应便于读取；③清楚表现数据分布趋势的同时，不会由于视觉上的原因造成某些歧义。单击数据图中间的空白位置，出现移动、缩放和旋转的图标，如图2-2-12所示。

更精确的角度可以在"Plot Details"窗口的"Layer Properties"中设置。如图2-2-13所示，选择左侧的"Layer1"选项，然后在右边的"Axis"选项卡中设置Azimuth（方位角）、Inclination（倾角）和Roll（横摇角），例如，分别设为310.0、20.0和0。单击"Apply"按钮应用，然后在左侧选择"Original"选项，右边的"Symbol"选项卡中可设置数据点的属性。数据的类型和形状保持默认，"Size"设为24，"Transparency"设为40%，如图2-2-14所示。设置完成后单击"OK"按钮，结果如图2-2-15所示。

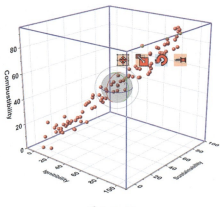

图 2-2-12

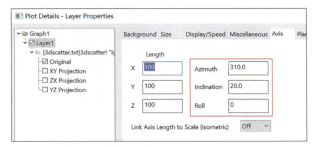

图 2-2-13

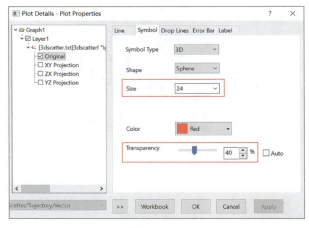

图 2-2-14

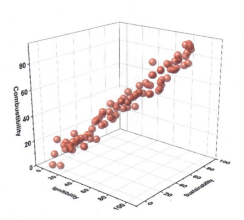

图 2-2-15

由于本例中的数据表现的是植物的防火性能，越接近坐标原点(0,0,0)表示越不易燃。这里可以根据数据点到坐标原点的距离，设置渐变色体现这一变化。在工作表灰色空白区域单击鼠标右键，选择"Add New Column"选项增加一个数据列，如图2-2-16所示。D列的第1行可以输入"=sqrt(A1^2+B1^2+C1^2)"，然后按"Enter"键，即可由X、Y、Z坐标求出到坐标原点的距离。单击选择单元格数据，将鼠标指针移至单元格右下角处会出现黑色加号"+"，此时按住鼠标左键往下拖曳，即可重复计算步骤"sqrt(An^2+Bn^2+Cn^2)"，计算结果如图2-2-17所示。

图 2-2-16

A3dscatter - 3dscatter.txt *

	A(X)	B(Y)	C(Z)	D(Y)
Long Name	Ignitibility	Sustainability	Combustibility	
Units				
Comments				
F(x)=				
Sparklines				
1	0.6	0.4	0	0.72111
2	0.4	3.2	8	8.62554
3	4.2	3.72	20.64	21.38897
4	7.64	3.52	0	8.4119
5	12.48	5.8	14	19.63136
6	18.56	8.08	14.2	24.7265
7	14.68	9.72	14.44	22.77047
8	4.24	11.28	13.96	18.44174
9	10.04	11.2	14.6	20.96191
10	12	11.36	12.48	20.70749
11	12.12	12.16	14.88	22.71947
12	15.88	13.52	25.12	32.64934
13	20.08	13.32	22	
14	2.92	14.84	14.88	

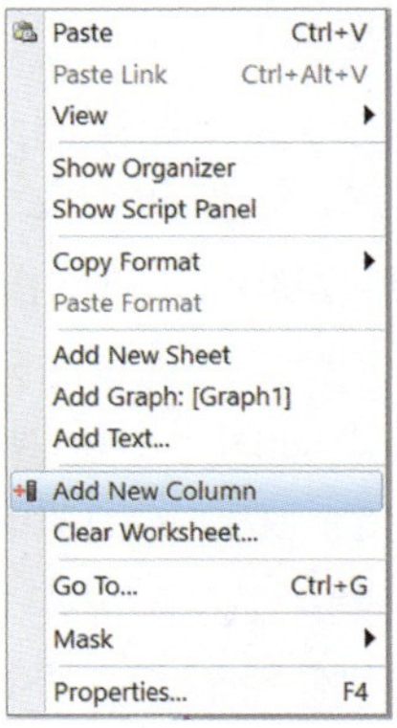

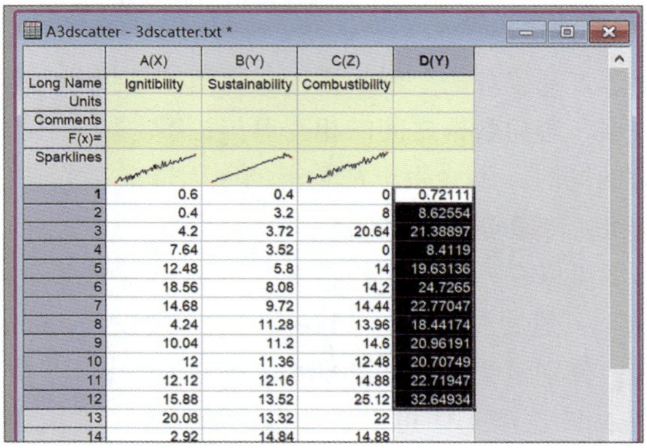

图 2-2-17

回到"Symbol"选项卡，单击"Color"后的选项，在弹出的对话框中选择"By Points"，"Color Options"选择第二项"RGB:Col(D)"，如图2-2-18所示。意思是以D列数值为RGB值给数据点着色，得到的结果如图2-2-19所示。由于D列数值的范围在0.72~151.63，转为RGB后范围在（0,0,0）到（151,0,0）之间，即黑色到深红色的变化。

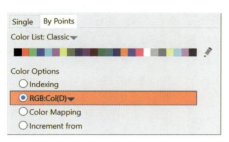

图2-2-18

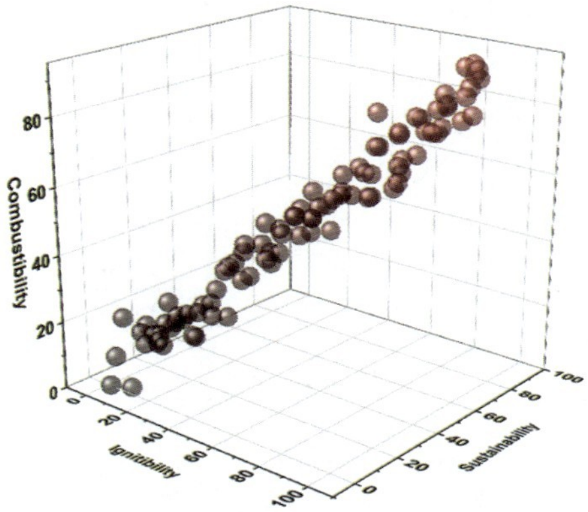

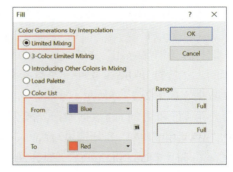

图2-2-19

如果要呈现蓝色到红色的变化，可以将"Color Options"设为"Color Mapping: Col(D)"，依然以D列数值为着色参考。在"Colormap"选项卡中单击颜色卡上的"Fill"，弹出如图2-2-20所示的窗口，选择"Limited Mixing"选项，设置颜色"From"为Blue，"To"为Red，然后单击"OK"按钮。设置完成的颜色卡渐变和数据图效果分别如图2-2-21和图2-2-22所示。

除了颜色外，数据点的"Size"也可以进行数值映射，操作方式与上面类似，此处不再赘述。最后，如果需要显示数据点在各坐标平面的投影，可以在"Plot Details"窗口的"Plot Properties"中设置，选中"XY/ZX/YZ Projection"，然后在右侧相应的"Symbol"选项卡中设置数据点投影的尺寸和颜色，如图2-2-23所示。例如，将三个坐标平面上的投影点"Size"均设为12，"Color"均设为LT Gray，然后单击"OK"按钮，最终结果如图2-2-24所示。

图2-2-20

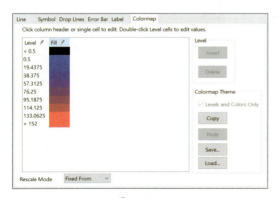

图2-2-21

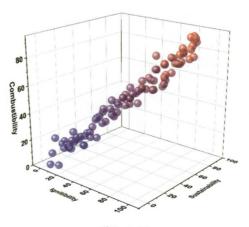

图2-2-22

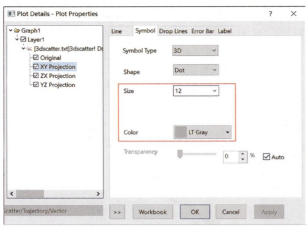

图 2-2-23

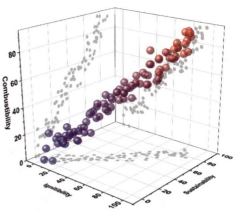

图 2-2-24

2.2.2 曲线图

科研绘图中经常会遇到同时绘制多条曲线的情形，例如，不同测试条件下样品对光的吸收等。本节以不同pH值条件下通用pH指示剂Carlo Ebra的紫外可见吸收光谱为例，比较二维和三维曲线图的差别。

打开"pH_abs.xls"文件，按"Ctrl+A"组合键选择Excel文件中的全部数据，再按"Ctrl+C"组合键复制。然后打开Origin软件，在空白工作表"Book1"中单击"A(X)-1"单元格，按"Ctrl+V"组合键粘贴数据，如图2-2-25所示。

第1行和第2行的数据属于实验信息，按照如图2-2-26所示填写在信息行内。"Long Name"行的"A(X)"和"B(Y)"列分别填写"Wavelength"和"Absorbance"，"Units-A(X)"单元格填写单位"nm"。"Comments"行的"B(Y)~F(Y)"列分别填写对应的pH值，如"pH=10.85"等。数据的前两行可以在最左侧表示行号的数字处单击鼠标右键，选择"Delete Row"选项删除整行。

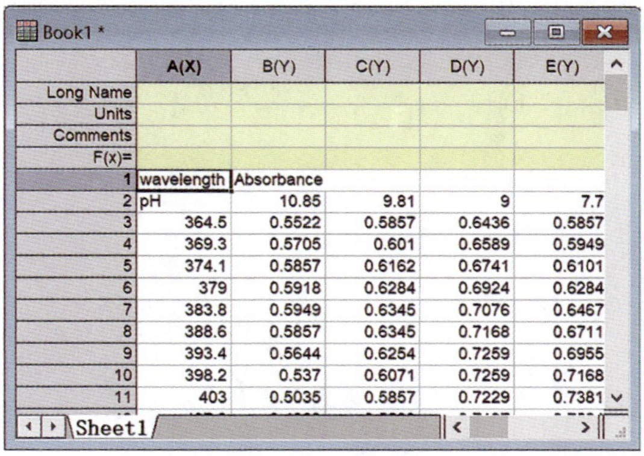

图 2-2-25

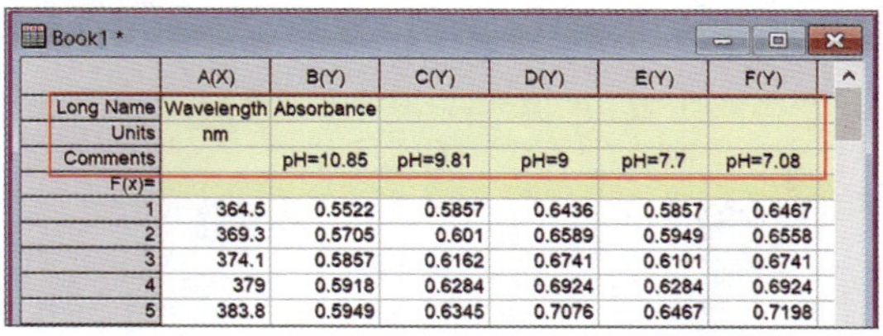

图 2-2-26

先绘制二维曲线图，将鼠标指针移至工作表左上角的空白单元格，显示为指向右下方的黑色箭头后单击鼠标左键，可选中全部数据。然后单击"Plot"菜单中的"Basic 2D"→"Line"图例选项，即可得到如图2-2-27所示的曲线图"Graph1"。

双击"Graph1"中的坐标轴可打开"X/Y Axis"属性设置窗口，在右边的"Scale"选项卡的"From"

和"To"输入框内，分别设置"Horizontal"（横坐标）和"Vertical"（纵坐标）的范围。如图2-2-28所示，横坐标范围设为370~700，纵坐标范围设为0~2，然后单击"Apply"按钮应用。

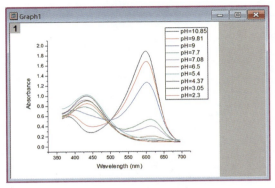

图 2-2-27

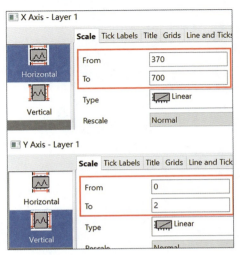

图 2-2-28

"Tick Labels"选项卡的格式"Format"中可设置坐标刻度的字体和字号，将尺寸"Size"设为24，并选中"Bold"选项。"Title"选项卡中可设置坐标名称的尺寸"Size"，这里可设为32。"Line and Ticks"选项卡中，将坐标轴（"Line"）的宽度"Thickness"设为3。以上均设置完成后，单击"OK"按钮。注意这里的坐标轴有"Bottom"和"Left"两个，需在属性设置窗口左侧选择后分别设置，设置完成的结果如图2-2-29所示。注：坐标名称加粗需要单击鼠标右键，选择"Properties"选项，然后在"Text Object"对话框中单击"Bold"按钮完成，如图2-2-30所示。

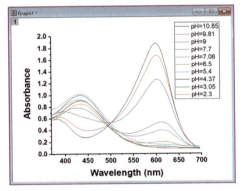

图 2-2-29

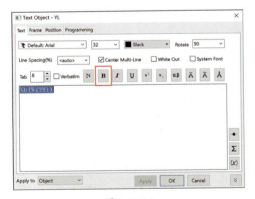

图 2-2-30

双击数据曲线，打开"Plot Details"窗口中的"Plot Properties"，在右侧的"Line"选项卡中，设置线宽"Width"为2.5，然后单击"OK"按钮，如图2-2-31所示。

最后可以在图层空白处单击鼠标右键，选择"Copy"→"Copy Graph as Picture"选项（组合键"Ctrl+Alt+J"），然后在Office文档中按"Ctrl+V"组合键粘贴为图片。粘贴的图片为增强型Windows元文件，同时包含矢量信息和位图信息，放大后仍可清晰显示，如图2-2-32所示。当然，也可以直接在Origin软件的"File"菜单中，用"Export Graphs"功能将Graph窗口保存为图片，格式可选择*.bmp、*.eps、*.jpg、*.png等。

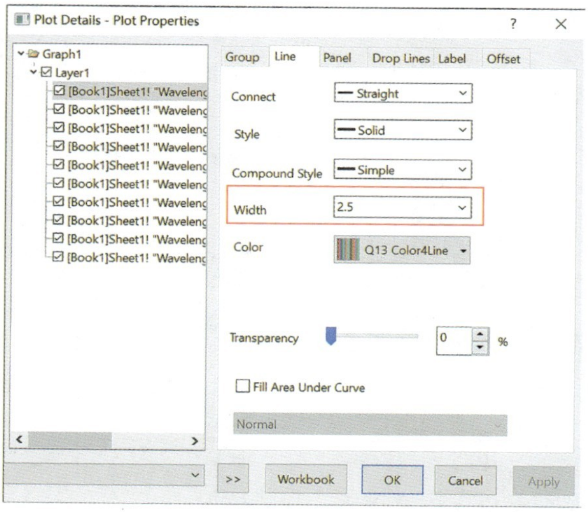

图 2-2-31

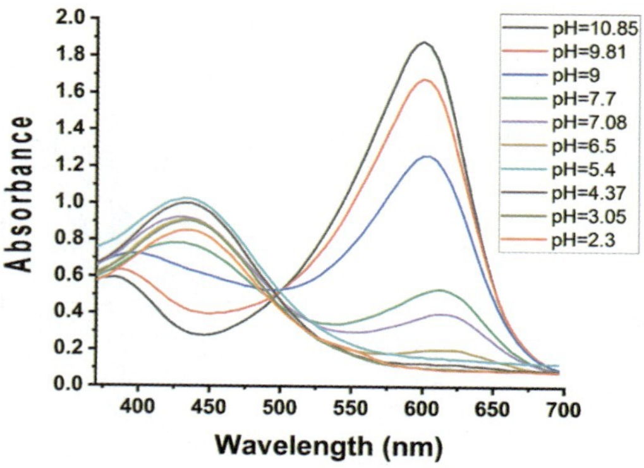

图 2-2-32

图 2-2-33

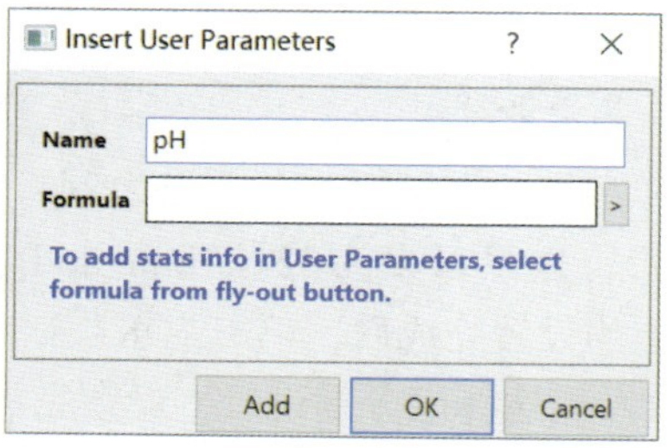

接下来讲解三维曲线图的绘制，数据的导入和之前一样。导入后在工作表信息行最左侧处单击鼠标右键，选择“Insert”→“User Parameters”选项。在弹出的对话框中设置名称“Name”为“pH”，单击“OK”按钮，如图2-2-33所示。信息行会多出一行名为“pH”的参数，将各组数据的pH值填写在此行中，如图2-2-34所示。

选择所有的数据，单击“Plot”菜单中的“3D”→“3D Waterfall”（无Color Mapping）选项，绘制结果如图2-2-35所示。坐标刻度和名称的设置与二维图类似，唯一要注意的是，Z轴（pH）的坐标名称朝向默认是轴平面的角度，可以在其属性设置窗口的“Show”选项卡中将取向“Orientation”改为“All In Plane of Screen”。

pHabs - pH_abs.xls *

	A(X)	B(Y)	C(Y)	D(Y)	E(Y)	F(Y)
Long Name	Wavelength	Absorbance				
Units	nm					
pH		10.85	9.81	9	7.7	7.08
Comments						
F(x)=						
1	364.5	0.5522	0.5857	0.6436	0.5857	0.646
2	369.3	0.5705	0.601	0.6589	0.5949	0.655
3	374.1	0.5857	0.6162	0.6741	0.6101	0.674
4	379	0.5918	0.6284	0.6924	0.6284	0.692
5	383.8	0.5949	0.6345	0.7076	0.6467	0.719
6	388.6	0.5857	0.6345	0.7168	0.6711	0.747
7	393.4	0.5644	0.6254	0.7259	0.6955	0.780
8	398.2	0.537	0.6071	0.7259	0.7168	0.808
9	403	0.5035	0.5857	0.7229	0.7381	0.838
10	407.8	0.4669	0.5583	0.7137	0.7564	0.863
11	412.6	0.4273	0.5278	0.7046	0.7686	0.887
12	417.5	0.3846	0.4974	0.6894	0.7777	0.905
13	422.3	0.3511	0.4669	0.6741	0.7838	0.914

Sheet1

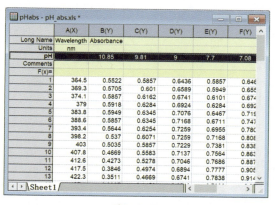

图 2-2-34

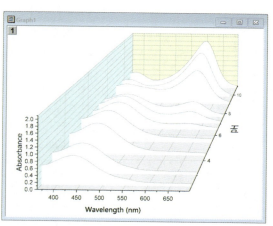

图 2-2-35

单击“Format”菜单中的“Layer”选项，可打开“Plot Details-Layer Properties”对话框，选择“Layer 1”，然后在右侧的“Miscellaneous”选项卡中将“Projection”由“Perspective”改为“Orthographic”。在“Axis”选项卡中设置“Azimuth”“Inclination”和“Roll”的角度分别为270、80、0，如图2-2-36所示。最后单击“OK”按钮，绘制结果如图2-2-37所示。

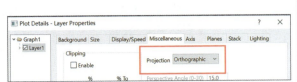

图 2-2-36

下面设置曲线属性，双击数据曲线，打开"Plot Details-Plot Properties"对话框，如图 2-2-38 所示。默认的曲线属性是互相关联（Dependent）的，选择任一曲线设置皆可。

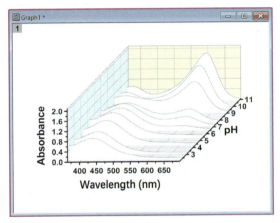
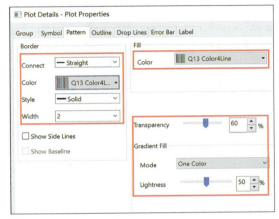

图 2-2-37　　　　　　　　　　　　　图 2-2-38

在"Pattern"选项卡中，曲线的"Color"选择"By Plots"，着色卡选择"Q13 Color4Line"，如图 2-2-39 所示。线宽"Width"设为 2。填充色"Fill Color"和曲线颜色一致，透明度"Transparency"设为 60%。另外，在渐变填充属性"Gradient Fill"中，设置渐变模式"Mode"为 One Color，亮度"Lightness"为 50%，渐变的方向"Direction"默认为 Top Bottom（由上至下）。单击"OK"按钮，最终结果如图 2-2-40 所示。

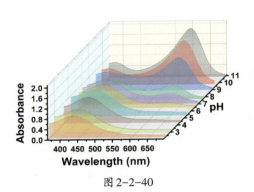

图 2-2-39　　　　　　　　　　　　　图 2-2-40

和二维曲线图（图 2-2-32）相比，三维曲线图由于多了一个维度，可以将 pH 值与每条曲线相对应，不需要以图例的形式列出。在呈现吸收波长随pH值变化的趋势时,三维曲线图明显更加直观,在图像的美观程度上也要优于二维曲线图。唯一的不足之处是,三维曲线图不能准确读取每条曲线的吸收峰对应的波长,只能进行大致的估读。在实际作图过程中,应根据表达需要选择合适的图像类型。

2.2.3 曲面图

当体系中的某个数值随着两个独立的自变量连续变化而改变时,三维曲面是最合适的表现方式。Origin软件中用来绘制三维曲面的预设有3D Wire Frame、3D Wire Surface、3D Colormap Surface、3D Color Fill Surface、New 3D Plot、New 3D Parametric Plot等。它允许用户根据方程式或坐标点来生成曲面,并对曲面的样式进行编辑。下面举例进行具体讲解。

❶ 函数方程式法

使用该方法创建曲面时一般先要生成数据矩阵,例如,打开Origin软件后,单击"Plot"菜单中的"Function Plot"→"New 3D Plot"图例选项,弹出如图2-2-41所示的"Create 3D Function Plot"对话框。该对话框中可以设置XY坐标平面的网格密度"Mesh Grid",默认为50×50,XY坐标范围"Scale"默认为0~2*pi。在公式栏输入Z(x,y)="cos(x)-sin(y)",然后单击"OK"按钮,即可自动生成数值矩阵和三维曲面图,分别如图2-2-42和图2-2-43所示。如果方程式中有其他变量,可以在"Definition"栏设置变量名称对应的值。

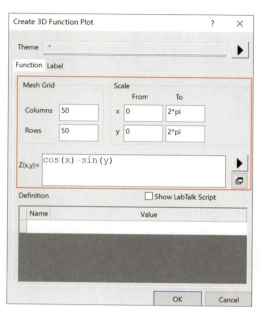

图 2-2-41

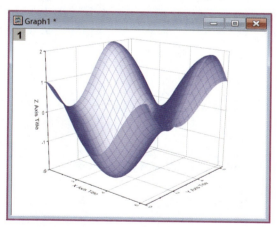

图 2-2-42   图 2-2-43

对于隐式曲面方程,也可以用参数化坐标的形式来表示。例如,单击"Plot"菜单中的"Function Plot"→"New 3D Parametric Plot"图例选项,弹出"Create 3D Parametric Function Plot"对话框,在"X/Y/Z(u,v)"中分别输入u、v和u^2-v^2,如图2-2-44所示。u和v的范围"Scale"均设为-2.5~2.5,然后单击"OK"按钮,得到如图2-2-45所示的马鞍面。

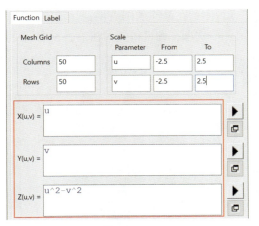 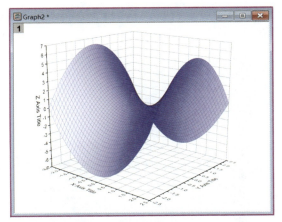

图 2-2-44　　　　　　　　　　　　　　　图 2-2-45

另外，也可以先创建矩阵，方法为单击"File"菜单，选择"New"→"Matrix"选项，或者直接单击工具栏中的图标即可创建。在新建的矩阵"MBook1"窗口中按"Ctrl+A"组合键选中所有数据，单击鼠标右键，选择"Set Matrix Dimension/Labels"选项，如图 2-2-46 所示。在弹出的对话框中可以设置矩阵的行数（Rows）与列数（Columns），默认为 32×32，如图 2-2-47 所示。在"xy Mapping"中设置行与列的取值范围为 −1~1，然后单击"OK"按钮。

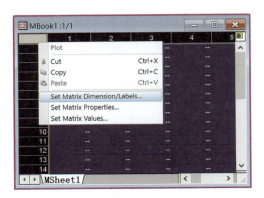 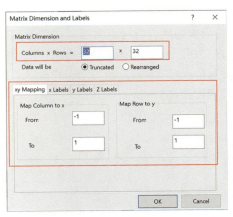

图 2-2-46　　　　　　　　　　　　　　　图 2-2-47

再次在"MBook1"窗口单击鼠标右键，选择"Set Matrix Values"选项，设置矩阵的数据数值，如图 2-2-48 所示。在打开的"Set Values"窗口中，在"Cell(i,j)="栏输入"cos(i/5)^2−sin(j/5)^2"，如图 2-2-49 所示。i 和 j 分别代表行和列。单击"OK"按钮后矩阵如图 2-2-50 所示。

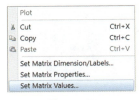 

图 2-2-48　　　　　　　　　　　　　　　图 2-2-49

矩阵的行与列可以显示行列数，也可以根据坐标范围显示具体的坐标数值（在矩阵窗口标题处单击鼠标右键,将"Show Column/Row"改为"Show X/Y")。注意在最终的图表中,显示的是X/Y的坐标数值。单击"Plot"菜单中的"3D"→"3D Colormap Surface"选项,即可得到如图2-2-51所示的结果。

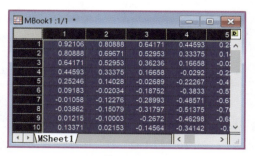

图2-2-50

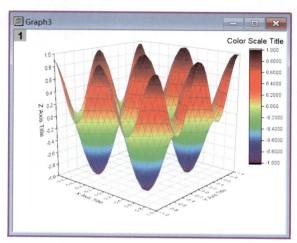

图2-2-51

❷ 坐标输入法

如果已有的离散点数据无法用某一方程来表达,可直接用输入坐标点的方法来绘制曲面。具体的输入方式可分为两种,一种是用列表方式输入,另一种是用矩阵方式输入。例如2.2.2节中不同pH值下的吸收曲线,就可以直接通过数值列表的方式获得曲面。选中所有数据后,单击选择"Plot"菜单中的"3D"→"3D Colormap Surface"图例选项,在弹出的"Plotting: plotvm"对话框中,将"Y Values in"设为Column Label,在"Z Title"输入"Absorbance",如图2-2-52所示。单击"OK"按钮,得到的曲面如图2-2-53所示。

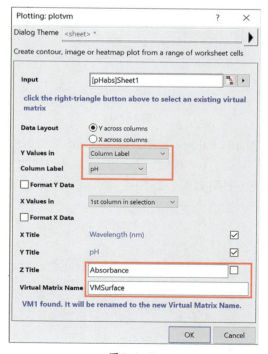

图2-2-52

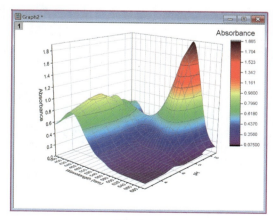

图2-2-53

坐标轴及刻度属性的修改参考前面章节。在图中双击曲面，弹出“Plot Details – Plot Properties”窗口，在窗口右侧的“Colormap / Contours”选项卡中单击“Fill”选项，将颜色填充调色板“Load Palette”由Rainbow改为Fire，如图2-2-54和图2-2-55所示。设置完成后单击“OK”按钮，最终得到如图2-2-56所示的曲面图。

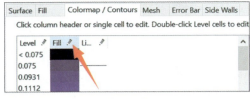

图 2-2-54

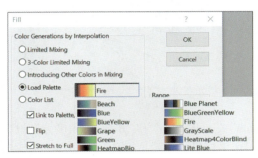

图 2-2-55

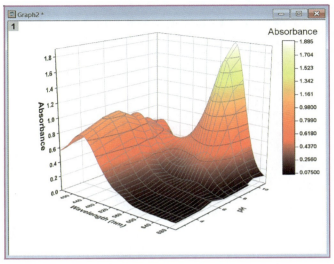

图 2-2-56

用矩阵的方式输入。打开本书提供的“H-O-H_calculate.xls”文件，选择从B3到X50的共48行23列的数据，如图2-2-57所示，按“Ctrl+C”组合键复制。这些数据表示的是水分子的O–H化学键长从0.900 Å变化到1.010 Å，H–O–H化学键角从93.0°变化到116.5°时对应的分子相对势能值的变化。

48R x 23C　fx　7.911

	A	B	C	D	E	F	G	H	I	J	K	L
1		length										
2	angle	0.900	0.905	0.910	0.915	0.920	0.925	0.930	0.935	0.940	0.945	0.950
3	93.00	7.911	6.995	6.168	5.424	4.764	4.182	3.678	3.247	2.889	2.600	2.377
4	93.50	7.671	6.760	5.936	5.198	4.542	3.965	3.465	3.039	2.684	2.400	2.182
5	94.00	7.440	6.534	5.715	4.981	4.329	3.757	3.261	2.839	2.489	2.209	1.995
6	94.50	7.219	6.317	5.503	4.773	4.126	3.558	3.066	2.649	2.304	2.027	1.818
7	95.00	7.008	6.110	5.300	4.575	3.932	3.368	2.881	2.456	2.127	1.855	1.649
8	95.50	6.805	5.912	5.107	4.386	3.748	3.188	2.705	2.296	1.959	1.691	1.490
9	96.00	6.613	5.724	4.923	4.207	3.572	3.017	2.538	2.134	1.801	1.537	1.339
10	96.50	6.429	5.545	4.748	4.036	3.406	2.855	2.381	1.980	1.651	1.391	1.198
11	97.00	6.255	5.375	4.583	3.875	3.249	2.702	2.232	1.835	1.510	1.254	1.065
12	97.50	6.091	5.215	4.426	3.723	3.101	2.558	2.092	1.699	1.378	1.126	0.941
13	98.00	5.935	5.063	4.279	3.580	2.962	2.423	1.961	1.572	1.255	1.007	0.825
14	98.50	5.788	4.921	4.141	3.445	2.832	2.297	1.838	1.454	1.141	0.896	0.718
15	99.00	5.650	4.787	4.011	3.320	2.710	2.179	1.725	1.344	1.035	0.794	0.620
16	99.50	5.522	4.662	3.891	3.203	2.597	2.071	1.620	1.243	0.937	0.701	0.530
17	100.00	5.402	4.547	3.779	3.095	2.493	1.970	1.520	1.151	0.849	0.616	0.449
18	100.50	5.291	4.439	3.676	2.996	2.398	1.879	1.436	1.067	0.768	0.539	0.376
19	101.00	5.188	4.341	3.571	2.905	2.311	1.796	1.357	0.991	0.696	0.471	0.311
20	101.50	5.095	4.251	3.495	2.823	2.233	1.721	1.286	0.924	0.633	0.411	0.255
21	102.00	5.009	4.170	3.417	2.749	2.163	1.655	1.223	0.865	0.577	0.359	0.206
22	102.50	4.933	4.097	3.348	2.684	2.101	1.597	1.169	0.814	0.530	0.315	0.166
23	103.00	4.864	4.032	3.288	2.627	2.048	1.547	1.122	0.771	0.491	0.279	0.134
24	103.50	4.804	3.976	3.235	2.578	2.002	1.505	1.084	0.737	0.460	0.252	0.110
25	104.00	4.753	3.928	3.191	2.537	1.965	1.472	1.054	0.710	0.437	0.232	0.093
26	104.50	4.709	3.888	3.155	2.505	1.936	1.446	1.032	0.692	0.422	0.220	0.085
27	105.00	4.674	3.857	3.126	2.480	1.915	1.429	1.018	0.681	0.414	0.216	0.084
28	105.50	4.647	3.833	3.106	2.464	1.902	1.419	1.012	0.678	0.415	0.220	0.091
29	106.00	4.627	3.817	3.094	2.455	1.897	1.417	1.013	0.683	0.423	0.231	0.105
30	106.50	4.616	3.809	3.090	2.454	1.899	1.423	1.022	0.695	0.438	0.250	0.128
31	107.00	4.612	3.809	3.093	2.461	1.909	1.436	1.039	0.725	0.462	0.276	0.157
32	107.50	4.616	3.817	3.104	2.475	1.927	1.457	1.063	0.743	0.492	0.310	0.194
33	108.00	4.628	3.832	3.122	2.497	1.952	1.486	1.095	0.778	0.531	0.352	0.239
34	108.50	4.647	3.855	3.149	2.526	1.985	1.522	1.134	0.820	0.576	0.400	0.290
35	109.00	4.674	3.885	3.182	2.563	2.025	1.565	1.181	0.869	0.629	0.456	0.349
36	109.50	4.709	3.922	3.223	2.607	2.072	1.616	1.234	0.926	0.689	0.519	0.415
37	110.00	4.750	3.967	3.271	2.659	2.127	1.673	1.295	0.990	0.756	0.589	0.488
38	110.50	4.799	4.020	3.327	2.717	2.189	1.738	1.363	1.061	0.830	0.666	0.568
39	111.00	4.855	4.079	3.389	2.783	2.257	1.810	1.438	1.139	0.910	0.720	0.655
40	111.50	4.918	4.145	3.459	2.855	2.333	1.889	1.520	1.224	0.998	0.841	0.748
41	112.00	4.988	4.218	3.535	2.935	2.416	1.975	1.609	1.316	1.093	0.938	0.849
42	112.50	5.066	4.299	3.618	3.021	2.505	2.067	1.704	1.414	1.194	1.042	0.956
43	113.00	5.149	4.386	3.708	3.115	2.602	2.166	1.806	1.519	1.302	1.153	1.069
44	113.50	5.240	4.480	3.805	3.215	2.704	2.272	1.915	1.631	1.417	1.270	1.190
45	114.00	5.338	4.580	3.909	3.321	2.814	2.384	2.030	1.749	1.538	1.394	1.316
46	114.50	5.441	4.687	4.019	3.434	2.930	2.503	2.152	1.874	1.665	1.524	1.449
47	115.00	5.552	4.800	4.135	3.553	3.052	2.629	2.280	2.004	1.799	1.661	1.588
48	115.50	5.669	4.920	4.258	3.679	3.181	2.760	2.414	2.142	1.939	1.803	1.734
49	116.00	5.792	5.046	4.387	3.811	3.315	2.898	2.555	2.295	2.085	1.952	1.885
50	116.50	5.921	5.179	4.522	3.949	3.456	3.041	2.702	2.434	2.237	2.107	2.042

	A	M	N	O	P	Q	R	S	T	U	V	W	X
1													
2	angle	0.955	0.960	0.965	0.970	0.975	0.980	0.985	0.990	0.995	1.000	1.005	1.010
3	93.00	2.220	2.125	2.091	2.115	2.195	2.330	2.517	2.755	3.043	3.377	3.757	4.181
4	93.50	2.028	1.938	1.908	1.936	2.020	2.159	2.350	2.592	2.883	3.222	3.605	4.033
5	94.00	1.846	1.760	1.733	1.766	1.854	1.997	2.192	2.438	2.733	3.075	3.462	3.894
6	94.50	1.673	1.590	1.567	1.604	1.697	1.844	2.043	2.292	2.591	2.937	3.328	3.763
7	95.00	1.508	1.430	1.412	1.452	1.548	1.699	1.902	2.156	2.458	2.807	3.202	3.641
8	95.50	1.353	1.279	1.264	1.308	1.409	1.563	1.770	2.027	2.333	2.686	3.085	3.527
9	96.00	1.206	1.136	1.126	1.174	1.278	1.436	1.646	1.907	2.217	2.574	2.976	3.422
10	96.50	1.069	1.002	0.996	1.048	1.155	1.317	1.531	1.796	2.109	2.470	2.875	3.324
11	97.00	0.940	0.877	0.875	0.930	1.042	1.207	1.425	1.693	2.010	2.374	2.783	3.236
12	97.50	0.820	0.761	0.762	0.821	0.936	1.105	1.327	1.599	1.919	2.286	2.699	3.155
13	98.00	0.708	0.653	0.658	0.721	0.839	1.012	1.237	1.513	1.836	2.207	2.623	3.082
14	98.50	0.605	0.553	0.562	0.628	0.751	0.927	1.156	1.435	1.762	2.136	2.555	3.018
15	99.00	0.510	0.463	0.475	0.545	0.671	0.851	1.083	1.365	1.696	2.073	2.496	2.962
16	99.50	0.424	0.380	0.396	0.469	0.599	0.782	1.018	1.303	1.637	2.018	2.444	2.913
17	100.00	0.346	0.306	0.325	0.402	0.535	0.722	0.961	1.250	1.587	1.971	2.400	2.873
18	100.50	0.277	0.240	0.263	0.344	0.480	0.670	0.912	1.205	1.545	1.932	2.365	2.840
19	101.00	0.216	0.182	0.209	0.293	0.433	0.626	0.872	1.167	1.511	1.901	2.337	2.815
20	101.50	0.163	0.133	0.163	0.250	0.393	0.590	0.839	1.138	1.485	1.878	2.317	2.798
21	102.00	0.118	0.091	0.125	0.215	0.362	0.562	0.814	1.116	1.466	1.863	2.304	2.789
22	102.50	0.081	0.058	0.095	0.189	0.338	0.542	0.798	1.102	1.455	1.855	2.300	2.787
23	103.00	0.052	0.033	0.072	0.170	0.323	0.529	0.788	1.096	1.452	1.855	2.303	2.793
24	103.50	0.031	0.015	0.058	0.159	0.315	0.525	0.786	1.097	1.457	1.863	2.313	2.807
25	104.00	0.018	0.005	0.052	0.155	0.315	0.528	0.792	1.107	1.469	1.878	2.331	2.828
26	104.50	0.013	0.000	0.053	0.160	0.322	0.538	0.806	1.123	1.489	1.900	2.357	2.856
27	105.00	0.016	0.009	0.062	0.172	0.337	0.557	0.827	1.148	1.516	1.930	2.390	2.892
28	105.50	0.026	0.022	0.078	0.191	0.360	0.582	0.856	1.179	1.550	1.968	2.430	2.935
29	106.00	0.044	0.043	0.102	0.219	0.390	0.615	0.892	1.218	1.592	2.013	2.477	2.985
30	106.50	0.069	0.072	0.134	0.253	0.428	0.656	0.935	1.264	1.641	2.064	2.532	3.043
31	107.00	0.102	0.107	0.173	0.295	0.473	0.704	0.986	1.318	1.698	2.124	2.594	3.107
32	107.50	0.142	0.151	0.219	0.344	0.525	0.758	1.044	1.379	1.761	2.190	2.663	3.179
33	108.00	0.189	0.201	0.272	0.400	0.584	0.821	1.109	1.446	1.832	2.263	2.739	3.257
34	108.50	0.244	0.259	0.333	0.464	0.650	0.890	1.181	1.521	1.909	2.343	2.822	3.343
35	109.00	0.306	0.323	0.400	0.534	0.724	0.966	1.260	1.603	1.994	2.430	2.911	3.435
36	109.50	0.374	0.395	0.475	0.612	0.804	1.049	1.346	1.692	2.085	2.524	3.008	3.534
37	110.00	0.450	0.474	0.557	0.697	0.891	1.139	1.438	1.787	2.183	2.625	3.111	3.640
38	110.50	0.533	0.560	0.645	0.788	0.986	1.236	1.538	1.889	2.288	2.733	3.221	3.753
39	111.00	0.623	0.652	0.741	0.886	1.087	1.340	1.644	1.998	2.399	2.847	3.338	3.872
40	111.50	0.719	0.752	0.843	0.991	1.194	1.450	1.757	2.114	2.518	2.967	3.461	3.997
41	112.00	0.823	0.858	0.952	1.103	1.308	1.567	1.877	2.236	2.642	3.094	3.591	4.129
42	112.50	0.933	0.970	1.067	1.221	1.429	1.690	2.006	2.364	2.773	3.228	3.727	4.268
43	113.00	1.049	1.090	1.189	1.345	1.556	1.820	2.135	2.499	2.911	3.368	3.869	4.413
44	113.50	1.172	1.215	1.317	1.476	1.690	1.956	2.274	2.641	3.055	3.514	4.018	4.564
45	114.00	1.301	1.347	1.452	1.614	1.830	2.099	2.419	2.788	3.205	3.667	4.173	4.721
46	114.50	1.437	1.485	1.593	1.757	1.976	2.248	2.570	2.942	3.361	3.825	4.333	4.884
47	115.00	1.579	1.630	1.740	1.907	2.127	2.403	2.728	3.102	3.523	3.990	4.500	5.053
48	115.50	1.727	1.781	1.893	2.063	2.287	2.563	2.891	3.267	3.691	4.160	4.673	5.229
49	116.00	1.881	1.937	2.053	2.225	2.451	2.730	3.060	3.439	3.865	4.337	4.852	5.410
50	116.50	2.041	2.100	2.218	2.392	2.621	2.903	3.235	3.617	4.045	4.519	5.037	5.597

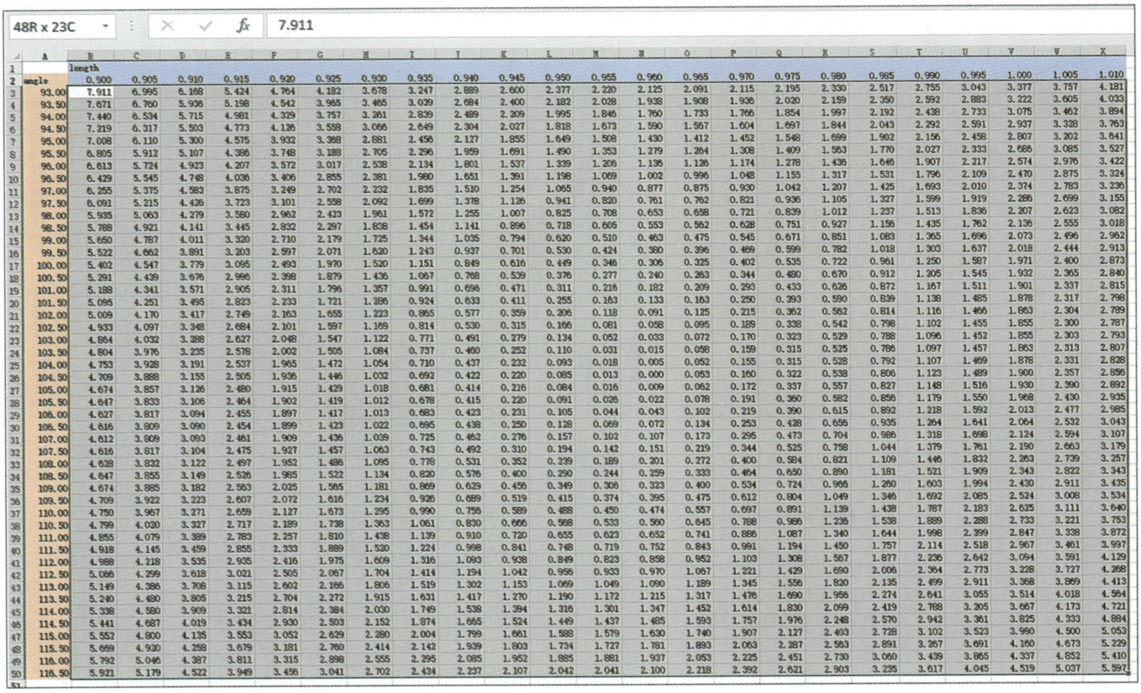

图 2-2-57

新建Matrix矩阵,按前述方法设置矩阵的行列数。在"Matrix Dimension and Labels"对话框中,设置"Columns × Rows"为23×48。坐标范围"Map Column to x"设为0.900~1.010,"Map Row to y"设为93.0~116.5,如图2-2-58所示。

选择"Plot"菜单中的"3D"→"3D Colormap Surface"图例选项,生成的曲面如图2-2-59所示。

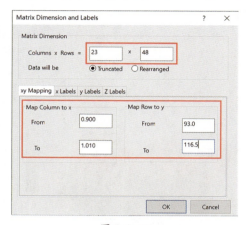

图2-2-58

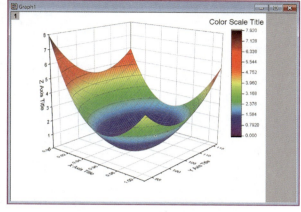

图2-2-59

在"Plot Details-Layer Properties"属性窗口中将"Azimuth""Inclination"和"Roll"的角度分别设为300、20和0。在"X/Y/Z Axis-Layer 1"属性窗口中,将三个坐标轴的显示取向"Orientation"均改为All In Plane of Screen,如图2-2-60所示。然后设置Title的旋转角度使其与坐标轴平行,X、Y、Z标题的旋转角度"Rotate (deg.)"分别设为−15、48和94,如图2-2-61所示。三个标题的"Text"分别为"O-H length (Å)""H-O-H angle (°)"和"Potential Energy",单击"OK"按钮。将标题文字均加粗显示,结果如图2-2-62所示。

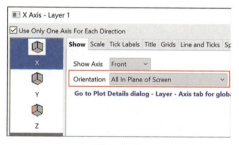

图2-2-60

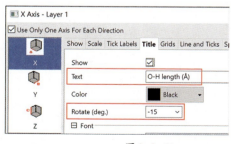

图2-2-61

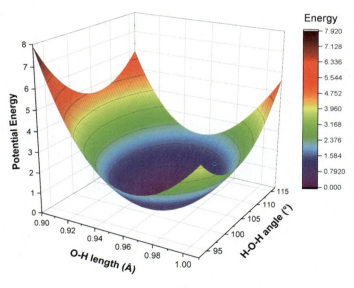

图2-2-62

由三维势能曲面很容易看出水分子的势能随键长和键角的变化趋势,实际计算H-O-H键角值为104.5°,O-H键长为0.96 Å时,势能面到达最低点。

2.3 平面图的高维展示

大到宏观的卫星遥感成像,小到微观的电子显微镜照片,图像数据也是科学研究中一类重要的数据类型。为了能够在平面图中展示更多维度的信息,除了基本坐标外,诸如等高线、颜色梯度等也是常用的表现手段。

2.3.1 色彩也是一种维度

在不同的测试中,颜色所表示的信息往往不局限于色彩本身,甚至和色彩毫无关系。例如,在红外热成像中,用不同颜色来反映温度的高低;在细胞荧光显微成像中,利用颜色差异可以标记不同的部位。又如扫描或透射电镜图片中的明暗色差,其实是因为接收到的散射或透射电子强度差异造成的,这种颜色差异可间接反映微观材料的结构和组分。本小节内容主要围绕图像数据的高维化处理展开,使用软件包括最常见的图像处理软件 ImageJ、Photoshop 等。

2.3.1.1 灰度图中的高度信息

在科学研究中,用照相机、望远镜、显微镜或其他光学仪器捕捉到的自然图像实际上都能显示出连续变化的明暗色调。但是为了能够被计算机处理或显示,通常都要先被转换成可读的数字格式。该转换过程可分为两个步骤:采样和量化。

为了便于理解,此处以图 2-3-1(a)所示的球形 Gyroid 曲面的灰度图为例。这是一张 200×200 像素的 8 位灰度图,将其平均划分成 10×10 的矩形块二维阵列,并对每一块图像区域连续位置的强度进行测量,如图 2-3-1(b)所示。该过程相当于将图像转换为离散点阵列,其中每个点都包含关于亮度的特定信息,可用位于精确坐标点的特定数值表示,这就是采样。采样后,每个采样点分配一个特定的值,该值是对各点所包含区域的加权平均,即量化的过程,如图 2-3-1(c)所示。

上述将一幅图转换成二维数值矩阵的过程也称为图像的数字化。每个采样点对应一个像素,可用 X 和 Y 坐标来表示。按照惯例,左上角的像素点坐标为(0,0)。X 是指像素的水平位置或所在列数,Y 是指像素的垂直位置或所在行数。一幅数字图像的采样数越高,产生的像素点数量就越多,也就意味着分辨率越高,越能还原图像的细节。

图 2-3-2 展示了不同采样频率对数字图像的影响,最高采样频率下的空间分辨率是 200×200 像素(共 40000 个像素点)。随着采样频率降低,像素尺寸会变得越来越大。连续以较低的空间频率采样会导致图像细节的丢失。当采样频率足够低时(20×20 和 10×10),图像出现了明显的像素化(俗称"马赛克"),大多数的图像特征被掩盖。

除了采样频率外,另外一个影响图像分辨率的是采样点的取值范围,也叫亮度或灰度范围。灰度取值和图像的位深度有关,一幅位深度为 n 的图像可以显示 2^n 个灰度等级。例如,8 位深度图像中,0 代表黑色,255 代表白色,0~255 之间的整数代表不同的灰度等级。人眼

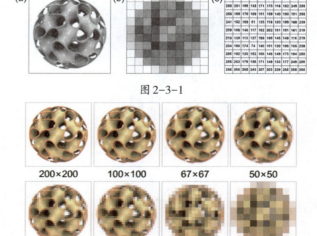

图 2-3-1

图 2-3-2

对离散灰度等级的分辨极限约为50，所以灰度图的最小位深度可设为6或7，数字图像一般设为8位以上。当灰度图的位深度低于5时，图像的某些区域会出现灰度轮廓或色调分离，如图2-3-3所示。

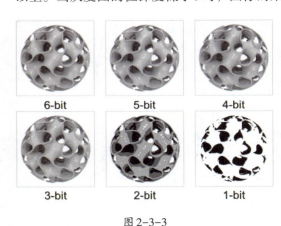

随着位深度值的降低，这种色调分离的现象逐渐加重。空间光影的细节也会随之减少，图像趋于"扁平"化。当位深度降低到只有1时，灰度图将变成仅用黑白二色表示的二值图像。

在彩色图像中，红（R）、绿（G）、蓝（B）三个独立的通道都有各自的"灰度"或亮度等级，所以通常彩色图像的位深度为24。它能组合成约1677.72万种颜色，这大概也是人眼能够分辨的极限。注意，在将一幅彩色图像转为灰度图时，由于人眼对R、G、B三色光谱的敏感度不同，通常会对每个像素点采用加权平均算法，公式如下。

图2-3-3

$$GrayValue = 29.9\% \times R + 58.7\% \times G + 11.4\% \times B$$

了解了图像数字化的概念及采样频率和量化取值对图像空间分辨率的影响之后，在此基础上进行的高维化图像处理也将变得更加容易理解。我们以原子力显微镜（Atomic Force Microscope，AFM）图像生成三维高度图为例，进一步熟悉图像的数据化处理步骤。

AFM是一种利用探针来测试材料表面的结构与形貌的实验仪器。不同于扫描电子显微镜只能得到平面化的图像，AFM可以通过测定探针微悬臂在扫描时的位置变化，从而获得样品表面形貌的高度信息。图2-3-4所示是硅基底上嵌段共聚物PS-b-PMMA形成的膜材料的AFM高度图，图中的颜色表示的是材料的局部高度，而非材料本身的颜色。事实上，纳米尺度下的材料图像通常以灰度图的形式呈现，AFM图中的着色是一种渐变式的颜色映射。

如果要将平面的高度图转为三维图，首先要获取各像素点对应的亮度或灰度。使用软件为ImageJ（开源），这是由美国国立卫生研究院开发的一款专业的科研图像处理软件。软件界面主要由菜单栏和工具栏组成，如图2-3-5所示。这里我们主要用其来获取灰度值的二维矩阵。

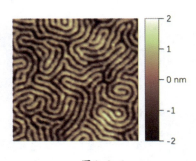

图2-3-4

图2-3-5

在"File"菜单中单击"Open"选项可打开案例图片"AFM_height.jpg"，然后在"Image"菜单的"Type"选项中可设置图片的类型。如图2-3-6所示，"8-bit"即表示位深度为8的灰度图。图片转为8位灰度图后，单击"Image"菜单中的"Transform"→"Image to Results"选项，可弹出如图2-3-7所示的"Results"窗口。该窗口显示的是每个像素点对应的灰度值，在窗口的"File"菜单中单击"Save As"选项，可以存为*.csv格式的数据文件（可用Excel打开）。导入Origin中，利用前面所学的知识可生成三维曲面图。

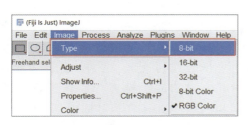

图 2-3-6

一般的三维软件中,也可以利用贴图的方式来改变模型的表面高度,对应的操作称为置换(Displacement)。例如,给 C4D 中的平面对象添加材质,颜色纹理使用 AFM 高度贴图,如图 2-3-8 所示。然后给平面对象添加置换变形器,在着色器贴图中添加对应的灰度图,就可以得到如图 2-3-9 所示的三维表面结果。这里表面凹凸细节的分辨率不再取决于贴图的像素多少,而是平面模型的分段数。

图 2-3-8

图 2-3-9

2.3.1.2 图像的伪彩上色

和真实色彩的照片相比,科研图像的着色首先应为其表述目的服务。例如,用近红外检测卫星图像来识别地表植被,将可见光谱外的电磁辐射强度转化为视觉光谱的颜色,这就是一种伪彩处理。伪彩色图像牺牲了自然的颜色再现,以便更容易检测其他情况下不易识别的特征。这种着色方式也叫颜色映射,典型的例子是红外热成像图。它实际上是根据表或函数将每个强度值映射到颜色的结果,从灰度图派生出来的伪色通常用于表示单个通道的数据,如温度、海拔、成分、组织类型等。

以 ImageJ 软件中提供的荧光细胞图像为例,选择"File"菜单中的"Open Samples"→"FluorescentCells"选项,可以打开如图 2-3-10 所示的细胞图像。和真彩色图像不同的是,这幅细胞图像是由三个通道的伪彩图叠加合成的。通过图像顶部的参数描述可知,图像尺寸为 512×512 像素,位深度为 8。共有 Channel 1、Channel 2、Channel 3 三个通道,分别对应的是对 F-肌动蛋白、微管蛋白和细胞核染色的结果。

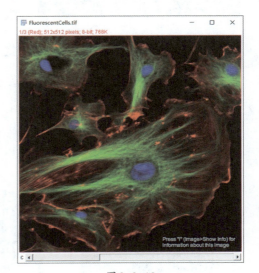

图 2-3-10

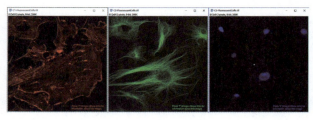

图 2-3-11

单击"Image"菜单下的"Color"→"Split Channels"选项,可以将图像的三个通道单独分离出来,如图2-3-11所示。而"Color"→"Merge Channels"选项则能将多个不同通道的图像合成到一起。另外,选择"Color"→"Channels Tool"选项(快捷键"Shift+Z")可以打开"Channels"对话框,在合成模式"Composite"下,可以任意选中需要显示的通道,如图2-3-12所示。此外,还能切换到颜色"Color"和灰度"Grayscale"模式。

简单来说,伪彩图可以看作是灰度图和颜色映射表/函数的结合。ImageJ软件提供的预设颜色映射表如图2-3-13所示,单击"Image"菜单下的"Color"→"Display LUTs"选项可以查看。LUTs的全称是Lookup Tables,即"查找表"的意思。

图 2-3-12

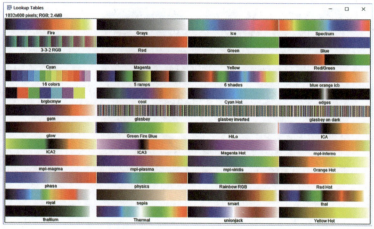

图 2-3-13

例如,仅分离显示Channel 2的图像,单击"Image"菜单下的"Lookup Tables"选项,可以设置LUTs的类型。将原来的"Green"类型改为"Cyan Hot",结果如图2-3-14所示。该功能也可以直接通过工具栏中的图标来完成。

虽然通道的颜色发生了变化,但图像本身的灰度值并未改变。单击"Analyze"菜单中的"Tools"→"Calibration Bar"选项,可以设置如图2-3-15所示的映射颜色标尺。由图可知,灰度值从0到255对应不同的颜色显示。

图 2-3-14 　　　　　　　　　　　　　　　　图 2-3-15

所以理论上伪彩图可以处理成任意颜色的组合。例如，Channel 1~3 三个通道的 LUTs 分别设为"Magenta Hot""Red Hot"和"Orange Hot"，通道混合后的结果如图 2-3-16 所示。设置好之后可以通过"Image"菜单中的"Type"选项，将其改为"RGB Color"模式的图片。

除了直接以像素点的灰度值为参考进行颜色映射外，常见的伪彩制作方式还可以根据成分差异来区分着色。如图 2-3-17 所示的扫描电镜图像，根据物质种类的差异可以分为血红细胞、血小板和基底三个部分。只需将这三个选区单独提取出来，就可以分别进行着色。下面分别介绍 ImageJ 和 Photoshop 两种软件中制作伪彩图的方法。

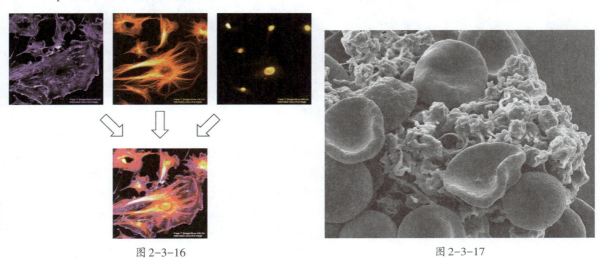

图 2-3-16   图 2-3-17

❶ ImageJ 伪彩

ImageJ 软件中选取特定区域的工具叫 Selection Brush Tool（选择刷），在第二个工具图标上单击鼠标右键可以切换，如图 2-3-18 所示。该工具允许按住鼠标左键在图像区域拖动，以笔刷的方式进行选择。双击该图标可设置选择笔刷的尺寸，具体视图片尺寸大小而定。初步刷选可适当将"Size"设大一点，本例中可先设为 50 pixels，如图 2-3-19 所示。

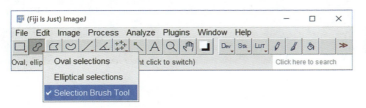 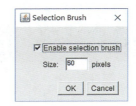

图 2-3-18   图 2-3-19

按住鼠标左键拖动，选中的区域显示黄色线轮廓，如图 2-3-20 所示。松开鼠标后，再次按下鼠标左键选择时，从内部往外拖动可以拓展选区，从外往内拖动则会缩减选区。另外，按住"Shift"键可以加选新的选区。

大致范围选好之后，可以将笔刷的"Size"设小一点，如 10 pixels，对选区边缘的细节进行修正。可以按住"Ctrl"键滑动鼠标滚轮放大显示图像，由于是像素图，可以看到放大后的图像选区边缘呈现锯齿状，如图 2-3-21 所示。

红细胞部分的选区刷选完成后如图 2-3-22 所示，单击"Analyze"菜单中的"Tools"→"ROI Manager"选项，可弹出"ROI Manager"窗口。在窗口中单击"Add[t]"按钮，添加当前选区，单击

"Rename"按钮修改选区名称为"blood cell"。然后用同样的方式选择基底部分的选区，添加后命名为"background"，如图2-3-23所示。

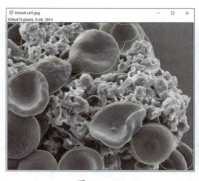 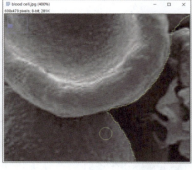 

图2-3-20　　　　　　　　　　图2-3-21　　　　　　　　　　图2-3-22

在"ROI Manager"窗口选择"blood cell"选区，单击"Edit"菜单中的"Clear"选项。然后在"Image"菜单的"Type"选项中将图片改为"RGB Color"模式。双击工具栏中的"Color Picker"图标■设置颜色为暗红色，然后单击"Flood Fill Tool"图标■进行颜色填充。依次单击图中对应的选区即可填充颜色，结果如图2-3-24所示。

接下来，单击"Edit"菜单中的"Clear Outside"选项，删除红色选区以外的图像。重新设置颜色进行填充（方法同前），如图2-3-25所示。最后在"ROI Manager"窗口选择"background"选区，单击"Edit"菜单中的"Clear"选项，设置并填充第三种颜色，如图2-3-26所示。

图2-3-23

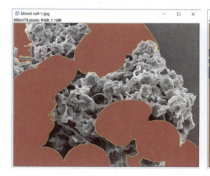  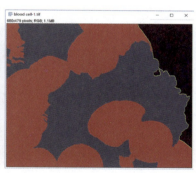

图2-3-24　　　　　　　　　　图2-3-25　　　　　　　　　　图2-3-26

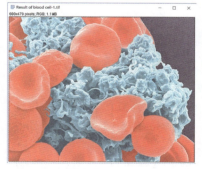

设置完三部分区域的颜色后，需要将其和原灰度图像进行叠加。可以重新打开原灰度图，单击"Process"菜单中的"Image Calculator"选项，弹出如图2-3-27所示的对话框。"Image1"选择RGB模式的选区颜色图，"Image2"选择原灰度图，计算方式"Operation"默认为"Add"。单击"OK"按钮，得到的结果如图2-3-28所示。

图2-3-27　　　　　　　图2-3-28　　　　注意叠加后的图为RGB模式，每个像素点的RGB值范围不会超过255。如果超过这一数值，图像会显得过亮。所以在设置选区颜色时应尽量以暗色调为主。

❷ **Photoshop 伪彩**

相对于 ImageJ 而言，Photoshop 在伪彩上色中的应用更加灵活广泛，仅需了解图层和颜色混合模式的基本概念即可。打开 Photoshop 软件后，界面如图 2-3-29 所示，主要有菜单栏、工具栏、画布区和面板区四个部分。

右下角的"图层"面板是最基础的面板之一，Photoshop 软件中的创作主要以图层叠加的方式进行。图层的上下关系取决于在面板中的排列顺序，任何操作之前都需要选择正确的图层。按快捷键"Ctrl+J"可以拷贝当前图层，如图 2-3-30 所示。图层前的 图标表示该图层处于显示状态，单击鼠标左键可以切换显示与隐藏。

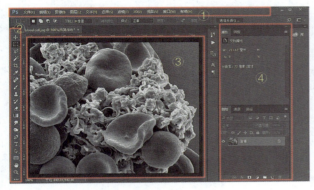

图 2-3-29

图 2-3-30

另外，Photoshop 中的选择方式更加灵活，除了基本选框和多边形/套索等工具外，还有快速选择工具和魔棒工具。在左侧工具栏单击魔棒工具的图标 ，然后在画布上方的工具选项栏选中"消除锯齿"和"连续"选项，并将"容差"值设为 30，如图 2-3-31 所示。容差的取值范围在 0~255，设置一定的容差值允许选取一定亮度范围内的所有相同颜色区域。在灰度图中设置容差值为 30，意味着和选取点的灰度值差在 ±30 之内均是可选取的范围。设置完成后，用魔棒工具在基底区域单击，即可轻松选中该区域。按"Shift"键可以加选，按"Alt"键可以减选。被选中的区域边缘会显示一圈虚线，也叫"蚂蚁线"（Marching ants）。

选中基底部分区域后不能直接填充颜色，否则会覆盖原图层。需要新建一个图层用于填色，按组合键"Ctrl+Shift+N"或单击"图层"菜单中的"新建"→"图层"选项，在弹出的"新建图层"对话框中，设置"名称"为"background"，单击"确定"按钮，如图 2-3-32 所示。

然后单击左侧工具栏 图标的黑色色块

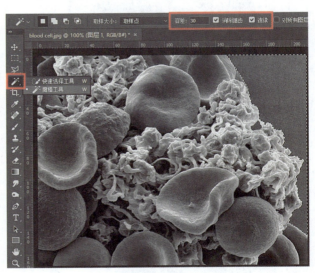

图 2-3-31

图 2-3-32

设置前景色，默认黑色为前景色，白色为背景色。在"拾色器"窗口的色板中拾取颜色，色板右侧可显示 HSB 与 RGB 值，如图 2-3-33 所示。在选中新图层"background"并保持之前的选区未变的前提下，按组合键"Alt+Delete"可快速填充颜色，如图 2-3-34 所示。按组合键"Ctrl+D"可以取消选区。填充完成后，原图的基底区域被填充色遮挡。将图层的混合模式由"正常"改为"滤色"，结果如图 2-3-35 和图 2-3-36 所示。

图 2-3-33

图 2-3-35

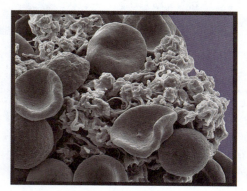

图 2-3-34

图 2-3-36

对于边缘较复杂的区域，可用左侧工具栏中的快速选择工具 来选择。按住"Shift"键加选，按住"Alt"键减选。在画布上方的工具选项栏可以设置选取画笔的大小，操作方式类似于 ImageJ 中的笔刷选择。如图 2-3-37 所示是血红细胞选区，新建图层"blood cell"后填充红色，将图层混合模式改为"滤色"，结果如图 2-3-38 所示。

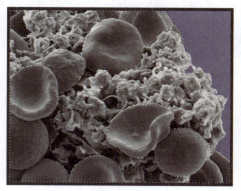

图 2-3-37

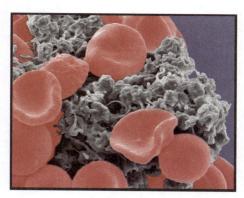

图 2-3-38

创建新图层还可以单击面板右下方的 图标，如图 2-3-39 所示。双击图层后的文字可修改图层名称，将新建的图层命名为 "platelet"，整体填充为青色。按住 "Ctrl" 键单击其他图层（非文字部分），可以快速创建该图层非透明部分轮廓的选区，例如，"blood cell" 图层的红色范围选区。注意此时选中的仍是 "platelet" 图层，按 "Delete" 键删除所选区域的填色。"background" 选区范围的填色也用同样的方法删除，得到仅剩血小板部分的选区填色，结果如图 2-3-40 所示。将 "platelet" 图层的混合模式改为 "滤色" 后，结果如图 2-3-41 所示。

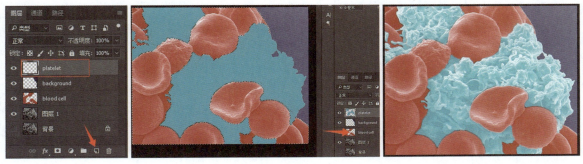

图 2-3-39　　　　　　图 2-3-40　　　　　　图 2-3-41

最后，在"图层"面板一共有包括原灰度图和三个颜色选区在内的四个图层，如图 2-3-42 所示。每个颜色选区图层的"色相/饱和度"（快捷键"Ctrl+U"）及"曲线"（快捷键"Ctrl+M"），可以在"图层"菜单的"调整"选项中设置，如图 2-3-43 所示是对选区颜色和饱和度进行简单调整后的效果。

图 2-3-42

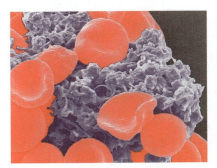

图 2-3-43

2.3.2　医学影像的三维重建

三维重建在诸多研究领域都有重要的应用，包括医学影像数据分析、材料组成与结构分析等。例如，在透射电子显微镜中，样品相对于电子束倾斜不同的角度（通常从 -60° 到 +60°），并在每个角度下获得一个图像。通过一系列的图像可计算重建样品的三维结构，这一技术称为冷冻电子断层扫描或层析重建。在医学领域，电子计算机断层扫描（Computed Tomography，CT）、磁共振成像（Magnetic Resonance Imaging，MRI）、超声等医学成像技术的发展，均可以获得人体及其内部器官的二维数字图像序列。将二维切片的图像序列进行一体化集成，以获得良好的三维感知效果，该过程即所谓的立体可视化技术，也叫作三维重建。

2.3.2.1　三维重建的图像学原理

用于医学图像三维重建的可视化方法可分为两类：面绘制（Surface Rendering）和体绘制（Volume Rendering）。面绘制的主要过程是从二维切片组成的三维数据集中提取一系列轮廓或等值面，拟合生成曲面的形状。最常见的方法是立方体行进和轮廓跟踪。体绘制则能使得三维对象以半透明雾的方式显示，最经典的算法是光线投射法。当射线沿着其路径对体积数据集进行采样时，可根据指定的属性对体积赋予密度、透明度等值。这里简单对面绘制中的行进立方体（Marching Cubes，MC）算法和体绘制中的光线投射（Ray Casting）算法加以比较，这两种经典算法有助于理解通过面绘制和体绘制进行三维重建的基本思路。在后续章节有关体积生成的建模方法介绍中，也可以看到同样的内在原理。

面绘制的MC算法是1987年由William E. Lorensen等人提出的，该算法可以从三维医学数据中创建等密度曲面的三角形网格模型。它本质上是对实际边缘的多边形近似处理，得到的模型也称作等值面。如图2-3-44所示，在两个相邻的切片中各取4个像素点组成一个最小立方体，通过每个立方体顶点的值（一般为灰度值）来确定等值面与立方体的相交方式，然后移动至下一个立方体。

如果立方体中顶点对应的值超过等值面的值，则该点位于曲面内或曲面上。若低于等值面的值，则定义为0，即位于曲面外。当等值面和立方体处于相交状态时，相交的边上有一个顶点位于曲面外，一个顶点位于曲面内。这时需要计算等值面与立方体边的交点。考虑到立方体的对称性，总共可归纳为14种相交模式，如图2-3-45所示。若所有顶点的值都高于（或低于）选定值且不生成三角形，则会出现最简单的模式0。如果曲面将一个顶点与其他七个分离，从而形成由曲面和三条边的交点定义的三角形，则会出现模式1。其他模式下都会生成多个三角形。对这14种相交模式使用旋转对称和互补对称的排列，总共可以得到256（2^8）种图案。

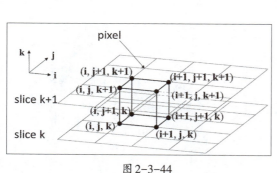

图 2-3-44

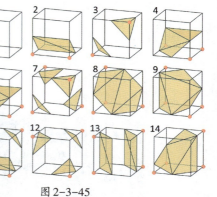

图 2-3-45

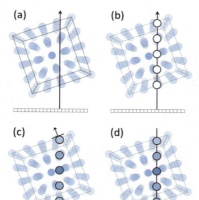

图 2-3-46

体绘制法是在20世纪80年代末由Robert A. Drebin等人提出的，该方法避免了面绘制技术中构造多边形的中间过程，直接用体积数据生成三维图像，因而保留了图像原有的信息。其中最常用的光线投射算法的原理如图2-3-46所示，从屏幕上的每个像素点出发，沿着视线方向发出一条射线，对射线穿过的体数据集进行等距离采样。根据周围体素的值，用三线性插值法求出该采样点的颜色值和不透明度值，逐一采样计算后对每个采样点的值进行组合，从而得到屏幕上该像素点对应的值。体绘制法中所有的数据信息都参与了计算，虽然速度比面绘制慢，但可以显示各组织器官的属性、形状特征及相互之间的层次关系，图像渲染效果可以得到显著增强。

由上可知，面绘制法需要人为设定一个临界值来生成等值面，对于低对比度的图像往往需要借助于人工的图像分割。在等值面的自动生成过程中，破洞和噪点是难以避免的问题。和面绘制法相比，体绘制法跳过了中间的几何表示，提供了显示弱曲面或模糊曲面的可能性。由此得到的图像更具三维感，且具有出色的图像保真度，内部细节的显示对于某些病理学的研究具有重要意义。尽管如此，面绘制对于医学影像三维重建的重要性同样不可忽视，尤其表现在以下三个方面：①面绘制的低内存需求便于基于移动设备的交互式3D可视化；②曲面网格可作为生物物理模拟的基础；③曲面网格可直接用于医疗相关的3D打印治疗方案。在实际应用中，这两种三维重建的方法也经常会混合使用。

2.3.2.2 从像素到体素

能够将二维图像序列进行三维显示的软件有多种，如ImageJ、3D Slicer、Mimics等。例如，用ImageJ打开本书提供的参考文件，单击"File"菜单中的"Import"→"Image Sequence"，双击brain_slice文件夹中的"image_001.jpg"，即可导入预处理过的脑部切片图像序列。左右拖动图片下方的滑块可以按顺序查看切片，如图2-3-47所示图像名称为"51/102 (image_051)"，即第51张切片。图片横坐标为X方向，纵坐标为Y方向，左上角为坐标原点。切片叠加的方向（垂直于图像平面）为Z方向。

若直接使用"Plugins"菜单中的"3D Viewer"选项，按照每张切片1个像素的深度来叠加，则数量不够。所以需要在"Image"菜单的"Properties"选项中设置合适的"Voxel depth"，这里设为2.5，单击"OK"按钮应用，如图2-3-48所示。然后单击"Plugins"菜单中的"3D Viewer"选项，在弹出的窗口中设置"Resampling factor"为1（采样因子），单击"OK"按钮后得到如图2-3-49所示的三维图像。虽然ImageJ软件中的"3D Viewer"插件能够以"Volume"的形式显示三维图，按住鼠标左键拖动可旋转视图，在视图的"Edit"菜单中能调节显示的颜色和透明度，但无法显示清晰的内部细节。

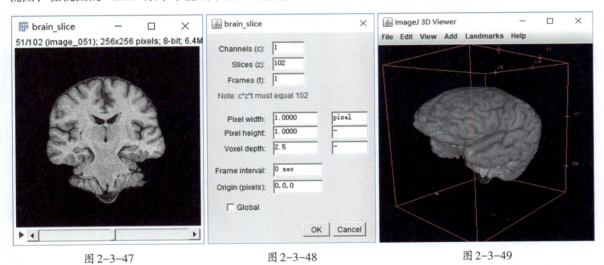

图2-3-47　　　　　　　　图2-3-48　　　　　　　　图2-3-49

在某些情况下，例如，需要展现三个维度上切片的形貌特征时，如图2-3-50所示的剖面组合图也是一种间接的三维展示方式。医学影像中习惯将三视图的切片分别称作矢状面、冠状面和横断面。以人体为参考，矢状面是将人体分为左右两半的切面；冠状面是将人体纵切为前后两部分的切面，也叫额状面；横断面则是垂直于人体中线的切面，将人体分为上下两部分，也叫水平面。

利用特定功能的插件（如Rhino_Grasshopper）可以根据连续切片中像素的灰度值分布直接获得对应的三维等值面模型，如图2-3-51所示。但这种方法对于切片图像的清晰度要求较高，即要有足够的分辨率和对比度。另外，切片的数量和分布的连续性也会影响到最终模型的精细程度。

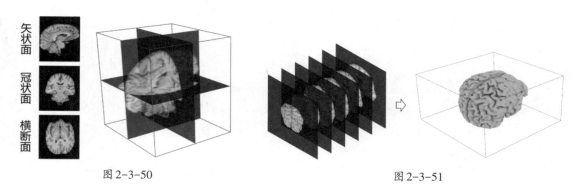

图 2-3-50　　　　　　　　　　　　　　图 2-3-51

目前主流的三维软件如 Cinema 4D 均已引入体积建模的概念，相比于传统的 NURBS 样条和多边形网格，体积建模提供了一种全新的建模思路。更多相关的内容将在第四章中详细介绍。

第三章 分子结构的3D可视化

分子是物质世界中能够独立存在且相对稳定的能够保持该物质物理化学特性的最小单元。不管是材料化学还是生命科学领域，分子都是研究各种相互作用的基础。在很多情况下，研究人员都需要在分子水平上给出图像化的语言描述，因而分子结构的可视化在现今的科学研究中是必不可少的组成部分。

就分子类型而言，小分子和大分子通常会采取不一样的可视化表达方式。小分子更加注重结构的精确性，特别是原子的相对位置和连接；而大分子会更多地考虑整体的美观和协调性，多采用简化的形式来进行结构描述，具有典型代表性的如蛋白质的各种模型。本章将从简单到复杂，对主要的分子可视化软件及其应用做基本介绍。

3.1 常用的分子可视化软件

本节主要介绍几种针对不同分子结构的可视化软件，包括常规小分子、晶体分子和生物大分子等。

3.1.1 分子绘制软件

在各种自然科学的学术论文和讲义课件中，分子结构的表达必不可少，其中最为常见的分子结构绘制形式是键线式。键线式主要反映了原子间的连接方式、成键类型和相对空间位置，多用于有机分子结构和反应机理的表达。根据分子空间几何构型的不同，可以分为：①一维直线型，如CO_2、C_2H_2；②二维平面型，如BF_3、H_2O、C_6H_6；③三维立体型，如CH_4、SF_6。绘制这类形式的分子结构通常可以在ChemDraw软件中完成。

ChemDraw是美国CambridgeSoft公司开发的一款专业的化学分子结构绘制工具，属于ChemOffice系列软件中的重要成员，在科研论文中的应用非常广泛。ChemDraw软件中提供了各种常见的化学键和官能团绘制工具，包括单键、双键、三键、多元环、苯环等，如图3-1-1所示（鼠标指针悬停在图标上时会显示其名称）。选择相应的类型后直接在绘图区单击鼠标即可创建。

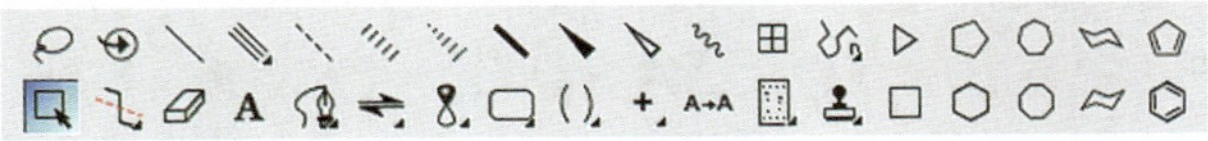

图3-1-1

软件默认为碳原子之间的连接，碳原子也是构成绝大多数有机分子骨架的原子。如需修改成其他常见元素，可在绘制过程中将鼠标指针移至特定原子的位置，出现蓝色小方块后用键盘输入元素符号即可（如O、N等，注意要使用英文输入法）。如图3-1-2所示是用ChemDraw绘制的不同键线式分子结构式。

对于不常用的元素符号，可选择Text工具，在相应位置点击并输入。原子和化学键的颜色可通过工具栏的Colors工具进行修改。至于化学键的长短及粗细等参数，则需要在"Object"菜单中的"Object Settings"选项中进行修改。如因操作不慎使工具栏"消失"（不显示），可在"View"菜单中选中相应的显示选项，通常默认显示的有Main Toolbar（主工具栏）、General Toolbar（通用工具栏）和Style Toolbar（格式工具栏）。

如果绘制的是非平面型分子，如图3-1-3所示的甲烷（CH_4）分子，通常先画出位于屏幕平面上的结构，剩下的部分再根据空间投影关系绘制。为了区分屏幕内外的化学键朝向，可以用实线（朝向屏幕外）或虚线（朝向屏幕内）的楔形键来表示。ChemDraw的Templates工具中列举了大量的预设模板，方便直接调用。

在键线式的基础上，将每个原子用球体代替，每根键用圆柱代替，就得到了分子的球棍模型。相比于键线式，球棍模型更具立体感。特别是在表示较复杂的分子结构时，更能体现分子中各原子的相对空间位置。

在球棍模型中，不同的原子可由颜色加以区分。化学键通常可分为两段，每段颜色与所连接的原子颜色相同。如图3-1-4所示的Penicilin（盘尼西林）分子结构中，灰色表示碳（C）原子，红色表示氧（O）原子，紫色表示氮（N）原子，黄色表示硫（S）原子，白色表示氢（H）原子。

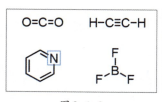
图3-1-2

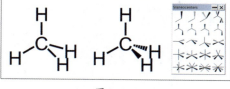
图3-1-3

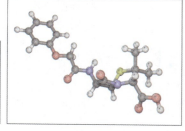
图3-1-4

除球棍模型外，另一种常用于表示分子结构的是比例模型。相对于球棍模型而言，比例模型只用不同大小的球体来表示不同原子及其相对位置。在所有的分子绘制或编辑软件中，球棍模型和比例模型是两种最基本的显示模式。大多数的分子结构可以用Chem3D软件来绘制3D球棍或比例模型，关于其具体操作将在3.2节中详细介绍。

3.1.2 晶体可视化软件

在众多的分子可视化软件中，晶体可视化软件是比较特殊的一类。由于晶体在空间上表现出特定的周期性和对称性，通常会以重复性排列的方式呈现出来。所以和单个的小分子相比，晶体还会有空间排列周期的信息。

根据对称性的不同，晶体可分为七大晶系，按对称性从低到高分别为三斜晶系、单斜晶系、斜方晶系、三方晶系、四方晶系、六方晶系、等轴晶系。构成晶体最基本的几何单元称为晶胞。晶胞的参数用边长a、b、c和轴角α、β、γ来表示，如图3-1-5所示。

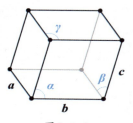
图3-1-5

常用的晶体可视化软件有 Diamond、VESTA、CrystalMaker 等，这些软件本质上处理的都是原子的空间坐标和连接方式等信息。以 Diamond 软件为例，Diamond 是德国波恩大学下属的 Crystal Impact GBR 公司开发的一款晶体学专业软件，它可以方便地将分子的 cif 文件转化为结构图。

Diamond 为用户提供了多种不同的显示方式，如球棍模型、多面体、哑原子（Dummy）等。用户可以根据需求对整个分子结构进行区域性的选择和编辑，包括原子的大小、键的粗细、模型的透明度等。Diamond 4.0 以上版本还支持将模型导出为通用的三维文件格式，如 wrl、obj、stl 等，以便用专业的三维渲染软件进行润色。如图 3-1-6 所示，就是在 Diamond 软件中编辑好的 MOFs-5 晶体分子，再导入 Cinema 4D 中进行渲染得出的结果。关于 Diamond 的具体操作，将在 3.3 节详细介绍。

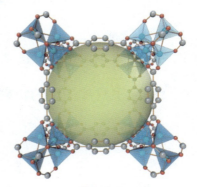

图 3-1-6

3.1.3 蛋白质分子可视化软件

使用 Chem3D 和 Diamond 基本可以实现对结构简单的小分子和周期性排列的晶体分子的可视化编辑，但这还不是分子可视化的全部。当分子变得庞大而没有明显的规律时，想要用传统的球棍模型来清楚描述其空间结构，也会感到力不从心。这时候往往需要对分子模型进行一定程度的简化处理，最典型的就是蛋白质分子。

蛋白质是一类由氨基酸连接而成的生物大分子，在拥有复杂结构的同时，其结构单元的排列通常也是无序的，并且由于氨基酸排列顺序及其残基的亲疏水性差异，不同的蛋白质会折叠形成不同的空间构型。因而采用的可视化模型必须能够体现这种空间结构上的特殊性。

实际用于蛋白质分子可视化的软件主要有 PyMOL、VMD、Chimera 等。以 Chimera 软件为例，它是由美国加州大学生物计算、可视化和信息学资源中心开发的一款专门提供分子结构和相关非结构性生物信息的综合可视化与分析软件，目前最新的版本为 UCSF ChimeraX。ChimeraX 的操作界面如图 3-1-7 所示，全新制作的工具图标让软件界面看上去更加美观，同时功能也显得更易于理解。

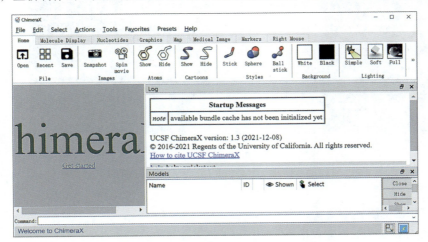

图 3-1-7

ChimeraX 支持从蛋白质数据银行（Protein Data Bank）导入 pdb 格式的蛋白质分子文件，并根据需要以 Atoms（原子）、Cartoons（卡通）或 Surfaces（表面）模式来显示。具体的操作将在 3.4 节中详细介绍。

3.2 Chem3D 创建分子的立体结构

通过本节的学习，不仅可以了解Chem3D的基本功能，同时对三维软件的交互式创作模式产生概念性的认识，对于理解其他三维软件也会有帮助。本节演示所用的Chem3D软件版本为16.0.0.82 Pro。

3.2.1 分子立体模型的绘制

本节将详细讲解Chem3D软件中分子的创建和编辑方式，示例以球棍模型为主。

3.2.1.1 球棍模型的创建方式

球棍模型是分子立体模型中最常见的一种，在Chem3D中创建分子的球棍模型主要有四种方式。

（1）用ChemDraw绘制分子键线式，保存为.cdx格式的文件后在Chem3D中直接打开（单击"File"菜单中的"Open"选项或在工具栏单击"Open"工具图标）。也可以在ChemDraw软件界面选择整个分子结构式，单击鼠标右键选择"Copy"选项（快捷键"Ctrl+C"），然后在Chem3D软件的模型窗口（Model window）单击鼠标右键选择"Paste"选项（快捷键"Ctrl+V"）。

图 3-2-1

（2）单击"File"菜单中的"Import"选项，导入含有分子结构信息的文件，支持导入的格式有*.sdf、*.mol、*.sm2和*.ml2。Chem3D还支持在线导入数据库中的分子，在"Online"菜单中可选择由PDB号、ACX号或ChemACX数据库中的分子名称来导入结构，如图3-2-1所示。

（3）打开Chem3D后在ChemDraw Panel中绘制分子式，操作与直接在ChemDraw软件中绘制一样。此处ChemDraw面板默认为LiveLink模式，绘制分子式时模型窗口会实时显示其结构，如图3-2-2所示。

（4）在工具栏中选择"Build from Text"工具图标，然后在模型窗口单击鼠标左键，键入分子英文名称，如"benzene"，按"Enter"键即可，如图3-2-3所示。

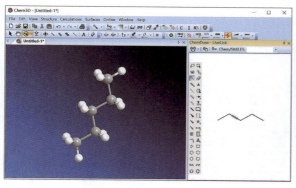

图 3-2-2

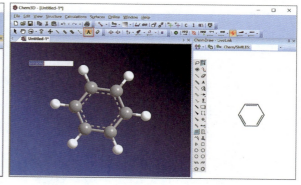

图 3-2-3

综上所述，对于名称已知或有结构信息文件的分子，可以选择导入法来创建，否则采取实时绘制的创建方式。

3.2.1.2 原子和键的属性编辑

实际操作中球棍模型的创建只是第一步，为了整体画面的美观和协调，往往还需要对原子的大小、颜色及键的类型作出适当的调整。如图3-2-4所示的分子，主体结构为芘，并且有溴和羧基两个取代基团。

这样一个分子可以先用名称输入法创建出其主体部分，选择"Build from Text"工具图标，在模型窗口单击输入"pyrene",按"Enter"键,结果如图 3-2-5 所示。然后在相应位置的氢原子处单击鼠标左键,输入"Br",按"Enter"键后会自动生成溴取代基,如图 3-2-6 所示。

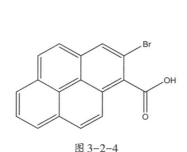

图 3-2-4

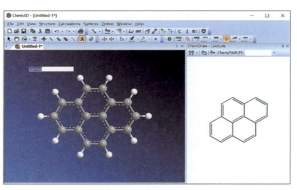

图 3-2-5

羧基可以在 ChemDraw 面板绘制,在面板中单击鼠标左键出现 Tools 工具栏,选择"Solid Bond"工具绘制即可,如图 3-2-7 所示,绘制结果会实时在模型窗口中更新。

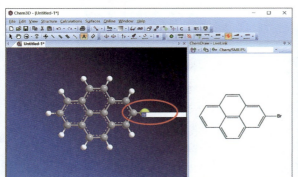

图 3-2-6

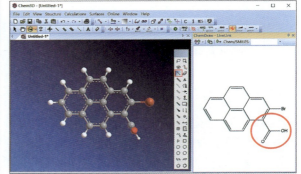

图 3-2-7

分子模型的基本操作有选择、移动、旋转和缩放,对应的工具图标如图 3-2-8 所示。其中,选择工具和旋转工具使用得较多。

图 3-2-8

对于需要调节大小或颜色的原子,先用选择工具选中(多个原子可按住"Shift"键加选),然后在选中的原子上单击鼠标右键,设置"Color"或"Select Atom Size"即可,如图 3-2-9 所示。键的粗细调节也是一样,选中相应的化学键,单击鼠标右键设置"Select Object Bond Size"。

如果是对所有原子或化学键进行整体调节,则可以再单击"File"菜单中的"Model Settings"选项,在弹出的窗口中单击"Atom & Bond"选项卡,对"Atom Size"和"Bond Size"进行设置。设置完成后单击"Apply"按钮,如图 3-2-10 所示。

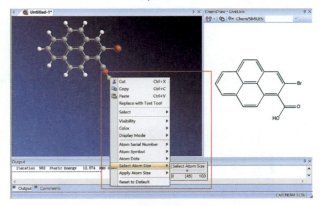

图 3-2-9

对于离域键如苯环，还可以选择用虚线或单双键交替的形式来表现。选择"Model Settings"对话框中的"Model Display"选项卡，取消选中"Show Delocalized Bonds as Dashed Lines"；或在"View"菜单中选择"Model Display"→"Delocalized Bonds"→"Show as Alternating"选项，得到的结果如图3-2-11所示。

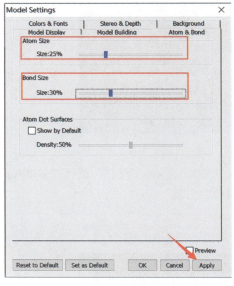

图3-2-10

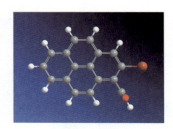

图3-2-11

3.2.1.3 单个和局部分子结构的旋转

旋转工具的使用可以帮助我们多角度地观察分子结构，但直接使用Chem3D的旋转工具时，默认的是对整个窗口视图的旋转。当模型窗口中只有一个分子模型时，视图的旋转和分子的旋转具有同样的效果。若模型窗口中同时存在多个分子，并且仅需对其中一个分子结构进行旋转时，直接旋转窗口视图则不可行。

例如，现在我们要对图3-2-12中的苯分子单独进行旋转。首先在工具栏中单击"Select"工具图标，然后在视图中按住鼠标拖动，框选整个苯分子结构。被选中的分子结构显示黄色，该颜色（Selection Color）也可以在"Model Settings"窗口的"Colors & Fonts"选项卡中进行设置。选中分子后，在按住"Shift"键的同时使用旋转工具，即可单独旋转被选中的分子结构。如果是要单独移动某个分子的位置，可在选中分子后直接用"Move Objects"工具 ✥ 来实现。

另外一种情形是需要对一个分子中的局部结构进行旋转，这时可借助旋转轴设定工具来完成。在旋转工具图标旁有一个向下的三角箭头，单击会弹出"Rotation Dial"对话框，如图3-2-13所示。图中各字母标注的分别是：（A）角度显示框；（B）旋转轴；（C）局部旋转轴；（D）二面角旋转。

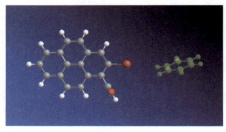

图3-2-12

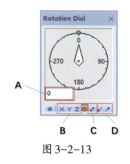

图3-2-13

由图 3-2-12 可知，直接创建得到的羧基基团由于垂直于屏幕平面而无法辨识，这里可以用二面角旋转功能对其进行局部转动。具体操作方式为先选择一个键或连续的三个键，单击 Rotation Dial 窗口中的 "Dihedral" 工具图标（两个图标分别对应转动所选键两侧不同的部分），然后在角度框中键入需要转动的角度数值，如 -90，按 "Enter" 键即可得到旋转后的结果，如图 3-2-14 所示。

Chem3D 中还有一个有意思的和键的旋转有关的功能，就是可以计算分子的构象能。例如，一个乙烷分子，选择分子中的 C–C 单键，然后单击 "Calculation" 菜单中的 "Dihedral Driver"→"Single Angle Plot" 选项，可以自动计算得到构象能和键旋转角度之间的关系曲线。如图 3-2-15 所示，图中的 A、B 两点分别对应能量最低和最高的两种状态。

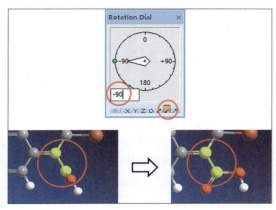

图 3-2-14

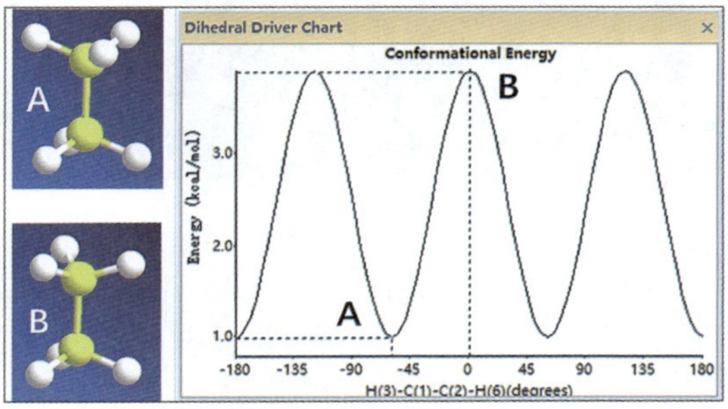

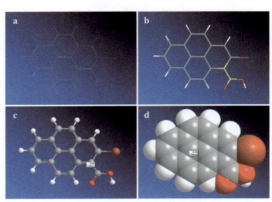

图 3-2-15

3.2.1.4 模型的显示方式

Chem3D 中为分子的球棍模型提供了四种主要的显示类型，分别为 Wire Frame（键线式）、Sticks（棒状）、Ball & Stick（球棍模型）和 Space Filling（比例模型），可在工具栏单击 "Display Mode" 图标进行切换，如图 3-2-16 所示。

四种效果按上述顺序分别如图 3-2-17 所示，实际绘图中后三者使用较多。

图 3-2-16

图 3-2-17

除了分子的显示类型外，视图的透视效果也是三维软件中的常规设定之一。单击工具栏中的 "Perspective" 工具图标，可以在平行视图（a）和透视图（b）之间进行切换，两种效果的区别如图 3-2-18 所示。

在平行视图中，同种原子显示为相同的尺寸，结构排列在视觉上显得更加整齐，但缺乏纵深感。

透视图则更加强调整体的空间透视效果，呈现出近大远小的感觉。透视程度可以在"Model Settings"窗口的"Stereo & Depth"选项卡中通过设置 Field of View 的值来调节，如图3-2-19所示是不同透视程度的分子呈现效果。

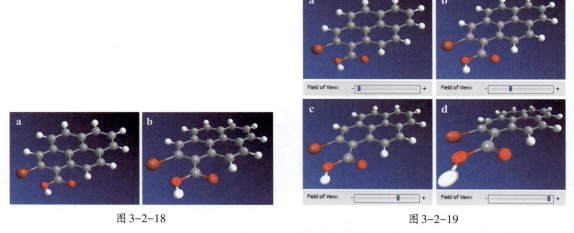

图3-2-18　　　　　　　　　　　　　图3-2-19

当 Field of View 的值从0到100%发生变化时，分子的透视程度逐渐增强。但有一点需要注意的是，透视化效果虽然会增强画面的视觉冲击感，但会对近距离和远距离的物体造成不同程度的拉伸。特别是在分子球棍模型中，过于剧烈的透视效果会使得球形原子发生明显的变形，实际作图时需要综合考虑选择一个平衡点（如50%）。

3.2.1.5　文件保存和图片导出

文件的保存一般都是在"File"菜单中，选择"Save"（保存）或"Save As"（另存为）即可存储文件。Chem3D的源文件可存储为*.c3xml格式，选择合适的保存路径，并设置好文件名，单击"保存"按钮即可，如图3-2-20所示。

如果需要存储为图片，可将保存类型设置为*.png。默认选中"Transparent Background"（背景透明）选项，DPI设置为300，如图3-2-21所示。其余操作同上，最终保存的结果如图3-2-22所示。

图3-2-20　　　　　　　　图3-2-21　　　　　　　　图3-2-22

3.2.2　分子文件生成模型

虽然用Chem3D绘制分子结构的操作很容易掌握，但并不是所有的分子都适合手动创建的方法。例如，足球烯——一种含有60个碳原子的球形分子，在平面式的ChemDraw窗口中绘制时就很难处理好前后层原子的连接关系，如图3-2-23所示。对于这类结构，最好可以直接获取现成的分子文件，用导入法来创建其模型。

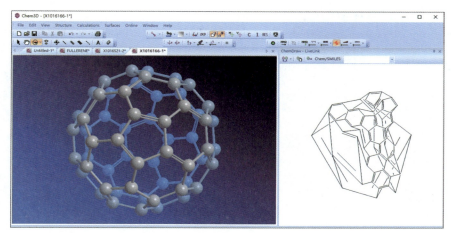

图 3-2-23

3.2.2.1 分子文件的类型

分子文件属于专业性较强的一类文本文件，其包含的内容并不复杂。一个典型的分子文件通常含有以下信息：原子的种类及其空间位置坐标、原子之间的连接方式、键的类型、空间构型、原子价态、电荷属性等。

互联网上可用于存储分子结构信息的文件格式超过100种，它们之间的区别在于所存储的信息细节程度上的差异。有些格式只存储原子的空间坐标位置，有些则会存储更多的信息。在众多的格式中，广泛使用的只有*.xyz、*.mol、*.sdf、*.cif、*.pdb、*.mmCIF等为数不多的几种。本小节将对这些常用的格式作基本的介绍，包括格式文件的内容和不同格式间的转换。

❶ *.xyz

这是最简单的一种分子格式，只存储有原子的x、y、z坐标信息，其他信息如原子间的化学键、电荷、价态等属性均不包括在内。当我们用分子可视化软件打开一个*.xyz格式的分子文件时，软件会自动在原子之间连接生成键，但结果并不一定准确。而且所有氢原子必须是显式的，否则软件无法根据键型作出预测。虽然在结构的判断上不具备优势，但由于*.xyz格式文件极其简单，本身没有原子间的成键信息，因而可以在表现化学反应的动态过程中，灵活制作键的断裂、生成、振动等效果。

通常，数据库不会直接提供*.xyz格式的分子文件，需要时可对其他格式进行转换。最常用的分子文件格式转换工具是Open Babel，这是一个开源的化学工具箱，可用来转换、分析和存储分子数据，支持Windows、Linux、Mac OSX等多个平台。关于格式转换的操作，我们将在接下来的内容中介绍。

❷ *.mol/*.sdf

这类格式包含分子结构中的多种信息，包括原子的坐标、成键关系、键的类型等，是导入和导出分子信息时使用最广泛的标准。除了MolFile（*.mol）和SDFile（*.sdf）外，还有RXNFile、RGFile、RDFile、XDFile等，它们统一称为CTFile（Chemical Table File）。为了叙述简便，后面我们直接用后缀名来指代某一类型的分子文件，如SDF即表示SDFile。

MOL是包含单个分子化合物结构信息的文本文件，SDF文件则是由一系列单个的分子文件和一些附加信息组成，与MOL并无本质上的区别。在SDF文件中，多个分子结构之间的结构信息用"$$$$"符号隔开。

SDF 或 MOL 文件格式由美国分子设计有限公司（Molecular Design Limited，MDL）开发，有两个版本（1996 年发布的 V2000 和 2001 年发布的 V3000）。虽然 V3000 在功能上有更多的改进，但目前大多数工具默认使用的还是 V2000 版本。

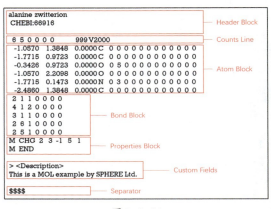

图 3-2-24

下面举个具体的例子对这类格式文件的内容加以分析，图 3-2-24 是一个丙氨酸两性离子的 MOL 文件。

（1）Header Block（标题模块）：占据每个分子结构开头的前三行。通常第一行是分子的 ID 或名称，第二行是结构来源，第三行用于注释。

（2）Counts Line（计数行）：位于每个分子结构的第 4 行。图 3-2-24 中的数字 6 和 5 分别代表原子和键的个数。一般统计行共有 12 个计数，但除了原子数、键数、手性标记外，其他计数大多已废弃不用（用 0 表示）。这里的 999 是指附加属性的行数，V2000 是文件版本。

（3）Atom Block（原子模块）：位于计数行之后，每行表示一个原子。每个原子以 x、y、z 坐标开始，每个坐标取 10 个字符。坐标后面跟着一个空格和原子的元素类型，共 3 个字符。后面的数字表示原子的其他属性，比如这里第三个（3#）原子 O 和第五个（5#）原子 N 后面的第二个数字分别为 5 和 3，表示所带电荷量（0 表示不带电；1~3 表示带正电荷，1 = +3，2 = +2，3 = +1；4 表示 doublet radical；5~7 表示带负电荷，5 = −1，6 = −2，7 = −3）。

（4）Bond Block（键模块）：位于原子模块之后，每行表示两个原子之间的连接键。每行的前两个数字表示原子编号，第三个数字表示键型（1 = Single，2 = Double，3 = Triple，4 = Aromatic，5 = Single or Double，6 = Single or Aromatic，7 = Double or Aromatic，8 = Any）。再后面是键的其他性质，如立体构象、拓扑属性等。

（5）Properties Block（属性模块）：位于键模块之后，每个属性行以"M xxx"开头，"xxx"是属性 ID。如"CHG"表示电荷属性，"2 3 −1 5 1"则表示有两个带电荷的原子，3# 原子带 1 个负电荷，5# 原子带 1 个正电荷。最后，"M END"表示属性模块结束。

（6）Custom Fields（自定义字段）：位于属性模块之后，可指定多个自定义字段，每个字段可以有多行。第一行以"> <name>"来标识字段名称，后面的行指定字段的值。最后一行为空行。

（7）Separator（分隔符）：在 MOL 文件中并不需要，因为 MOL 只有一个分子的信息。但是 SDF 文件中两个分子结构数据之间要用"$$$$"的分隔符号来隔开。

上面的 MOL 文件用 Chem3D 打开后如图 3-2-25 所示，软件已根据原子类型、键型和电荷属性等信息自动将氢原子补齐。

最后简单讲解下不同分子格式之间的转换，以 *.mol 转为 *.xyz 为例。打开 Open Babel 软件，GUI 界面显示如图 3-2-26 所示。界面左侧为"INPUT FORMAT"，设置输入格式为

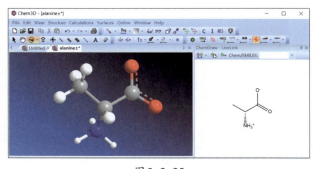

图 3-2-25

*.mol，选择对应的 MOL 文件；右侧为"OUTPUT FORMAT"，设置输出格式为 *.xyz，并相应设定好输

出路径和文件名。单击界面中间的"CONVERT"按钮，待右侧出现"1 molecule converted"的文字提示后，说明转换已经完成。

用记事本打开输出的"alanine zwitterion.xyz"文件，结果如图3-2-27所示。除了原子坐标外，其余的信息在转换过程中均丢失。所以，格式转换时需要注意，从信息量多的格式转换为信息量少的格式通常是没有问题的，反过来却不一定能得到正确的结果。

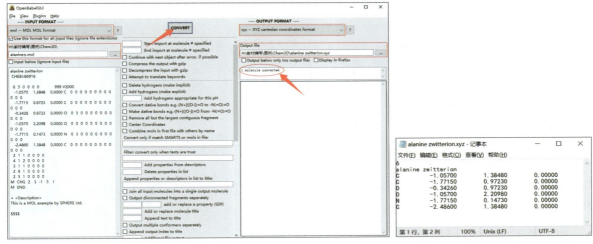

图 3-2-26　　　　　　　　　　　　　　　　　　图 3-2-27

❸ *.cif

这一格式是Hall等人于1991年创建的一种用于存储晶体分子信息的数据交换标准文件格式，全称为Crystallographic Information File（CIF）。在此之前，晶体学家们为了得到晶体分子的结构，需要从晶体衍射图案中测量数以千计的布拉格反射的强度和位置，并通过计算转换为原子坐标和位移参数。到20世纪70年代，已经出现了很多用于计算晶体结构的程序组件，但文件的输入和输出结构往往都是各自定义的，缺乏统一的标准。

CIF文件正是为了在各个实验室、期刊和数据库之间建立一个统一的晶体学数据传输通道而设计的。它是由数据名称、数据项及用于重复项的循环工具组成的。很快这一文件格式就被国际晶体学联合会（International Union of Crystallography，IUCr）选作存储和传输晶体数据信息的标准。今天，除了IUCr旗下的期刊外，很多期刊都要求：任何随论文提交的晶体结构报告必须先经过IUCr网站上的程序系统checkcif审核，并存入相应的晶体结构数据库后，才能提交论文供评审。

CIF是一种基于STAR（Self-defining Text Archive and Retrieval）文件结构的灵活的自定义文件。为了确保CIF存档随着时间的推移始终可读，它只使用ASCII字符。每个数据由两部分组成：一个数据名称和跟在其后的数据值。数据名称通常以下画线字符"_"开头，如"_cell_length_a 7.345"。

CIF文件可以包含原子的位置信息，但和一般的分子文件不同的是，一个重复单元内的原子坐标通常以百分比形式表示，在软件中需通过适当的对称运算来构造。分子的对称性信息由所属的空间群决定，所有的晶体结构一共有多达230种不同的对称组合方式，即230个空间群。

下面举个具体的例子加以说明，在晶体学开放数据库（Crystallography Open Database，COD）下载1000022.cif分子文件，该文件主要包含下列信息。

（1）晶胞的矢量信息

主要以"_cell_angle"和"_cell_length"开头，分别表示晶胞的轴角和边长。

_cell_angle_alpha	90
_cell_angle_beta	90
_cell_angle_gamma	90
_cell_length_a	5.380(1)
_cell_length_b	5.440(1)
_cell_length_c	7.639(1)

（2）分子所属的空间群

1000022是CIF文件的COD ID号，具体为一个钙钛矿晶体，对应的空间群为"P b n m"。当CIF文件中的数据值为含有空格的字符串时，需要用' '或" "括起来。

_chemical_formula_structural	'Ca (Ti O3)'
_chemical_formula_sum	'Ca O3 Ti'
_chemical_name_mineral	Perovskite
_symmetry_space_group_name_H-M	'P b n m'

（3）原子的相对坐标

通常用"_atom_site_fract"来表示，分别表示在晶体三个轴方向上的位置投影百分比。整个坐标位置的设定处于一个循环（"loop_"）中，可根据空间中的循环设定在每个循环内生成具体的原子坐标。

loop_
_atom_site_label
_atom_site_type_symbol
_atom_site_symmetry_multiplicity
_atom_site_Wyckoff_symbol
_atom_site_fract_x
_atom_site_fract_y
_atom_site_fract_z
_atom_site_occupancy
_atom_site_attached_hydrogens
_atom_site_calc_flag
Ti1 Ti4+ 4 b 0. 0.5 0. 1. 0 d
Ca1 Ca2+ 4 c 0.00648(8) 0.0356(1) 0.25 1. 0 d
O1 O2- 4 c 0.5711(3) -0.0161(3) 0.25 1. 0 d
O2 O2- 8 d 0.2897(2) 0.2888(2) 0.0373(2) 1. 0 d

（4）其他信息

例如，参考文献、文章作者、热振动参数等。

❹ *.pdb/*.mmCIF

这是一种描述蛋白质和核酸等大分子三维结构信息的文本文件，包含化合物名称、来源、修订日期、期刊引用、作者、原子坐标、二级结构位置等。文件中的每一行信息称作一个记录（record），记录开头是其类型，如HEADER、TITLE、COMPND、SOURCE、KEYWDS、AUTHOR、REVDAT、JRNL等。

PDB文件中存储的坐标信息主要有两类，一类是大分子结构本身的原子坐标，记录类型为ATOM，包括原子名称、残基名称、坐标值等。另一类是除了氨基酸和核酸外的其他原子坐标，如溶剂、辅酶、抑制剂等，其记录类型为HETATM。

如图3-2-28所示是人血红蛋白（PDB号：7VDE）分子文件中部分ATOM记录行的信息，主要有类型名称（“ATOM”）、原子序号、原子名称、残基名称、所属链、残基序列号、X/Y/Z坐标、占有率、温度因子、原子符号等。

由于X射线结晶学和核磁共振结构分析的限制，PDB文件中不包含氢原子的坐标。另外也没有存储键序信息，所以无法显示双键或三键的存在。

此外，传统的PDB格式文件还有一个限制，当分子超过62个链和99999个原子坐标时就不能作为一个文件上传，必须被分割成3个或4个单独的PDB文件存储。所以自2014年起，一种新的替代格式PDBx（mmCIF）开始成为标准的PDB存档格式。

和7VDE文件中同样的ATOM记录行信息比较，在新的PDBx格式文件中，列的顺序和字符占用数有一些微小的调整。最大的区别在于，ATOM记录行之前多出了额外的行，这些行以“_atom_site”开头，类似于CIF文件中的数据名，如图3-2-29所示。另外，PDBx文件在文件兼容和软件支持等方面也有更多的优势。

类型名称	原子序号	原子名称	残基名称	所属链	残基序列号	X/Y/Z坐标			占有率	温度因子	原子符号
ATOM	1	N	VAL	A	1	72.773	81.896	98.853	1.00	71.91	N
ATOM	2	CA	VAL	A	1	73.081	80.688	98.100	1.00	71.91	C
ATOM	3	C	VAL	A	1	71.793	79.990	97.683	1.00	71.91	C
ATOM	4	O	VAL	A	1	71.445	79.962	96.503	1.00	71.91	O
ATOM	5	CB	VAL	A	1	73.976	79.738	98.912	1.00	71.91	C
ATOM	6	CG1	VAL	A	1	74.528	78.637	98.020	1.00	71.91	C
ATOM	7	CG2	VAL	A	1	75.105	80.511	99.577	1.00	71.91	C

图3-2-28

```
loop_
_atom_site.group_PDB
_atom_site.id
_atom_site.type_symbol
……
_atom_site.auth_atom_id
_atom_site.pdbx_PDB_model_num
ATOM 1 N N   . VAL A 1 2 ? 72.773 81.896 98.853 1.00 71.91 ? 1 VAL A N   1
ATOM 2 C CA  . VAL A 1 2 ? 73.081 80.688 98.100 1.00 71.91 ? 1 VAL A CA  1
ATOM 3 C C   . VAL A 1 2 ? 71.793 79.990 97.683 1.00 71.91 ? 1 VAL A C   1
ATOM 4 O O   . VAL A 1 2 ? 71.445 79.962 96.503 1.00 71.91 ? 1 VAL A O   1
ATOM 5 C CB  . VAL A 1 2 ? 73.976 79.738 98.912 1.00 71.91 ? 1 VAL A CB  1
ATOM 6 C CG1 . VAL A 1 2 ? 74.528 78.637 98.020 1.00 71.91 ? 1 VAL A CG1 1
ATOM 7 C CG2 . VAL A 1 2 ? 75.105 80.511 99.577 1.00 71.91 ? 1 VAL A CG2 1
```

图3-2-29

有一点需要注意的是，PDB和CIF文件本质上都是基于STAR结构的自定义文件，两者可以通用。例如，在PDB数据库下载的PDBx文件后缀名即为*.cif。

以上就是几类常用分子文件格式的介绍，根据使用场景的不同，大体可分为简单小分子、晶体和蛋白三种类型。对任何分子可视化软件来说，简单小分子的3D可视化是最基础的功能，所以本章后两节将聚焦于晶体和蛋白质分子的可视化软件讲解，其中已涵盖了小分子3D可视化内容，故不另作介绍。

3.2.2.2 常用的分子文件数据库

在对分子进行可视化编辑之前，先要获取相应的分子文件。这里按照SDF/MOL、CIF和PDB三种文件格式分别展开描述。

❶ SDF/MOL 文件

常规小分子的SDF或MOL文件可以通过PubChem和ChemSpider数据库下载，以下是关于两大数据库的简要介绍。

（1）PubChem数据库是美国国立卫生研究院下属的开放化学数据库，提供关于化学结构、标识符、化学和物理性质、生物活性、专利、健康、安全、毒性数据等方面的信息，含化合物种类名目1.11亿条。

（2）ChemSpider数据库是英国皇家化学学会旗下的免费化学结构数据库，拥有来自数百个数据源的超过1亿个分子结构数据信息。

两个数据库均支持通过化学名称、化学式和分子结构式来搜索。以PubChem为例，在搜索框输入想要绘制的分子名称,如"penicillin",单击 Q 或按"Enter"键搜索,如图3-2-30所示。

数据库会给出最接近的搜索结果(COMPOUND BEST MATCH),同时,该化合物的分子式、相对分子量、IUPAC名称、创建日期等信息都会一并列出,如图3-2-31所示。左侧的缩略图即分子结构式,不同颜色的小方块代表不同的原子类型,一般红色代表氧,蓝色代表氮。

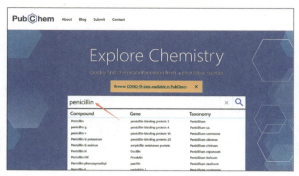

图 3-2-30

图 3-2-31

单击结构式的缩略图可以跳转到COMPOUND SUMMARY页面,展示更多的分子结构信息。在"Structure"一栏中,通常会有2D和3D两个选项,如图3-2-32所示。

图 3-2-32

单击"3D"即可跳转到3D Conformer,如图3-2-33所示。一般数据库都会给出四种分子结构类型,分别是Ball and Stick、Sticks、Wire Frame和Space Filling。左侧可以选择以何种类型显示,另外还可以选择是否显示氢原子。在分子显示界面按住鼠标左键移动可以旋转分子,当角度合适时,单击右上角的"Get Image"可以将当前图片保存为png格式。如果需要下载三维格式的文件,直接单击"Download"按钮,下载SDF格式的文件即可。

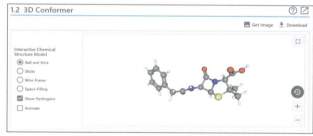
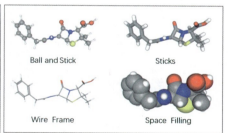

图 3-2-33

❷ CIF 文件

关于晶体的数据库主要有剑桥晶体数据中心(Cambridge Crystallographic Data Centre, CCDC)、晶体学开放数据库(Crystallography Open Database, COD)和美国矿物学家晶体结构数据库(American Mineralogist Crystal Structure Database, AMCSD)。每个数据库都有属于自己的不同编号,以"perovskite"(钙钛矿)作为关键词分别在COD和AMCSD数据库搜索得到的结果如图3-2-34所示,COD ID为1000022,AMCSD code为0002890。

搜索方式除了编号外,还可以是分子名称、化学式及期刊号等。例如,在CCDC数据库搜索2022年发表于《美国化学会志》上的晶体分子结构,可以在Access Structures页面的Journal和Publication details栏输入具体信息,然后按"Enter"键或单击"Search"按钮即可,如图3-2-35所示。

第三章 分子结构的 3D 可视化

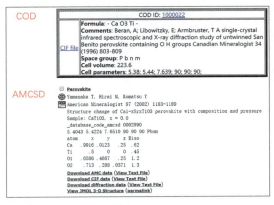

图 3-2-34

图 3-2-35

搜索结果如图 3-2-36 所示，列出的信息有 Space Group（空间群）、Cell（晶胞）参数和 Publication（s）（发表）信息，包括文章的 DOI。论文提供的 CIF 文件或数据库编号通常会放在 Supporting Information 中，如果一篇文章含有多个 CIF 文件，通过 DOI 来搜索可以列出所有 CIF 文件的 Deposition Number，如图 3-2-37 所示。下载仅需选择相应的文件，单击"Download"按钮，然后选择"Download current entry"即可。

图 3-2-36

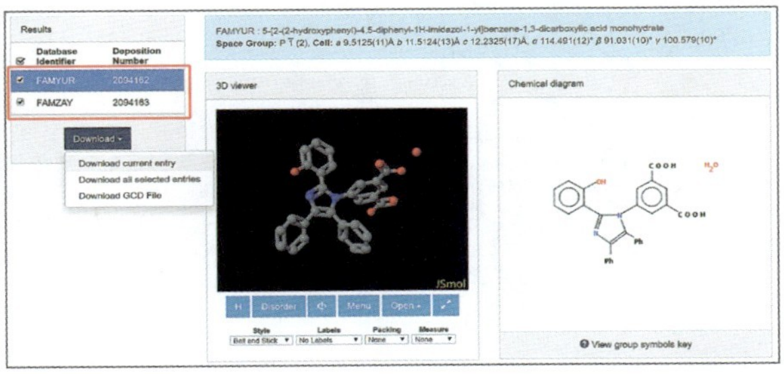

图 3-2-37

❸ PDB 文件

PDB 文件的下载有一个专门的数据库——蛋白质数据库（Protein Data Bank，PDB）。该数据库 1971 年由剑桥晶体数据中心（CCDC）和布鲁克黑文（Brookhaven）国家实验室共同建立，并于 1998 年转移给结构生物信息学研究合作实验室（Research Collaboratory for Structural Bioinformatics，RSCB）。至 2022 年 1 月，RSCB PDB 数据库已收纳超过 180000 个生物大分子结构数据文件。

该数据库中大多数的结构是由 X 射线衍射测定的，但也有不到 10% 的结构由蛋白质核磁共振法测定。前者直接获得氨基酸原子坐标的近似值，后者得到的则是原子对之间的距离，需要经过几何求解得到蛋白质的结构。随着电镜技术的发展，2013 年以后有越来越多的蛋白质结构（~5%）由低温电子显微镜测得。

这一新技术可帮助科学家获得 2~4Å 分辨率的超精细蛋白结构。专门的电子显微镜数据库（Electron Microscopy Data Bank，EMDB）统计的数据表明，由该技术获得的蛋白质分子 PDB 文件数由 2002 年的不到 10 个上升至 2021 年的 9639 个，如图 3-2-38 所示，分辨率也由原来的 5~20（及以上）Å 降低至现在的 2~4Å，如图 3-2-39 所示。而氨基酸分子中碳碳单键的长度约为 1.5Å，由此可知，冷冻电镜的图像基本可获得原子级分辨率的蛋白质分子结构。

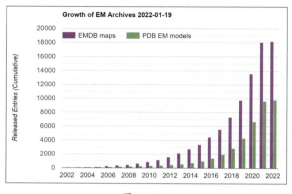
图3-2-38

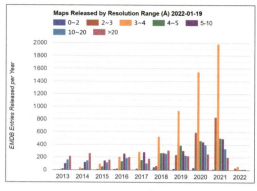
图3-2-39

PDB数据库中的每个大分子文件都有对应的ID号，搜索分子的PDB ID或英文名称，可以找到相应的文件。例如，人血红蛋白的PDB ID为7VDE，搜索结果如图3-2-40所示。由图可知，该结构是通过分辨率为3.6Å的电镜图像得到的。

单击"7VDE"进入详细显示和下载界面，如图3-2-41所示。然后单击"Download Files"，在下拉列表中选择"PDBx/mmCIF Format"下载即可。

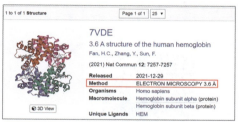

图3-2-40　　　　　　　　　　　　　　图3-2-41

现在很多软件都支持直接通过搜索PDB ID导入分子结构。以Chem3D为例，单击"Online"菜单中的"Find Structure from PDB ID"，会弹出如图3-2-42所示的窗口。在PDB ID检索框中输入"7VDE"，单击"Get File"按钮即可自动下载该文件。保存路径可通过单击"Save As"按钮进行设置。

结果在Chem3D视图窗口中以螺旋飘带和管道模型的方式（Cartoon模式）显示，蛋白质的二级结构颜色可以在"Model Settings"窗口的"Colors & Fonts"选项卡中设定，如图3-2-43所示。

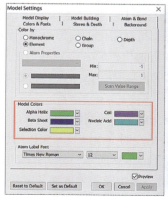

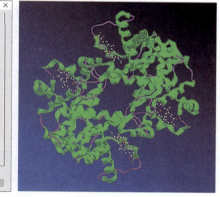

图3-2-42　　　　　　　　　　　　　　图3-2-43

除了Cartoon模式外，Chem3D还提供了Surface模式的蛋白质分子显示方式，具体的参数在

"Surfaces"菜单中编辑。例如，参数设置如下："Choose Surface"选择Connolly Molecular，"Display Mode"选择Solid，"Color Mapping"选择Group Hydrophobicity，保存为png格式的文件。如有需要，可将该图像与Cartoon模型的图像在Photoshop软件中作叠加处理，如图3-2-44所示。

但Chem3D并非专业的蛋白质分子可视化软件，无法对蛋白质分子模型进行更多亚结构的编辑，如有需要，通常使用其他专业可视化软件（如ChimeraX）进行处理，这将在3.4节中详细介绍。

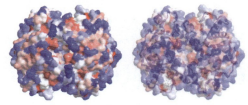

图3-2-44

❹ 其他

除了上述常用的数据库之外，Chem3D还提供了一种专门的分子数据库ChemACX Database。这是一个商用化学品数据库，有来自超过765家供应商的产品目录。以"C60"分子为例，登录ChemACX数据库，在检索框输入"fullerene"，单击"Search"按钮，得到的结果如图3-2-45所示。

单击"Buckminsterfullerene"分子选项卡中的DETAILS，可以查看分子的详细信息，包括其ACX Number：X1016166-1，如图3-2-46所示。在Chem3D软件的"Online"菜单中单击"Find Structure from ACX Number"，然后在ACX No检索框输入"X1016166-1"，单击"Get File"按钮，如图3-2-47所示。得到的分子球棍模型如图3-2-48所示。

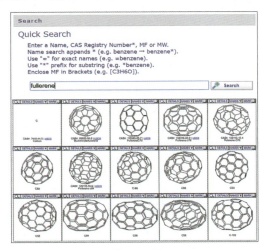

图3-2-45

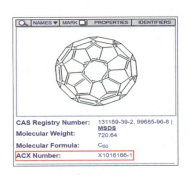

图3-2-46

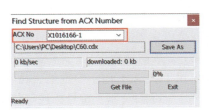

图3-2-47

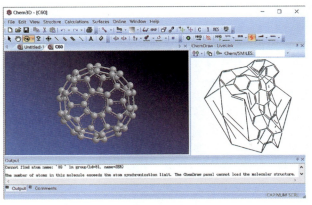

图3-2-48

3.3 Diamond 编辑晶体分子结构

本节主要讲解 Diamond 软件在晶体分子结构编辑中的应用，主要包括软件介绍、基础操作和具体案例讲解三部分内容。

3.3.1 Diamond 软件介绍

Diamond 软件是众多晶体可视化软件中的一员，它是由 Crystal Impact GBR 公司开发的一款晶体学专业软件，目前全球已有超过 64 个国家的 1300 多个研究单位和教育机构在使用。本书通过对 Diamond 软件的介绍，旨在帮助大家了解晶体结构的一般可视化方式。尽管不同的晶体学软件操作也不尽相同，但就如何实现更好的视觉传达效果而言，其目标是基本一致的。

打开 Diamond 软件，显示界面如图 3-3-1 所示，本节演示所用 Diamond 软件的版本为 4.6.6 Demonstration。开始界面中会列出近期打开的文件，若没有，则显示"No recent files yet available..."。此外还有四个基本选项。

（1）Open a file：单击可打开文件。

（2）Create a new document：单击可创建新文件。

（3）Browse sample files：单击可查看示例文件。

（4）Read the tutorial：单击可查看教程。

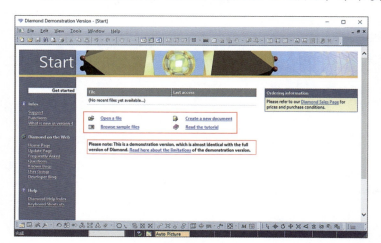

图 3-3-1

初次打开文件，会弹出"File Import Assistant"对话框，根据提示依次确认文件格式，打开后的呈现方式等，最后单击"完成"按钮，如图 3-3-2 所示。如果最后一步选中"Do not show this assistant again"，下次打开文件时将按照当前设置自动执行完整的"文件导入"操作（初次使用不建议选中）。

打开具体的文件后，Diamond 软件的界面显示如图 3-3-3 所示。其中三个最主要的板块分别是：①结构视窗；②数据列表；③工具栏。结构视窗用于展示分子的 3D 模型、晶胞边框、坐标轴及原子符号标注等信息，数据列表则用于显示晶体的数据信

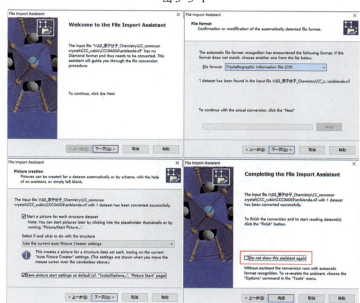

图 3-3-2

息，如文件来源、所属空间群、晶胞参数、原子坐标和振动位移等参数。下方的工具栏包括三个部分，从左往右依次为：Picture、Move和Measure工具栏。Diamond软件中的主要功能都是通过工具栏的操作结合菜单中的选项设置来完成。窗口的大小或位置可用鼠标单击拖动相应位置进行调节（当鼠标指针变为↔或✥时），若有窗口不小心关闭，可通过"View"菜单重新找回。

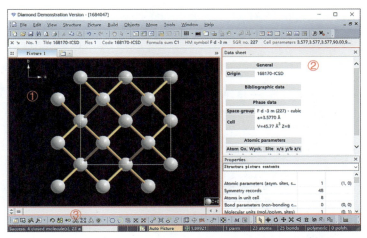

图 3-3-3

Diamond软件的主要功能如下。

（1）创建分子的球棍、比例等模型及其周期性结构的展示。
（2）基于中心和配位原子的多面体构建，并支持Dummy原子的创建和有效半径的设定。
（3）可实现局部区域的选择并分别设置模型的显示类型。
（4）支持POV-ray渲染和三维格式（*.wrl、*.obj和*.stl）模型的导出。

本节将结合一些常见的晶体模型实例对Diamond软件的具体操作进行讲解，通过对本节内容的学习，读者需掌握晶体分子可视化的一般流程，熟悉Diamond软件的操作方式，并加强对于空间对称性的理解。

3.3.2 Diamond 软件的基本设置和基础操作

作为一款分子可视化软件，基本的球棍模型编辑功能是不可缺少的。与Chem3D相比，Diamond软件的三维编辑功能更加丰富，并且多了与分子结构周期性和对称性相关的操作。本节以金刚石分子为例，对Diamond软件的一些基本设置和主要工具的功能加以概括性的介绍。

软件的示例文件中有金刚石分子的文件，首先在开始界面选择"Browse sample files"，然后在Minerals文件夹中找到Diamond.dsf文件，双击打开。*.dsf格式是Diamond软件早期版本使用的一种格式，若弹出"以何方式打开此.dsf文件"的提示框，直接选择用Diamond软件打开。

打开后如图3-3-4所示，右侧的"Data sheet"窗口显示该文件的ICSD编号为28862。除了分子球棍模型外，结构视窗中显示的信息还有：空间坐标轴、"Diamond"文字标注和蓝色背景。下面分别进行讲解。

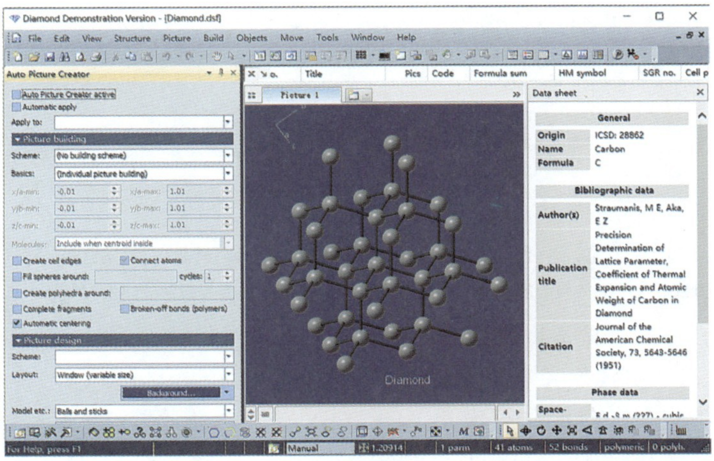

图 3-3-4

❶ **背景色的设置**

如图3-3-5所示，单击"Picture"菜单下的"Layout"选项，弹出的窗口中可以设置Background的颜色，这里在下拉的色卡列表中选择白色，单击"Apply Now"按钮，结果如图3-3-6所示。

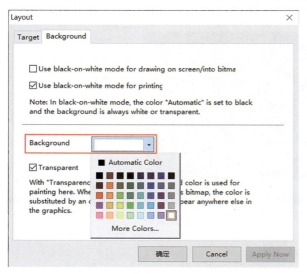

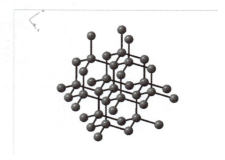

图3-3-5 　　　　　　　　　　　　　　图3-3-6

❷ 坐标轴的设置

单击"Objects"菜单下的"Coordinate System"选项，在弹出的对话框中可以设置坐标轴的位置、颜色、字体大小、箭头粗细等一系列属性，如图3-3-7所示。"Display coordinate system"选项默认选中，取消选中则不显示坐标轴。"Labels"选项可以设置坐标轴为"a,b,c"或"x,y,z"，选中"Arrowheads"坐标轴会显示为箭头状。"Position"是坐标轴在结构视窗中显示的相对位置，X和Y的正负号根据其方位而定。例如，此处的"Relative to"选项选择的是top left（左上角），如图3-3-8所示。X为正值，Y为负值，表示坐标轴图案往右下方移动。

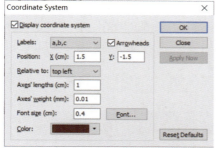

图3-3-7 　　　　　　　　　　　　　　图3-3-8

其余属性如"Axes' lengths""Axes' weight""Font size"等直接输入数字来设定，单击"Color"选项的下拉色卡列表可设置坐标轴颜色。设置完成后单击"Apply Now"或"OK"按钮。若单击"Reset Defaults"按钮将恢复默认设置。

❸ 添加文字标注

单击"Objects"菜单下的"Text"选项，会弹出如图3-3-9所示的"Edit Text"对话框。在"Text"输入框中键入"Diamond"（可输入中文），其余字号、字体和颜色设置同前。单击"Apply Now"或"OK"按钮，结果如图3-3-10所示。

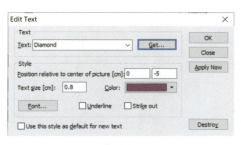

图 3-3-9

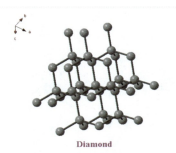

图 3-3-10

文字标注是独立于坐标系统之外的，因而可以在结构视窗中随意移动其位置。但是分子模型本身有确定的原子坐标，在系统坐标系确定的情况下，无法通过移动工具改变其坐标位置。所以 Diamond 中的移动、旋转和缩放操作只针对整个视图空间，而非某一个原子或分子模型。与此相关的工具均在 Move 工具栏列出，如图 3-3-11 所示，红框标出的是使用频率最高的几个工具。

图 3-3-11

了解了软件的基本设置后，我们来看 Diamond 是如何编辑和导出分子图像的。

3.3.2.1 原子和化学键的编辑

以一个环己烷分子为例，未经过任何编辑的分子可能如图 3-3-12 所示。所有的化学键默认为橙黄色，碳原子和氢原子分别为灰色和白色。

在导出图片或模型之前，通常需要对原子和化学键的尺寸与颜色进行设置，主要用到的是"Picture"菜单中的三个选项，分别是"Model and Radii""Atom Designs"和"Bond and Contact Designs"，如图 3-3-13 所示。

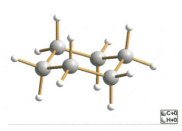

图 3-3-12

"Model and Radii"选项可以设置模型的样式。单击"Model"下拉列表，可以看到软件提供了四种样式，分别为 Standard、Ellipsoid、Space-filling 和 Wires/Sticks。每种不同的样式下方都有对应的参数可以修改，如图 3-3-14 所示。通常默认选择标准样式，即"Ball-and-stick"（球棍模型）。

图 3-3-13

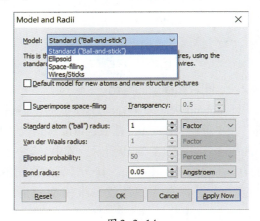

图 3-3-14

原子和化学键的参数分别在"Atom Designs"和"Bond and Contact Designs"选项中设置。单击"Atom Designs"，会弹出如图 3-3-15 所示的"Atom Group and Site Designs"对话框。选择相应的原子，在

"Style and Colors"一栏可以更改颜色和透明度。例如，这里将碳原子改为深灰色。另外，原子的大小可以在"Model and Radii"一栏进行修改，如图3-3-16所示。

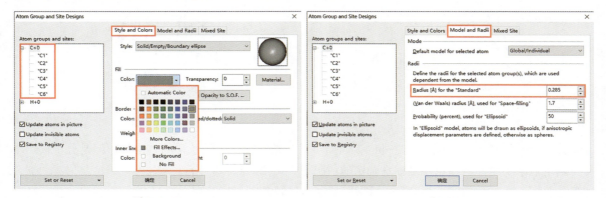

图3-3-15　　　　　　　　　　　　　　　图3-3-16

如单击"Bond and Contact Designs"选项，会弹出如图3-3-17所示的"Bond Group Designs"对话框，可对化学键的颜色和粗细进行修改。通常在"Default bond design"中选择需要设置的化学键，对于环己烷分子只需要选择"C+0 - C+0"和"C+0 - H+0"。在右侧的"Style and Colors"一栏中，对化学键的类型进行设置，一般选择"Thick, two-colored"类型。然后设置键的半径，如0.07（Å）。

"two-colored"类型的键无须单独设置颜色，它会按照化学键所连接的原子进行着色。如果键两端连接的是不同颜色的原子，则自动从中点处断开，键两边分别参照所连接的原子颜色进行着色。设置完成后单击"确定"按钮，结果如图3-3-18所示。

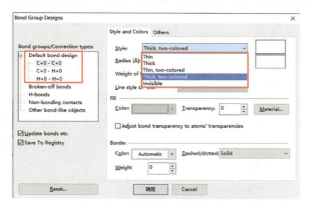 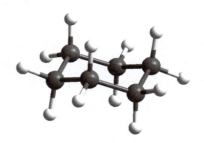

图3-3-17　　　　　　　　　　　　　　　图3-3-18

3.3.2.2　图片和模型的导出

用Diamond软件编辑完分子模型后，需要以图片的形式导出后才能在其他文档中使用。单击"File"菜单下的"Save As"选项，可以看到软件提供了两种文件保存方式，"Save Structure As"和"Save Graphics As"，如图3-3-19所示。其中，第一种是将模型保存为分子文件的格式，如Diamond本身支持的Diamond 3/4 Document。其余常见的格式还有CIF、Protein Data Bank、XYZ、MDL Molfile等。

第二种是保存为图片或三维模型的格式，常见的图片格式有Windows Bitmap、GIF、JPEG、Portable Network Graphics、TIFF等，如图3-3-20所示。可保存的三维格式有VRML 1.0、Wavefront OBJ和STL，这些都是通用的三维格式，可导入任意三维软件中加以编辑。

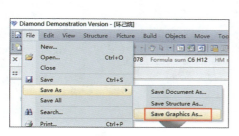
图 3-3-19

图 3-3-20

注意 如果是 Demonstration 版本，保存的图片会有 Diamond Demonstration Version 的字样，如图 3-3-21 所示。

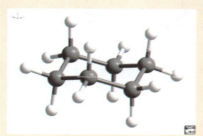
图 3-3-21

3.3.2.3 如何将模型导入三维软件

Diamond 4.0 以后的版本支持导出三种格式的三维文件（*.wrl、*.obj 和 *.stl）。无论选择哪种格式，建议在导出之前先设置好原子和化学键的参数，并尽量让分子的角度保持平直，不要倾斜。

单击 "Picture" 菜单中的 "Viewing Direction" 选项，可以选择 "View along axis"，如图 3-3-22 所示。选择 a/b/c 或 x/y/z 可以改变视角，a、b、c 分别表示晶胞的三个轴向，对于单个分子文件，a、b、c 等同于 x、y、z。

根据上面的内容导出 OBJ 格式的三维文件，以导入 C4D 软件为例。

选择 C4D 软件 "文件" 菜单中的 "打开项目" 选项，双击导入保存的 OBJ 文件。在弹出的 "OBJ 导入" 对话框中可以设置尺寸（如 10 厘米）和 Phong 角度（如 40）等参数，如图 3-3-23 所示。

单击 "确定" 按钮，模型导入后如图 3-3-24 所示。在任意材质球上单击鼠标右键，选择 "删除未使用材质" 选项，会自动删除多余的材质球，如图 3-3-25 所示。

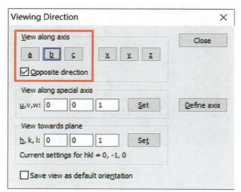

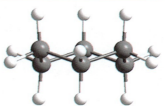
图 3-3-22

资源下载码：3D0124

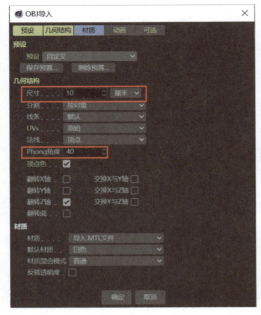

图 3-3-23

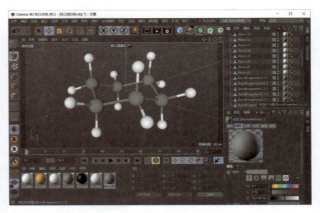

图 3-3-24

图 3-3-25

对象窗口中可见导入的对象分为两类：Atom（原子）和 Bond（化学键）。选择所有相同材质的原子，如 C 原子，按快捷键"Alt+G"将其打组。H 原子同样处理，如图 3-3-26 所示。

剩余的 Bond 对象可以全选后在对象窗口单击鼠标右键，选择"连接对象+删除"选项，将其合并为一个可编辑多边形对象，如图 3-3-27 所示。

图 3-3-26

图 3-3-27

选中合并后的 Bond 对象，在左侧工具栏切换到多边形模式，选中所有的 N-gons（八边形）面，如图 3-3-28 所示。按"Delete"键删除。

选择技巧：如图 3-3-29 所示，先在左侧工具栏切换到边模式，在"选择"菜单下单击"选择平滑着色断开"选项。然后在属性窗口设置"平滑着色角度"为 85°，单击"全选"按钮。然后按住"Ctrl"键单击左侧工具栏的多边形模式图标 切换到多边形模式，即可选中所有的八边形面。

最后，给 Bond 对象添加细分曲面生成器，"编辑器细分"和"渲染器细分"均设为 1，得到圆滑的化学键，如图 3-3-30 所示。

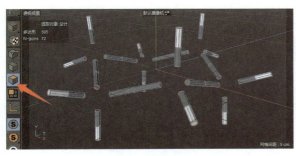

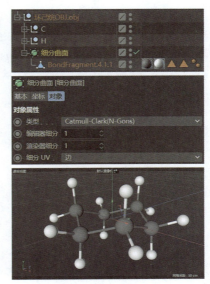

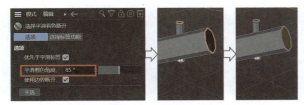

图 3-3-28

图 3-3-29　　　　　　　　　　　　　　图 3-3-30

3.3.3 ▶ Diamond 应用案例

3.3.3.1　六方蜂窝状分子

本节以石墨烯分子和六方氮化硼分子为例，给大家讲解 Diamond 软件中如何根据原子在晶胞中的位置来创建分子结构。

步骤一 单击"Create a new document"选项，创建一个新的 Diamond 文件，在弹出的"New Document"对话框中直接单击"OK"按钮即可，如图 3-3-31 所示。

步骤二 弹出"New Structure"对话框，在"Title of the new structure"一栏可以输入新创建的分子名称，然后单击"下一步"按钮，如图 3-3-32 所示。

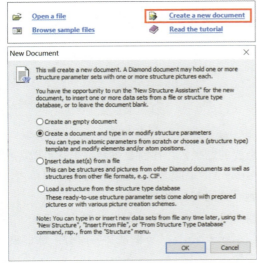

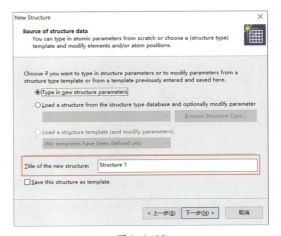

图 3-3-31　　　　　　　　　　　　　　图 3-3-32

步骤三 设置空间群，单击"Browse"按钮，如图 3-3-33 所示。选择 [194] 号空间群，然后单击"OK"

按钮，结果如图3-3-34所示。194号"P 63/m m c"空间群属于六方晶系，其晶胞参数特点为：$a = b$，$\alpha = \beta = 90°$，$\gamma = 120°$。设置晶胞边长 $a = 2.467$ Å，$c = 7.803$ Å，然后单击"下一步"按钮。具体的空间群和晶胞参数可以参考文献，也可以通过晶体衍射实验数据计算得到。

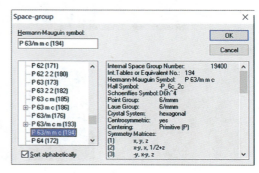

图3-3-33　　　　　　　　　　　　　　　图3-3-34

步骤四　设置好空间群后需要设置晶胞中原子的相对位置，这里以相对于每边轴长的分数形式表示。具体参数如图3-3-35所示，每设置完一个原子坐标后，单击"Add"按钮添加。全部设置完成后单击"下一步"按钮。

步骤五　依次单击"下一步"和"完成"按钮即可，分别如图3-3-36和图3-3-37所示。

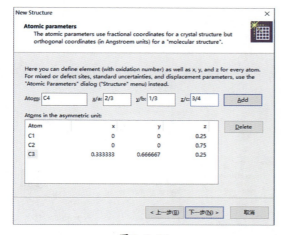

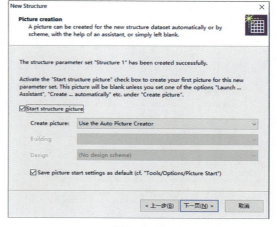

图3-3-35　　　　　　　　　　　　　　　图3-3-36

步骤六　Diamond中直接创建的分子结构不一定是自己想要的结果，往往需要重新编辑。可以先按组合键"Ctrl+Shift+D"清除所有（或在工具栏单击"Destroy All"图标），然后在视图窗口单击鼠标右键，选择"Fill Unit Cell"选项，意为填充单个晶胞，如图3-3-38所示。

步骤七　多次单击工具栏的"Grow Directly"图标，得到如图3-3-39所示的双层石墨分子结构。若只需得到单层，可以用"Normal Selection"选择工具（快捷键"Ctrl+L"）框选某一层分子球棍模型，然后按"Delete"键删除。或在上一步Destroy All之后单击鼠标右键，选择"Get Molecule(s)"选项，再多次单击"Grow Directly"图标。

 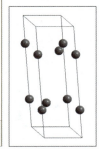 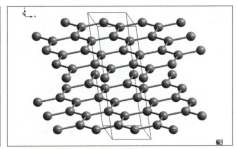

图 3-3-37　　　　　　　　图 3-3-38　　　　　　图 3-3-39

步骤八　只剩余一层六边形结构后，单击"Picture"菜单下的"Viewing Direction"选项。"View along axis"选择c，从c轴方向观察分子（顶视图），如图3-3-40所示。最后选择多余的部分，按"Delete"键删除即可，结果如图3-3-41所示。

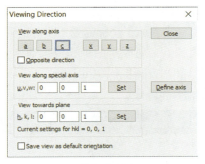 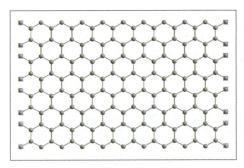

图 3-3-40　　　　　　　　　　　　　　图 3-3-41

如果需要创建的是六方氮化硼分子，在创建时空间群选择194号，只要将B原子和N原子的坐标按照如图3-3-42所示的数值进行设置即可。剩下的操作同上，最终结果如图3-3-43所示。

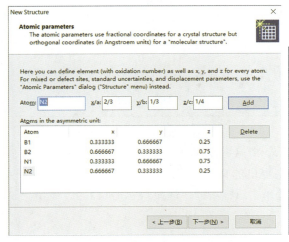 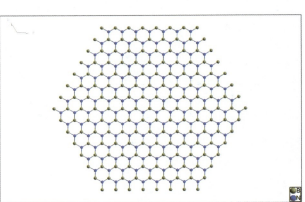

图 3-3-42　　　　　　　　　　　　　　图 3-3-43

拓展 8 球体的密堆积

根据所属晶系的原子排列特点，Diamond软件还可以创建同种原子的不同堆积模型。如图3-3-44所示，三维空间中等径球体的堆积主要有以下四种类型：简单立方堆积、体心立方堆积、六方密堆积和面心立方堆积。其中，简单立方和体心立方可通过221号空间群"P m –3 m"创建，面心立方可通过225号空间群"F m –3 m"创建，六方密堆积可通过143号空间群"P 3"来创建。

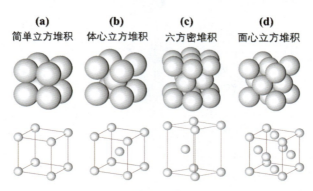

图 3-3-44

在设置晶胞边长和原子坐标时，可参照表3-1提供的参数。设置原子坐标需要用实际的元素符号，如铁原子的堆积模型为体心立方，A 和 B 可以用Fe1和Fe2代替。金属原子的堆积模式通常为体心立方（Li、Na、K、Rb、Cs、Fe）、面心立方（Be、Mg、Zn、Ti）和六方密堆积（Cu、Ag、Au）三种。

表 3-1 不同原子堆积模式的创建方式参考

堆积方式	空间群	晶胞参数	原子坐标
简单立方	Pm–3m[221]	$a = b = c = 2r$ $\alpha = \beta = \gamma = 90°$	A: $x = 0; y = 0; z = 0$
体心立方	Pm–3m[221]	$a = b = c = 2\sqrt{3}r/3$ $\alpha = \beta = \gamma = 90°$	A: $x = 0; y = 0; z = 0$ B: $x = 1/2; y = 1/2; z = 1/2$
面心立方	Fm–3m[225]	$a = b = c = 2\sqrt{2}r$ $\alpha = \beta = \gamma = 90°$	A: $x = 0; y = 0; z = 0$ B: $x = 1/2; y = 1/2; z = 0$ C: $x = 1/2; y = 0; z = 1/2$ D: $x = 0; y = 1/2; z = 1/2$
六方密	P3[143]	$a = b = 2r, c = 4\sqrt{6}r/3$ $\alpha = \beta = 90°, \gamma = 120°$	A: $x = 0; y = 0; z = 0$ B: $x = 1/3; y = 1/3; z = 1/2$

3.3.3.2 钙钛矿晶体模型

本节用钙钛矿模型的例子，带大家了解晶体结构的一般编辑方法。

步骤一　单击"File"菜单下的"Open"选项，打开本书提供的文件perovskite.cif。先按组合键"Ctrl+Shift+D"，清除视图窗口中的分子，然后在空白处单击鼠标右键，选择"Fill Unit Cell"命令，如图3-3-45所示。

步骤二　单击视窗底部工具栏的旋转工具图标，在视图中按住鼠标左键拖动可旋转视图。由于Ca原子和Ti原子都显示为灰色，这里最好修改其中一个的颜色。选择中心的Ca原子改为橙色，如图3-3-46所示，修改方法参照"六方蜂窝状分子"部分内容。

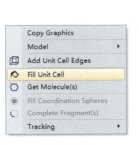

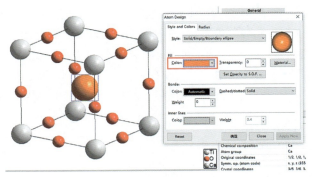

图 3-3-45　　　　　　　　　　　　　　图 3-3-46

步骤三　单击"Build"菜单下的"Coordination Spheres"选项，弹出如图3-3-47所示的对话框。在"Central atom groups/sites"（中心原子）一栏仅选中"Ti"，"Ligand atom groups/sites"（配位原子）一栏仅选中"O"，然后单击"Apply Now"按钮，结果如图3-3-48所示。

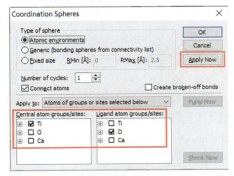

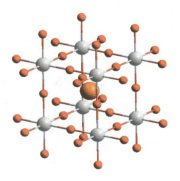

图 3-3-47　　　　　　　　　　　　　　图 3-3-48

步骤四　以Ti原子为中心创建八面体。单击"Build"菜单下的"Polyhedra"→"Add Coordination Polyhedra"选项，弹出对话框如图3-3-49所示。中心原子和配位原子设置同上，然后单击"Apply Now"按钮，结果如图3-3-50所示。

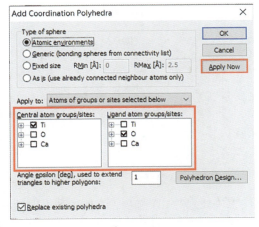

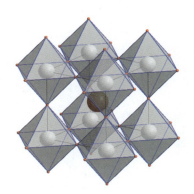

图 3-3-49　　　　　　　　　　　　　　图 3-3-50

到这一步，钙钛矿的多面体晶体模型已创建完成。如果需要对多面体的属性进行修改，可以单击"Picture"菜单下的"Polyhedron Design"选项，在弹出的对话框中，在"Style and Colors"一栏可以设置多面体的颜色和透明度，以及多面体边框的颜色和粗细，如图3-3-51所示。

"Others"一栏可以设置中心原子和配位原子之间是否有化学键连接，选中"Hide bonds between central and ligand atoms"选项表示不显示化学键连接，反之表示有化学键。另外，还可以设置配位原子的大小，"Ligand atoms reducing"表示配位原子相对原来尺寸缩放的比例，1表示100%，即没有缩放。0.5表示只有原先一半大小。如果想要在视图窗口实时观察到修改的结果，可以选中"Update existing polyhedra"选项，然后单击"Apply Now"按钮，如图3-3-52所示。最终结果如图3-3-53所示。

  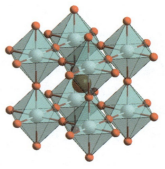

图3-3-51　　　　　　　　图3-3-52　　　　　　　　图3-3-53

3.3.3.3　二硫化钼二维分子结构

本节以二硫化钼分子结构为例，讲解Diamond软件中更多工具的用法。常见的单层二硫化钼有两种晶体结构，分别为稳定的半导体态（2H）和亚稳定的金属态（1T）。这里我们以半导体态为例。

步骤一　打开本书提供的文件"MoS2_2H.cif"，按照上面讲解的操作清空视窗。如果在空白处单击鼠标右键，选择"Fill Unit Cell"命令，结果如图3-3-54所示。

但这样连接得到的只是单个晶胞，如果需要绘制层状的二硫化钼结构，需要在a和b方向有多个周期的重复排列，得到如图3-3-55所示的效果。Diamond中有两种方法可以得到多周期的晶体结构，一种是直接生成法，另一种是逐步生长法。这里我们讲解较为简单的第一种方法。

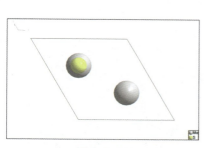 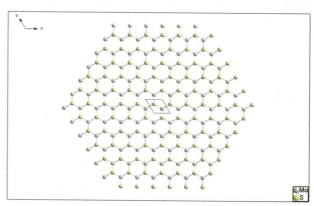

图3-3-54　　　　　　　　　　　　　　图3-3-55

步骤二　按组合键"Ctrl+Shift+D"清空视窗，单击"Build"菜单找到"Fill"选项，右侧的列表中显示有不同的创建方式，如图3-3-56所示。对于层状的二硫化钼，这里可以选择"Range"模式。

步骤三　单击"Range"选项后，弹出如图3-3-57所示的"Fill Range"对话框，通过X/Y/ZMin和X/Y/ZMax可以分别设置三个轴向的重复数。这里将XMax和YMax的值均设为10，表示在a和b两个轴向上各生成10个周期的重复单元，结果如图3-3-58所示。

图 3-3-56

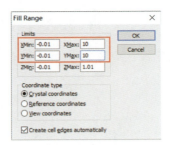

图 3-3-57

步骤四 单击工具栏的"Connect Atoms Directly"图标（组合键"Ctrl+Shift+N"），连接相应的 S 原子和 Mo 原子。原子和化学键的设置参照"原子和化学键的编辑"部分内容，结果如图 3-3-59 所示。

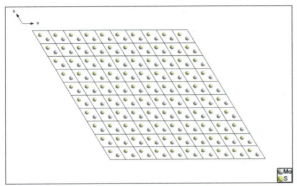

图 3-3-58

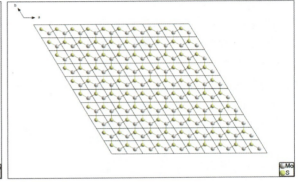

图 3-3-59

步骤五 单击工具栏的"Destroy"图标，选择"Destroy All Cell Edges"，如图 3-3-60 所示。该步骤作用为清除晶胞的边框，结果如图 3-3-61 所示。

图 3-3-60

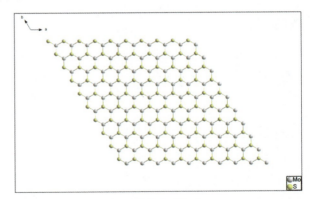

图 3-3-61

步骤六 得到的二硫化钼分子有两层，可以旋转视图后框选其中的一层，按"Delete"键删除，结果如图 3-3-62 所示。

> **小技巧** 选择时按住"Shift"键可以加选；按"Ctrl+A"组合键全选；按"Ctrl+I"组合键反选；选择时按住"Ctrl"键是区域反选；按"Ctrl+M"组合键是选择连接。另外，还可以在"Edit"菜单的"Selection Mode"选项中设置套索选择模式"Lasso Selection"，如图 3-3-63 所示。

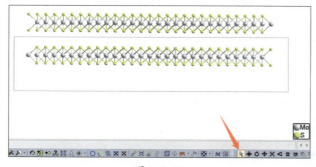

图 3-3-62

图 3-3-63

3.3.3.4 经典MOFs结构和Dummy原子的创建

MOFs（Metal-Organic Frameworks，金属-有机框架材料），是由过渡金属离子和有机配体通过自组装形成的具有周期性网络结构的晶体多孔材料，比较经典的有MOFs-5、ZIF-8、UiO-66等。

本节以ZIF-8为例，讲解其晶胞结构和Dummy原子的创建方法。ZIF-8是一种由Zn离子和2-甲基咪唑配位形成的沸石咪唑酯骨架结构材料。打开文件"602542.cif"，按照前面讲解的操作清空视窗。首先，单击"Build"菜单中的"Filter"选项，在"Atom groups"中取消选中"H"和"O"，然后单击"OK"按钮，如图3-3-64所示。

"Filter"意为过滤，激活之后在视图窗口左下角会显示 的符号。现在在视图中单击鼠标右键，选择"Fill Unit Cell"选项，将得到如图3-3-65所示的结果。由于氢原子（H）和氧原子（O）均已被过滤掉，所以视图中只显示C、N和Zn原子。

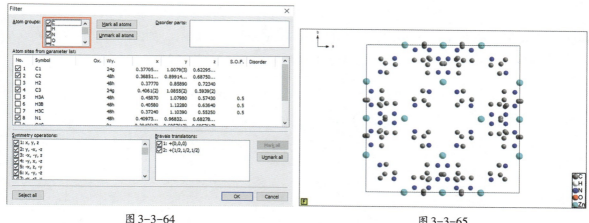

图 3-3-64　　　　　　　　　　　图 3-3-65

连续单击四次工具栏中的"Fill Coordination Spheres Directly"图标 （组合键"Ctrl+Shift+S"），得到如图3-3-66所示的结果。多次单击的目的是尽量使得中央晶胞内的分子结构显示完全。

然后按照"钙钛矿晶体模型"中的步骤创建多面体。单击"Build"菜单下的"Polyhedra"→"Add Coordination Polyhedra"选项，在弹出的对话框中的"Central atom groups/sites"区域中仅选中Zn，在"Ligand atom groups/sites"区域中仅选中N，如图3-3-67所示。中心原子和配位原子设置同上，然后单击"Apply Now"按钮，结果如图3-3-68示。

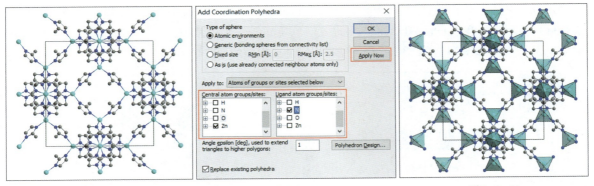

图 3-3-66　　　　　　图 3-3-67　　　　　　图 3-3-68

用框选工具（快捷键"Ctrl+L"）选中中央晶胞外围的分子，按"Delete"键删除，清除晶胞边框后（Destroy All Cell Edges），如图 3-3-69 所示。注意选择和删除时应结合不同的视角方向，以免遗漏或误删。

为了突出显示 ZIF-8 晶胞中的孔结构，可以创建一个 Dummy 原子（哑原子，意为假的，非实际存在的原子）来表示。创建方法为单击"Structure"菜单中的"Insert Atom"选项，在弹出的对话框中设置 Dummy 的坐标值即可，如图 3-3-70 所示。

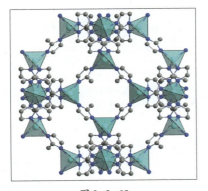
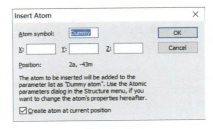

图 3-3-69　　　　　　　　　　　　　图 3-3-70

根据晶胞结构的对称性，可以选中晶胞中所有的 Zn 原子，然后再插入 Dummy 原子，可以直接获得所有选中原子的坐标平均值。对 ZIF-8 而言，晶胞中的 Zn 原子呈中心对称分布，所以平均值刚好为晶胞的中心位置，即（1/2，1/2，1/2）处，如图 3-3-71 所示。

关于如何快速选中所有的 Zn 原子，可以单击"Data sheet"，在下拉列表中选择"Table of atom groups"选项，如图 3-3-72 所示。原子列表中可以看到 Zn 原子，在 Zn 原子符号一栏单击鼠标右键，选择"Select Atoms By Group"选项，即可选中所有的 Zn 原子。

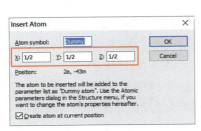
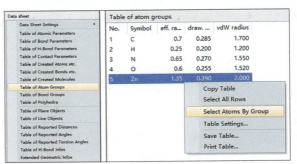

图 3-3-71　　　　　　　　　　　　　图 3-3-72

Dummy创建完成后会在晶胞的中心处显示一个球体，双击该Dummy原子可以设置其颜色和大小，如图3-3-73所示。在"Style and Colors"中设置颜色为黄色，透明度为0.1，在"Radius"中设置标准半径为7（Å），结果如图3-3-74所示。最终结果以图片或模型的形式导出。

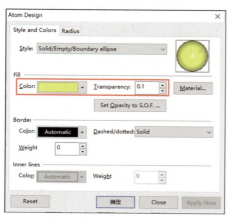

图3-3-73

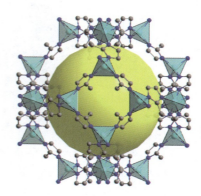

图3-3-74

3.3.3.5 分子筛结构的绘制

本案例所需文件可在专业分子筛数据库Database of Zeolite Structures下载。登录数据库网站后单击"All Codes"中的"LTA"，如图3-3-75所示。然后在"CIF"列表中选择"LTA Framework"，另存为"LTA.cif"即可，如图3-3-76所示。

图3-3-75

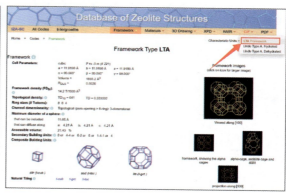

图3-3-76

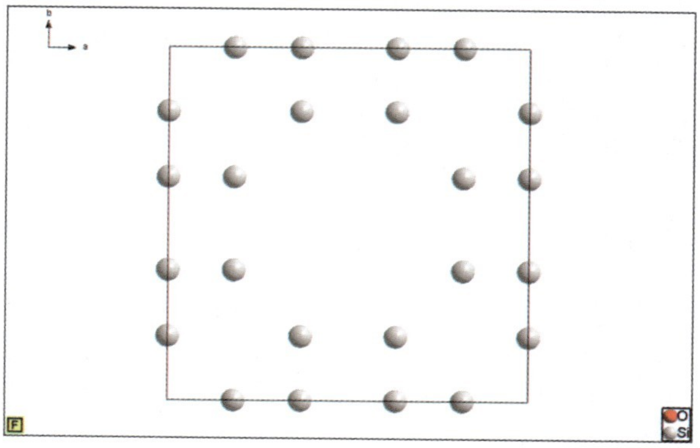

分子筛的主体是硅酸盐结构，由硅氧键构成分子级的尺寸均匀的孔洞或孔道，常见的有A型、X型和Y型。LTA就是一种A型的分子筛。用Diamond打开文件后，先按照"经典MOFs结构和Dummy原子的创建"部分的操作将O原子过滤掉，然后在空白视图中执行"Fill Unit Cell"操作，结果如图3-3-77所示。

直接连接相邻的Si原子，即可得到如图3-3-78所示的笼状骨架结构，该结构中，晶胞的每个顶点处形成一个sod型（截角八面体）

图3-3-77

笼状节点。为了得到图中的显示效果，可以将背景设置为黑色，设置方法见3.3.2节。

在设置原子间的连接前，先单击测量工具图标 ，在视图中依次单击相邻的两个Si原子，显示两者间的距离，如图3-3-79所示。测量时最好结合视图的旋转，多测量几组不同的相邻原子。本例中测得相邻Si原子的距离在3.07~3.14 Å。

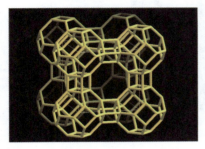

图 3-3-78

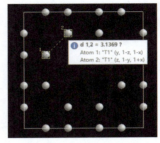

图 3-3-79

单击工具栏中的"Connectivity"图标 ，设置Si和Si之间的连接距离，如图3-3-80所示。DMin为1.392不变，将DMax设为3.300（>3.14 Å），然后单击"确定"按钮。

连续按四次"Ctrl+Shift+S"组合键，得到生长的球棍连接模型。然后删除多余的部分（a、b、c三个轴向视角），得到如图3-3-81所示的结果。

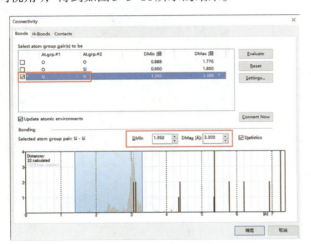

图 3-3-80

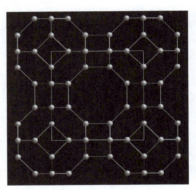

图 3-3-81

将原子半径和连接键的半径设为相同的值（如0.25 Å）。随后单击"Picture"菜单中的"Picture Settings"选项，将"Representation"中"Depth cueing"→"Intensity"（景深强度）的值设为25（RGB units/Å），如图3-3-82所示。

如果除了创建框架外，还要创建基于框架结构的多面体，则需要借助Dummy原子。根据LTA的结构对称性容易得知，需创建两种类型的Dummy原子，一类位于晶胞的顶点处，坐标（0, 0, 0）；一类位于晶胞的边中点处，坐标（0, 0, 1/2）。创建Dummy时直接输入坐标即可，如图3-3-83所示。其余的Dummy原子利用晶体自身的对称性操作自动生成，重新使用"Fill Unit Cell"操作即可，结果如

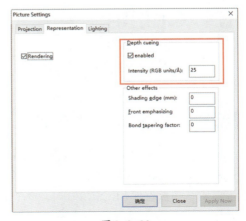

图 3-3-82

图 3-3-84 所示。

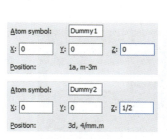

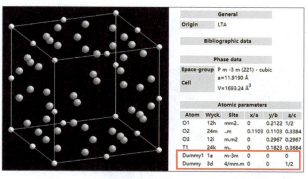

图 3-3-83　　　　　　　　　　　　　　图 3-3-84

用测量工具测得 Dummy 原子距离最近的 Si 原子距离为 4.8992 Å。所以在创建多面体的 "Add Coordination Polyhedra" 对话框中，"Type of sphere" 选择 "Fixed size" 选项，RMax 的值设为 5（Å），如图 3-3-85 所示。"Central atom groups/sites" 一栏仅选中 "?"（表示 Dummy 原子），"Ligand atom groups/sites" 一栏仅选中 Si，单击 "Apply Now" 按钮可在视图窗口看到如图 3-3-86 所示的结果。后续的原子、化学键及多面体参数的设置这里不再赘述。

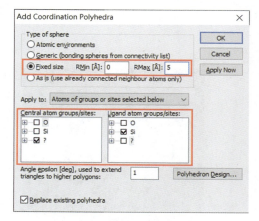

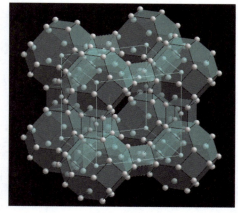

图 3-3-85　　　　　　　　　　　　　　图 3-3-86

3.4 ChimeraX 编辑蛋白质分子结构

本节主要介绍 ChimeraX 软件在蛋白质分子结构编辑中的应用，特别是命令行在 ChimeraX 软件中的重要作用。

3.4.1 ChimeraX 软件简介

ChimeraX 软件是一款用于分子结构、密度图、3D 显微镜和相关数据可视化与分析的开源软件，适用于 Windows、Mac 和 Linux 等多个操作系统。它可以直接获取来自多个在线存储库的文件，包括蛋白质结构数据库（RCSB PDB）、电子显微镜数据库（EMDB）、PubChem3D 和 UniProt 蛋白数据库等。除了基本的分子可视化功能外，ChimeraX 的功能还包括蛋白结构的叠加和拟合、结构变形、区域过滤与分割、基于亲水性或其他性质的着色、原子相互作用分析、原子结构的创建和修改等。而且 ChimeraX 还提供了高质量的模型渲染、交互式环境光遮挡、可靠的分子表面计算，以及使用带状和弯曲圆柱体描绘二级结构的新算法。在快速解析 mmCIF 文件和高效处理与操纵超大结构方面也有突出的表现。

相比于旧版本的 UCSF Chimera，ChimeraX 在软件界面上做出了全新的改版，如图 3-4-1 所示。主要有：①工具栏；②工作面板；③日志（Log）面板；④模型（Models）面板；⑤命令行五个版块。

单击"Help"菜单中的"User Guide"选项，可弹出如图 3-4-2 所示的"UCSF ChimeraX User Guide"窗口，其中可以查看 ChimeraX 软件的基本功能和主要工具的用法。

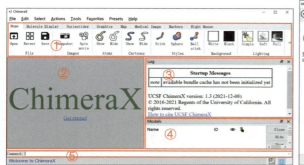

图 3-4-1　　　　　　　　　　　图 3-4-2

本节中，我们主要介绍最基本的文件打开和保存的操作。如果是打开电脑中已有的文件，可直接单击"File"菜单中的"Open"选项，或者单击工具栏中的"Open"图标 📂。如果要直接打开网络数据库中的文件，可以使用命令行操作。如图 3-4-3 所示，在命令行中输入"open 1stp"并按"Enter"键执行，即可打开 PDB 编号为"1stp"的蛋白质文件。需要注意的是，无论何时使用命令行操作，

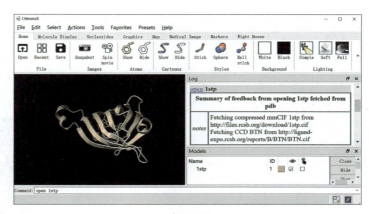

图 3-4-3

都必须输入正确的指令。对于初学者来说，这些指令可能比较陌生。但与在菜单中寻找相应的操作比起来，命令行可以让操作变得更快。而且有些命令只能通过命令行来完成，所以熟悉一些常用的指令是很有必要的。

打开文件后可以在工作面板中看到分子的结构，单击鼠标左键并按住拖曳可以旋转视图，单击鼠标中键或右键并按住拖曳可以移动视图，滑动鼠标滚轮可以放大或缩小视图。日志面板中会显示执行的操作、结果和其他消息。模型面板则会列出打开模型（包括原子结构、体积数据集、曲面等对象）的层次结构，ID 编号，以及"显示/隐藏"和"选择"复选框。如需保存图像，可以单击工具栏中的"Save"图标，保存的格式（Files of type）可选择"PNG image（*.png）"，设置"Size"的长和宽尺寸，并选中"Transparent background（透明背景）"选项。最后设置好文件名称和保存路径，单击"Save"按钮，如图 3-4-4 所示。保存的图片如图 3-4-5 所示。

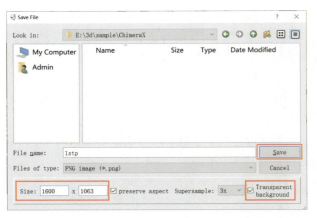

图 3-4-4

图 3-4-5

3.4.2 蛋白质分子的表现形式

在 ChimeraX 软件中，蛋白质分子主要有三种表现形式：原子模型（Atoms）、卡通/飘带模型（Cartoons）和表面/网格模型（Surfaces）。单击工具栏的"Molecule Display"菜单，会看到如图 3-4-6 所示的工具图标选项。

还是以"1stp"为例，这是一种链霉亲和素和生物素的特异性结合结构。默认的蛋白质部分（亲和素）以卡通模型的形式呈现，生物素分子则显示为球棍模型。此外，还有一些游离的红色小球表示溶剂水分子（氢原子未显示）。这里我们只需要显示蛋白模型，可以在命令行中依次输入"del solvent"和"del ligand"，并按"Enter"键执行。"del"是"delete"的缩写，即删除的意思，这里先后删除了溶剂分子和配体分子，只剩下蛋白质，如图 3-4-7 所示。蛋白质上的氨基酸残基可以单击工具栏中的 ⧫ 图标隐藏显示。

图 3-4-6

图 3-4-7

卡通模式的蛋白质分子中有螺旋（α-helix）、箭头（β-sheet）和线圈（coil）三种结构形式。在"Actions"菜单的"Cartoon"选项中，可以设置不同类型的截面，有"Rounded Edges""Squared Edges""Piped Edges"和"Tube Helices"四种，如图 3-4-8 所示。

在命令行中输入"cartoon style width w thickness t"的指令，还可以修改飘带的宽度 w 和厚度 t，单位为 Å。默认的宽度 w 为 2 Å，厚度 t 为 0.4 Å。分别设置几个不同的 w 和 t 的值，其效果如图 3-4-9 所示（截面为 Rounded Edges）。

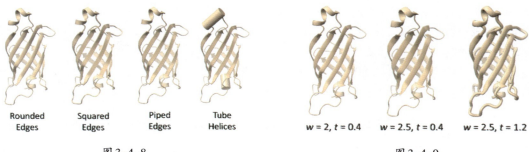

图 3-4-8　　　　　　　　　　　　　　　图 3-4-9

依次单击 S 和 工具图标，可隐藏卡通模型，显示原子模型。单击"Actions"菜单下的"Atoms/Bonds"→"Atom style"选项，可以设置三种不同的球棍模型：Stick、Sphere 和 Ball & Stick。也可以分别单击工具栏的 、 和 图标来实现，如图 3-4-10 所示。

如果要修改原子的大小和键的半径，同样是通过命令行进行设置，用到的是"size"指令。当球棍模型为 Stick 类型时，可以在命令行输入"size stickRadius r_b"，同时设置原子和键的半径；当球棍模型为 Sphere 类型时，可在命令行输入"size atomRadius r_a | default"设置原子大小，default 表示默认的范德华半径（VDW radii）。当球棍模型为 Ball & Stick 类型时，可在命令行输入"size ballScale b stickRadius r_b"来分别设置原子和键的半径。r_a 和 r_b 的单位为 Å，b 为比例因子，表示占范德华半径的尺寸比例，默认为 0.3。如图 3-4-11 所示是在不同的 b 和 r_b 值的情况下，对应的 Ball & Stick 类型球棍模型的效果。当 $b=1$ 时，由于键被原子遮挡，表面看上去与 Sphere 类型没有区别。

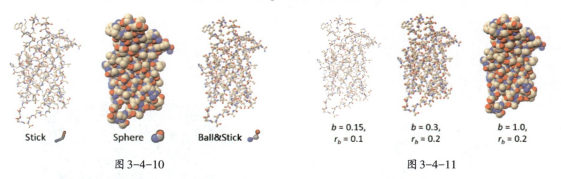

图 3-4-10　　　　　　　　　　　　　　　图 3-4-11

再依次单击 S 和 图标，可隐藏卡通模型，显示表面模型。单击"Actions"菜单下的"Surface"选项，可设置三种不同的表面类型：Solid、Mesh 和 Dot，如图 3-4-12 所示。

默认的表面模型为溶剂排除表面（Solvent Exclude Surface，SES），可理解为一个探针球体在原子的范德华表面模型上滚动时的接触面，如图 3-4-13 所示。

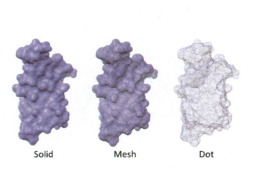

图 3-4-12

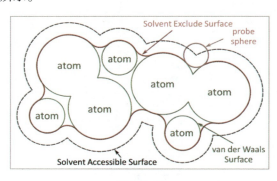

图 3-4-13

滚动的探针球半径默认为1.4 Å，接近于一个水分子。若增加该半径值，凹凸程度将会降低，表面细节也相应减少。设置方法为在命令行输入"surface probeRadius rad"，rad即表示半径值，单位为Å。分别设置rad值为1.4 Å、2.5 Å和3.5 Å，结果如图3-4-14所示（模型为Solid类型）。

关于surface还有很多其他的命令，可实现多种多样的功能，如只显示部分曲面、显示高斯类型曲面等，可以在帮助窗口查看，如图3-4-15所示。

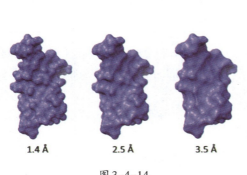

图3-4-14

图3-4-15

3.4.3 对象选择和颜色设置

本节以如图3-4-16所示的效果图来讲解ChimeraX的基本应用。

首先，在命令行输入"open 1mxe"（或在PDB数据库下载文件后用ChimeraX软件打开），按"Enter"键后等待下载。"1mxe"是钙调蛋白的PDB编号，下载完成后如图3-4-17所示。这里的两个结构是一样的，选择其中一个删除。按住"Ctrl"键（Mac系统为"command"键）后，单击鼠标左键并按住拖动，框选其中一个结构即可选中。然后在命令行输入"del sel"即可，"sel"是"selection"的缩写。

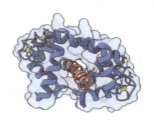

图3-4-16

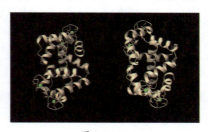

图3-4-17

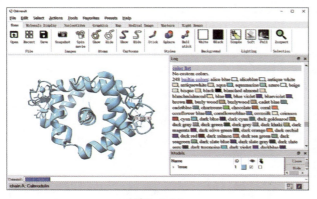

图3-4-18

颜色的一般设置可以用"Actions"菜单的"Color"选项完成，但是操作较烦琐，能实现的功能也有限。为了进一步帮助大家熟悉命令行的操作，这里我们全程用命令的输入来编辑。在命令行输入"color list"，按"Enter"键可在日志面板显示颜色列表。ChimeraX提供了248种颜色选择及对应的名称，可满足绝大多数的绘图需求。例如，在命令行输入"color skyblue"，按"Enter"键后得到如图3-4-18所示的结果。

直接设置颜色默认是针对所有的对象，所以结构中的钙离子也变成了天蓝色。可以输入执行"color byhetero"命令，让原子模型的部分按照杂原子来着色，结果如图3-4-19所示。

如果需要改变钙离子的颜色，可以先用"sel Ca"命令选中钙离子，然后执行"color sel yellow"命令，可以看到四个钙离子都变成了黄色，如图3-4-20所示。注意这里设置颜色时在颜色前面加了个"sel"，表示只对选中部分的对象进行着色，否则整体颜色都会改变。如果熟悉命令操作，也可以直接用"color Ca yellow"或"color ions yellow"的命令来完成对钙离子的着色。

除了用名称来选择外，还可以用逐级扩增的方式来选择，对应的指令为"sel up"。例如，先按住"Ctrl"键单击中间的靶肽螺旋，选中一小部分，然后执行几次"sel up"命令后就可以选中整个靶肽螺旋。接着再执行着色命令，如"color sel dark salmon"，得到如图3-4-21所示的结果。

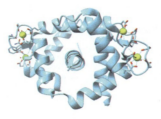
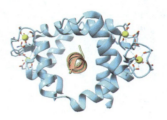

图3-4-19　　　　　　　　　图3-4-20　　　　　　　　　图3-4-21

在工具栏的"Graphics"菜单中还提供了不同的照明效果，可以调节轮廓边和阴影等。当然也可以在命令行输入命令来实现，默认的是simple效果。执行"lighting flat"和"lighting soft"，可得到如图3-4-22所示的效果。

在命令行输入"graphics silhouettes true width 1"，按"Enter"键执行操作。可以得到宽度为1的边缘轮廓线，如图3-4-23所示。

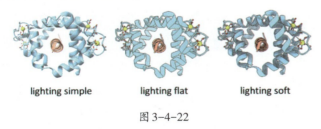

图3-4-22

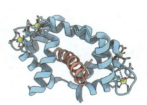

图3-4-23

最后，需要在钙调蛋白外面包裹一层半透明的表面模型。单击"Select"菜单中的"Chains"选项可知，该结构中含有两个蛋白链：钙调蛋白主链（Chain A）和靶肽链（Chain E）。在创建表面模型时，只需要在Chain A外表面生成即可，所以在命令行输入"surface /A"，然后按"Enter"键执行。"/A"即表示A链。同样，着色时只对Chain A着色，如"color /A cornflower blue target s"，得到的结果如图3-4-24所示。注意这里的"target s"表示着色只针对表面模型进行，否则之前的原子模型中的Chain A部分颜色也会发生变化。

图3-4-24

透明度可用"transparency"命令来完成，也可以缩写为"trans"。图3-4-25是不同透明度下的结果。所有效果均设置完成后，可以保存为"ChimeraX session（*.cxs）"格式的文件。

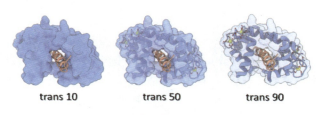

图 3-4-25

其他一些常用的着色方式及对应的命令语句和适用范围见表 3-2。

表 3-2 着色工具图标及其功能

工具图标	功能	命令	适用
	按元素对杂原子进行颜色编码	color byhetero	Atoms
	按链 ID 对链进行颜色编码	color bychain	Atoms/Cartoons/Surfaces
	按聚合物标识进行颜色编码	color bypolymer	Atoms/Cartoons/Surfaces
	彩虹色链（蓝色→红色）	rainbow	Atoms/Cartoons
	按库伦静电势着色分子表面	coulombic	Surfaces
	按疏水性（分子亲脂性电位）着色分子表面	mlp	Surfaces
	按 B 因子进行颜色编码	color bfactor	Atoms/Cartoons/Surfaces
	按残基类型对核酸进行颜色编码	color bynucleotide	Nucleic acids

拓展 ChimeraX 中的层级说明符

蛋白质是一类具有多级结构的生物大分子，在实际编辑时可能会具体到某条链、某个氨基酸残基乃至某个原子。为了方便用户的选择和编辑，ChimeraX 专门设置了针对不同层级对象的命令符（见表 3-3）。

表 3-3 ChimeraX 对象层级符号及含义

符号	层级	定义	示例
#	模型（model）	指定给 ChimeraX 中的模型序号（多级可用点隔开，如 N.N、N.N.N 等）	#1 #1.3
/	链（chain）	链标识符（不区分大小写，除非同时存在大写和小写链 ID 号）	/A
:	残基（residue）	残基序号或残基名称（不区分大小写）	:51 :glll
@	原（atom）	原子名称（不区分大小写）	@ca

模型、残基序号（数字）及链的编号（字母）可以用逗号隔开的方式或连接符"-"表示选择对象的编号或编号范围。多种残基和原子名称的情形也可以用逗号隔开。"start"和"end"可以分别代替

选择范围的起点和终点。除了同时存在大写和小写的链ID号，其余情况下均不用区分大小写。如 "#1/B-D,F" 表示模型1中的B、C、D和F链，"#1,2:50,70-85@ca" 表示模型1和2的50号及70~85号残基中名称为 "ca" 的原子。又如 "sel :100-end@O" 表示选择从100号到最后一个残基中的O原子。

当按照 "# / : @" 的降序方式使用层级命令符时，低层级的命令默认会作为高层级中所有命令的子命令依次执行。如果希望低层级的命令只在高层级命令的某一范围内执行，可以通过重复或返回高层级命令的书写方式来实现。例如，命令 ":12,14@CA" 表示残基12和14中的 "CA" 原子，而将其改为 ":12:14@CA"，则表示残基12中的所有原子及残基14中的 "CA" 原子。

此外，还有一些通配符的使用可使得选择变得更加多功能化。如 "@S*" 表示所有名称以S开头的原子，"#2:G??" 表示模型2中名称为以G开头的三个字母的残基。"@c[ab]" 表示名称为 "ca" 和 "cb" 的原子。其中，"*" 还可表示所有的意思。如 "#*.1-3" 表示所有模型中含有的1~3号次级模型，又如 "color :g*@* red" 表示将所有以字母g开头残基中的所有原子设为红色。

04 第四章
三维软件基础和微纳米材料的3D可视化

本章将详细介绍三维软件(以 Cinema 4D R23 为例)中的基础概念及主要的建模方式,对 NURBS 建模、多边形建模和体积建模进行了详细描述,并从三维呈现效果出发,讲解了三维软件中的材质贴图、灯光、摄影机等对象的设置方法。在此基础上还增加了 PowerPoint 软件中三维表现技巧的相关内容。

4.1 来自材料科学的可视化需求

材料与人类生活息息相关,关于材料的结构和性能之间关系的探索也一直是科学研究的核心方向。特别是在微观尺度、材料的形貌和结构呈现出千奇百怪的变化。其多样性和复杂性体现在维度、尺度和多成分的协同生长、组装规律等各个方面。

以 AB 型嵌段共聚物的微相分离为例,随着两种聚合物嵌段成分所占比例的变化,可以形成岛状相、柱状相、双连续相和层状相等多种状态,如图4-1-1所示。成分 A 表示为蓝色,成分 B 表示为红色,f_A 则代表 A 成分所占的体积分数。通过这种三维图像化的语言,我们可以清楚地展示出 A、B 两种成分在空间中的分布。

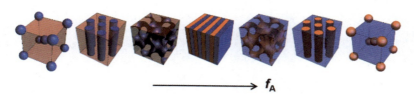

图4-1-1

毫无疑问,三维可视化在解释材料的结构特征时具有独到的优势,产生的效果也是单纯的文字和平面图难以达到的。它的应用涉及能源、化工、信息技术乃至生物医药等多学科领域。诸如核壳纳米颗粒、聚合物胶束、阳极氧化铝、泡沫镍骨架、微芯片、碳纤维、DNA 纳米笼等,科学研究者在不断发挥聪明才智和创造力的同时,也为可视化工作者提出了更多的要求。

4.2 三维软件中的空间思维

任何三维软件的操作视窗都可以看作一个虚拟的三维空间,在这个虚拟空间内,物体的视觉呈现效果与人类生活的真实三维世界并无本质上的差异。例如，空间中的一个点，就是由 x、y、z 三个相互正交方向上的坐标值确定的，甚至包括软件模拟渲染的材质效果，如金属、液体等，也是参照现实中光子的传递方式来建立的物理解算模型。如果要说最主要的差别，在于软件中对象的构造方式的不同。三维软件的建模有一套基本逻辑，这是基于计算机图形学发展而形成的独立体系。从点到线，再到面，这一循序渐进的操作过程将有助于培养操作者的空间思维。反过来，长期的空间思考又能激发操作者的三维创作能力，二者可以相辅相成。

4.2.1 空间视图基本概念

空间视图是学习三维软件需要了解的最基本的概念。在三维软件中，视图主要由工程学中的三视图加上透视图组成。何谓工程学三视图，即主视图、俯视图和侧视图（左视图或右视图）。三个视图之间两两相互垂直，呈正交关系，也称作正交视图或投影视图，如图 4-2-1 所示。

譬如一个工业零件，三视图可以清楚展示其空间位置、结构和绝对尺寸。如果只借助于单一视图，则有可能造成错误的判断。如图 4-2-2 所示的三种立体造型，在某一方向上的投影为大小和尺寸均相同的正方形。如果只有该方向上的投影视图，是无法还原出三维物体的本来样貌的。

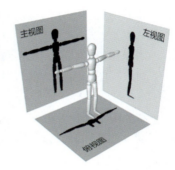

图 4-2-1

因此，在三维建模的过程中，需要借助视图的切换来对模型进行全方位的观察，以验证其空间结构的准确性，最大程度上避免因不当操作造成的错误。

除了三视图外，三维软件中最常用的是透视图。准确来说，三视图属于平行投影，而透视图则是人的视线在投影平面上的投影。透视图也是最接近日常生活中人眼捕捉到的图像的视图。

在透视图中，不平行于投影面的平行线会相交于一点，如图 4-2-3 所示。该交点也称为"灭点"或"消失点"，图中展示的是立方体中一组平行边的灭点，该点位于视平线上。利用透视图可以很好地展现场景的纵深感，场景中的对象符合"近大远小"的视觉效果。

图 4-2-2

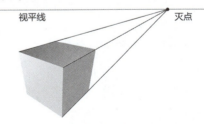

图 4-2-3

与透视图相对的是平行视图，几乎所有的三维软件都会提供这两种视图模式的切换。如图 4-2-4（a）和图 4-2-4（b）所示，两者最大的区别就是平行视图中不存在灭点。在设计领域，平行视图经常会被用于界面设计中，也称为 2.5D。如图 4-2-4（c）所示的经典游戏《纪念碑谷》中就大量运用了平行视图的设计。相比于透视图而言，平行视图牺牲了部分三维透视效果，更加强调了物体空间排列的整齐性。科研绘图中多用于表现晶体或阵列材料的周期性结构。

进入视图操作之前，首先需要明确方向的设定，即视图的坐标系。三维软件的空间视图一般由 x、y、z 三条正交的坐标轴组成参考坐标系。在 C4D 中，x、y、z 坐标轴分别对应的是红色、绿色和蓝色，且 y 轴处于竖直方向，如图 4-2-5 所示。坐标轴位于视图窗口的左下角，此外视图中央还有网格线和全局坐标轴，可以通过视图窗口的"过滤"菜单来隐藏或显示。

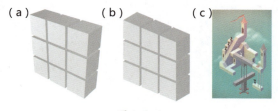

图 4-2-4

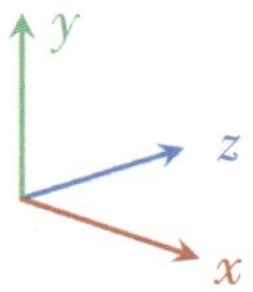

图 4-2-5

为了便于理解，假设我们看到的视图是一架摄像机拍摄到的画面，当摄像机移动时，视图画面也会跟着变化。不同的拍摄方式对应于不同的视图变化类型，这些变化可以分为三类：移动、旋转和缩放。

当摄像机平移时，观察到的视图画面也随之发生平移，对应视图的移动；当摄像机绕着场景旋转时，对应视图的旋转；当摄像机推近或拉远时，投影画面会放大或缩小，对应视图的缩放，如图 4-2-6 所示。

在 C4D 视图窗口的右上角有如图 4-2-7 所示的三个图标，可用于控制视图的运动，分别对应视图的移动、缩放和旋转。具体操作方式为单击相应图标并按住鼠标左键拖动。

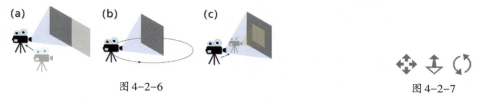

图 4-2-6

图 4-2-7

另外，视图窗口右上角还有一个图标 ，对应视图的切换。单击该图标可以在单一视图和多视图之间来回切换。多视图的布局方式可以在视图窗口的"面板"菜单进行修改。在有多个视图的情况下，对某一视图操作之前需要单击激活相应的视图。

和视图的操作类似，场景中对象的基础操作也可分为移动、旋转和缩放，如图 4-2-8 所示。对应的分别是模型位置、角度和尺寸比例的变化。

在进行相应的操作之前，需要在工具栏选择相应的工具。三个基础的对象操作图标如图 4-2-9 所示，分别为平移、缩放和旋转。单击工具图标后，图标的背景色会由灰色变为蓝色，表示处于激活状态。

图 4-2-8

图 4-2-9

三种工具作用在具体的对象上时会呈现不同的轴向显示符号，如图 4-2-10 所示。当鼠标指针移至某一轴向附近时，对应的轴会显示为白色，此时按住鼠标左键拖动即可进行相应的操作。对象的位置、尺寸和旋转等具体数值信息可在视图窗口下方的状态栏查看，或者在属性窗口的坐标属性中查看。

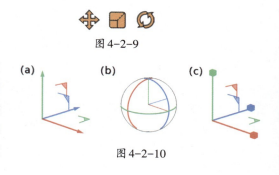

图 4-2-10

需要注意的是，在对视图进行相应的操作时，场景中的对象和整个参考坐标系的相对位置是保持不变的。所以不会改变对象的坐标、角度等信息。但如果直接对某一对象进行移动、旋转或缩放操作，对象的坐标属性会同步发生变化。

4.2.2 坐标、颜色与方向

任何软件都是由代码编译得到的，其运行过程实际上是对输入计算机的数据信息进行处理的过程。对三维软件而言，弄清楚模型对象所包含的信息是一切操作的基础。而在这些信息中，点的坐标是最基础的信息。

C4D中获取对象的点坐标很容易。例如，一个边长为200 cm的立方体对象，将其转为可编辑对象（快捷键"C"）后，即可在构造窗口获取点的坐标信息，如图4-2-11所示。

对象整体的移动、缩放或旋转都可以看作点坐标某种形式的变换。以对象的移动为例，移动的距离和方向可以用一个矢量（也叫向量）来表示。由于是空间中的移动，该矢量是一个三维矢量，可表示为(l, m, n)。如图4-2-12所示是一个网格对象在平面上沿着向量$\vec{v}$发生移动，移动之后每个点的坐标$v_t = v_0 + v$（v_0表示初始点坐标值）。

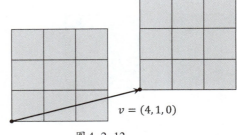

图4-2-11　　　　　　　　　图4-2-12

在实际运算中，C4D软件是通过一个四阶矩阵来完成的，如下所示。其中，off.$x/y/z$表示偏移分量，v_1、v_2、v_3表示基向量。

$$M = \begin{bmatrix} 1 & 0 & 0 & 0 \\ \text{off}.x & v_1.x & v_2.x & v_3.x \\ \text{off}.y & v_1.y & v_2.y & v_3.y \\ \text{off}.z & v_1.z & v_2.z & v_3.z \end{bmatrix}$$

坐标v_0是三维矢量，即一个三维的向量，变换的过程相当于用矩阵M乘以该向量，将其从一个向量空间映射到另一个向量空间。如果是用单位矩阵M_I与之相乘，相当于不发生任何变化。

$$M_I = \begin{bmatrix} 1 & 0 & 0 & 0 \\ 0 & 1 & 0 & 0 \\ 0 & 0 & 1 & 0 \\ 0 & 0 & 0 & 1 \end{bmatrix}$$

例如，设初始点坐标为$(1, 2, 3)$，用单位矩阵M_I乘以向量$(1, 1, 2, 3)$得到结果仍为$(1, 1, 2, 3)$。注意，为了满足矩阵的乘法规则，和矩阵M_I相乘的需要是一个四维的列向量，所以在向量的第一个位置添加元素1。如果偏移分量off为$(3, 2, 1)$，则计算结果为：

$$\begin{bmatrix} 1 & 0 & 0 & 0 \\ 3 & 1 & 0 & 0 \\ 2 & 0 & 1 & 0 \\ 1 & 0 & 0 & 1 \end{bmatrix} \begin{bmatrix} 1 \\ 1 \\ 2 \\ 3 \end{bmatrix} = \begin{bmatrix} 1 \\ 4 \\ 4 \\ 4 \end{bmatrix}$$

相当于将初始点沿着向量（3,2,1）进行了移动，到达（4,4,4）的坐标位置。

旋转和缩放的变换方式相对会复杂一些。以旋转为例，如将基向量 v_1 和 v_2 分别设为（0,1,0）和（-1,0,0），并将其作用于初始点（1,1,0）上，得到结果为：

$$\begin{bmatrix} 1 & 0 & 0 & 0 \\ 0 & 0 & 1 & 0 \\ 0 & -1 & 0 & 0 \\ 0 & 0 & 0 & 1 \end{bmatrix} \begin{bmatrix} 1 \\ 1 \\ 1 \\ 0 \end{bmatrix} = \begin{bmatrix} 1 \\ 1 \\ -1 \\ 0 \end{bmatrix}$$

相当于将初始点绕着 z 轴旋转了90度，到达（1,-1,0）的坐标位置。如果与此同时再设置一个非零的off偏移分量，即意味着在旋转的同时还会发生平移。

虽然实际操作时很少有人会关心软件程序中的数学计算，设计师也不会因为不懂数学而学不好C4D软件，但这确实是实现更复杂运算功能的基础。

(0, 0, 0)

(255, 255, 255)

图 4-2-13

除了对象的基础操作外，模型显示效果也跟数学有着密不可分的关系。最直观的，对象显示的颜色就是由R、G、B三个数值来控制的，其含义在1.3节中已描述过。更重要的是，这三个数值不仅可以调节对象的外观颜色，还可以设置透明度、凹凸强度等。比如在透明材质通道中，黑色（0,0,0）表示完全不透明，白色（255,255,255）则表示完全透明。两种材质球的效果如图 4-2-13 所示。

还有一点容易被用户忽略的是法线的方向，它同样可以用一个矢量来表示。C4D中默认是将法线隐藏显示的，如果需要显示法线，可以在属性窗口的"模式"菜单中设置。具体是在"模式"菜单下单击视图设置，然后选中"多边形法线"和"顶点法线"选项，如图 4-2-14 所示。

例如，一个球体对象，将其转为可编辑对象后，选中其中一个多边形面，即可显示其多边形法线（默认显示为黑色）和顶点法线（默认显示为白色），如图 4-2-15 所示。每个多边形面仅有一条多边形法线，方向垂直于该多边形面（可能非平面）。通常，规定法线的朝向为该多边形面的正面。在对多边形进行着色和渲染时，法线的方向会影响其对灯光的反射效果。

图 4-2-14

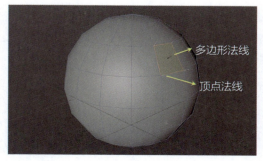
图 4-2-15

和多边形法线不同的是，顶点法线并不是严格意义上的法线概念。这一概念的引入主要是为了解决多边形面之间的视觉平滑效果。当多边形面共用点位置处的顶点法线方向均指向同一个方向时，表示处于平滑着色模式下，渲染时面与面之间呈现出软边过渡的效果，如图4-2-16所示（绿色线段即顶点法线）。

当这些顶点法线的方向与各自所在平面的法线方向保持一致时，面和面之间呈现的是硬边过渡效果，即有明显的折痕，如图4-2-17所示。

图 4-2-16　　　　　　　　　　　　　　　图 4-2-17

4.2.3　C4D 软件设置和基础操作

在了解了三维软件的基本概念后，本节专门讲解C4D中的一些设置。包括软件界面布局、视图的显示方式、对象的选择方式、对象的层级关系、渲染设置和自定义快捷键设置等。

4.2.3.1　软件界面布局

本书使用的C4D软件版本是R23，不管是工具排版还是功能上，较之前的版本更优化。如果使用的是R21及之前的版本，会缺少部分功能，但不影响整体的使用。

C4D R23的界面如图4-2-18所示，最上方是标题栏和菜单栏，然后依次是工具栏、视图窗口、对象窗口、属性窗口、时间线、材质窗口和状态栏。

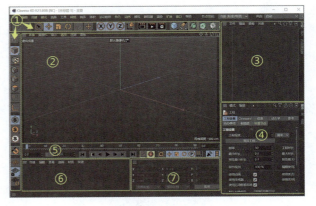

❶ **标题栏和菜单栏**

新建的工程文件标题栏会显示"［未标题X］"字样，保存文件时可修改名称。标题栏下方是菜单栏，单击任一菜单会弹出下拉列表。如"创建"菜单，在弹出的列表中会显示各种可创建的对象，如图4-2-19所示。

图 4-2-18

❷ **工具栏**

工具栏分为横向的普通工具栏和纵向的编辑模式工具栏。普通工具栏中包含对象的基本操作、场景的渲染设置和可创建的对象类型等，编辑模式工具栏主要是针对模型的点、边、面及轴心等不同模式下的操作。

图 4-2-19

❸ **视图、对象和属性窗口**

在C4D的软件界面中，这三个窗口占据了大部分区域，是主要的显示界面。视图窗口用于显示创建的各种对象，如图4-2-20所示的球体。对象窗口会显示视图中对象的类型及名称，属性窗口则显示所选对象的参数和其他属性。

对象窗口可分为三列，分别是对象名称栏、基本属性栏和标签栏，如图4-2-21所示。基本属性栏中的几个图标分别对应于属性窗口中基本属性的"图层""编辑器可见""渲染器可见"和"启用"。

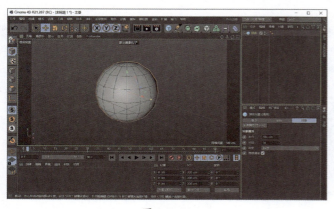

图4-2-20

图4-2-21

❹ 材质窗口

材质窗口中可以创建标准材质和节点材质，也可加载预设或外部材质。在窗口中双击鼠标左键可创建新材质球，双击材质球可以打开对应的材质编辑器，如图4-2-22所示。

另外，在软件界面的右上角可以设置不同的界面类型，如针对动画的Animate、针对建模的Model等，如图4-2-23所示。也可以自行设置用户界面，单击任一窗口/界面左上角的≡或虚线点，可固定或解锁界面。设置完成后可在"窗口"菜单的"自定义布局"选项中另存为新的布局。

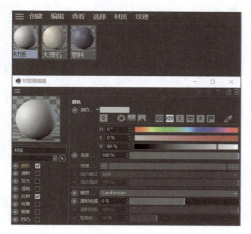

图4-2-22

图4-2-23

4.2.3.2 视图的显示方式

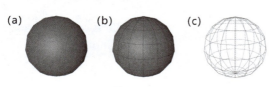

图4-2-24

为了能够更清楚地观察三维对象的构造，C4D提供了三种显示方式，分别是光影着色、光影着色（线条）和线条模式，如图4-2-24所示。可在视图窗口的"显示"菜单中选择不同的显示模式。

在建模的过程中，可在不同显示模式间来回切换，有助于检查模型的结构线是否合理。以球体为例，创建球体对象后，在属性窗口的"对象"属性中可以设置球体的"类型"。默认"类型"为标准，此外，还有四面体、六面体、八面体等选项，如

图4-2-25所示。

其中，标准、六面体和二十面体三种类型的球体最为常用。当球体分段数为32时，这三种类型的球体结构线如图4-2-26所示（光影着色显示模式）。基于不同类型的球体，最终可以得到不同的模型。

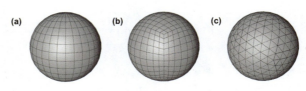

图4-2-25　　　　　　　　　　　　　　图4-2-26

4.2.3.3　对象的选择方式

在对任何对象进行操作之前，首先需要选中该对象。在C4D中，对象既以模型的形式呈现在视图窗口中，同时又以名称列表的形式呈现在对象窗口中，所以提供了两种选择的方式。其中，对象窗口类似于文件夹，其选择方式也和文件夹中选择文件的方式一样。这里主要讲解视图窗口中的选择操作。

对象选择有相应的选择工具，在工具栏中找到 图标。图标的右下角有一个黑色的小三角形，表示该图标有下拉列表。单击鼠标左键并长按图标，可弹出如图4-2-27所示的列表，列出了不同的选择方式。

图4-2-27

默认的选择方式为实时选择，有点选和刷选两种功能。顾名思义，用鼠标左键单击视图中的对象或按住鼠标左键拖动就可以选择对象。在该模式下，鼠标指针旁会出现一个白色圆圈。

如图4-2-28所示，被选中的对象轮廓线呈橘黄色，并在轴心处显示坐标轴。

另外三种选择模式类似，也称为区域选择，只是区域的形状有区别。以框选为例，按住鼠标左键拖动会拉出一个矩形框。被该矩形框覆盖到的对象都会被选中，且无须完全覆盖，如图4-2-29所示。

图4-2-28　　　　　　　　　　　　　　图4-2-29

C4D中还有一种特别的选择方式——柔和选择，这种方式仅针对可编辑多边形对象中点、线、面的选择。可编辑多边形对象本质上是由点、边、面构成的几何体。两点可连成一条线，三条线可围成一个三角形，四个三角形可围成一个四面体。例如，一个立方体对象，选择对象之后，单击编辑模式工具栏的第一个图标 ，可以将立方体转为多边形对象。同时，在对象窗口中，立方体前面的图标由 变为 ，如图4-2-30所示。

将参数化对象转为多边形对象最重要的作用在于，可进入不同的模式对局部元素进行编辑。模式的图标同样位于视图窗口左侧的编辑模式工具栏，样式如图4-2-31所示。注意，在局部元素模式下的操作结束后，应单击模型模式图标 退回到原对象的模式。

图 4-2-30

图 4-2-31

当模型被转为多边形对象后,其局部元素(点、边、面)依然可通过实时选择或框选等工具进行选择。但选择的控制方式比模型模式下要更多。以一个平面多边形对象为例,在点的模式下,用实时选择工具选取平面中心区域的点。在实时选择的选项属性中,可将其"模式"改为柔和选择。多边形对象表面会出现黄色的渐变区,如图4-2-32所示。

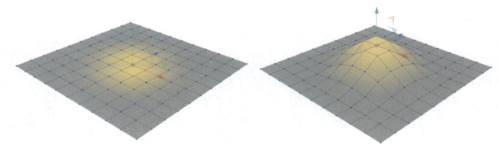

图 4-2-32

对选中的点执行移动操作,可以看到黄色中心区域移动距离最大,边缘区域移动距离逐渐衰减,达到一种渐变过渡的效果。该功能可用于实现一些柔和变化效果的制作。

另外有一点容易被忽略的是,多边形对象可单独对轴心进行操作。只需单击编辑模式工具栏中的启用轴心图标,就可以在不影响模型的前提下移动或旋转轴心(对轴心的缩放没有实际意义)。再次单击该图标可结束启用。

4.2.3.4 对象的层级关系

合理的层级关系是C4D对象之间得以正确关联,保证操作能够顺利进行的关键。对象层级的设置可参考以下3个原则。

❶ 颜色判断法

C4D R23中可创建的常规对象均列于工具栏中,分为浅蓝色、浅绿色和靛蓝色(淡紫色的域对象除外)。如图4-2-33所示,浅蓝色的包括参数化几何体和样条对象,浅绿色的包括生成器、运动图形和体积生成对象,靛蓝色的包括变形器和效果器对象。

以C60分子的球棍模型为例,可以通过对正二十面体的顶点倒角,然后添加晶格生成器得到。用到的对象有晶格、宝石和倒角,如图4-2-34所示。由图标颜色可见,层级关系从上到下分别为浅绿色、浅蓝色、靛蓝色。

图 4-2-33

图 4-2-34

对直接关联的两个对象而言,在上称为父层级,在下称为子层级。单击父层级前面的□,可以收起下面的子层级，□变成⊞。再次单击可展开子层级。设置层级关系的方式为，用鼠标左键在对象窗口单击对象名称并按住拖动，拖曳时鼠标指针旁会出现向上或向左的箭头，向上表示作为子层级插入，向左表示作为平级插入。最后松开鼠标按键即设置成功。注意，添加在父层级对象上的基础操作（如移动），会影响子层级对象。

❷ **执行顺序原则**

三维软件中的建模一般都是基于参数化几何体或样条对象（浅蓝色图标），其子层级通常是变形器或效果器，父层级通常是生成器或运动图形。当一组操作中有不仅一个父层级或子层级的时候，需要根据操作的顺序来判断添加的位置。

如图4-2-35所示，对一个圆柱对象（"高度分段"为25，"旋转分段"为4）先后添加扭曲和弯曲变形器（在新版本中分别翻译为螺旋和扭曲）。扭曲和弯曲对象均为圆柱对象的子层级，两者之间是并列关系。在这种情况下，位于上方的对象操作先执行，位于下方的对象操作后执行。如果将两个变形器位置互换，将得到不一样的结果。

图4-2-35

如果是对参数化几何体或样条对象添加多个父层级，则需要根据操作顺序依次添加，得到如图4-2-36所示的嵌套层级关系。越靠外层的对象操作顺序越靠后，即样条对象先执行挤压操作，再执行布料曲面操作。

图4-2-36

简单来说，一个父对象可以有多个子对象，但一个子对象有且只有一个父对象。多个子对象按从上到下的顺序执行，多级父对象按从下到上（从内到外）的顺序执行。

❸ **空白对象**

除了以上提到的常规对象外，C4D中还有一个比较特殊的对象——空白对象，图标为 。空白对象最常见的用法有两种，一是作为组合对象，二是作为辅助对象。这里只介绍其作为组合对象时对层级关系的影响。

举个简单的例子，如图4-2-37所示，将立方体对象和球化变形器同时作为一个空白对象的子层级。这里空白对象起到的就是组合作用，变形器会作用于组合中其他的对象。

图4-2-37

作为组合对象使用时，空白对象可以是任意对象的父层级。如果层级关系较复杂，可适当使用空白对象，以使层级关系更加明朗。

4.2.3.5 渲染设置和自定义快捷键设置

C4D常用的基本设置可在以下四个地方进行，分别是"编辑"菜单中的"设置"选项，"渲染"菜单中的"编辑渲染设置"选项，"窗口"菜单中的"自定义布局"选项，以及对象窗口中的"模式"菜单。这里主要介绍渲染设置和自定义快捷键设置。

❶ **渲染设置**

渲染是C4D场景导出静态和动态图像的必经操作，一个工程文件在渲染之前需要根据要求进行基本的设置，如图像尺寸、分辨率等。工具栏中和渲染有关的图标有三个，分别是 （渲染活动视图）、 （渲染到图片查看器）和 （编辑渲染设置），如图4-2-38所示。

图4-2-38

单击"编辑渲染设置"图标，可打开"渲染设置"对话框，如图4-2-39所示。如果是输出静态图像，只需要在"输出"选项中设置"宽度""高度"和"分辨率"。如果要输出动态图像，还需要设置"帧范围"和"帧频"。

另外，在"保存"选项中，需要设置输出图像的格式。静态图像的格式主要有JPG、PNG、TIF等，动态图像的格式有AVI、MP4、WMV等。在科研绘图中，建议将图像"格式"设为PNG，并选中"Alpha通道"，如图4-2-40所示。

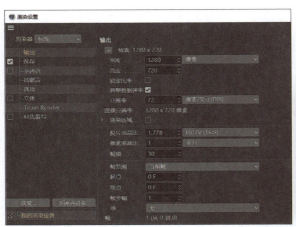

图4-2-39　　　　　　　　　　　　　　图4-2-40

若要将此设置存为固定的开启模式，设置完成后可将文件保存为new.c4d，存储路径即软件的安装路径，如D:\Program Files\Maxon Cinema 4D R23。

❷ **自定义快捷键设置**

在使用C4D的过程中，可以看到很多操作的后面都会显示相应的快捷键，如图4-2-41所示。灵活运用表4-1的快捷键可以提高软件操作效率。

图4-2-41

表4-1　C4D常用的快捷键及对应操作

快捷键	操作	快捷键	操作	快捷键	操作	快捷键	操作
Ctrl+O	打开项目	F1	透视/平行视图	C	转为可编辑对象	Shift+R	渲染视图
Ctrl+S	保存项目	F2	顶/底视图	L	启用轴心	Ctrl+A	全选
Ctrl+X	剪切	F3	左/右视图	9	实时选择	Ctrl+B	渲染设置
Ctrl+C	复制	F4	正/背视图	0	框选	Ctrl+R	渲染活动视图
Ctrl+V	粘贴	E	移动	N~A	光影着色	Ctrl+E	设置
Ctrl+Z	撤销	R	旋转	N~B	光影着色（线条）	Shift+C	命令器
Ctrl+Y	重做	T	缩放	N~G	线条	Shift+F12	自定义命令

表4-1中列出了常用的快捷键及其对应的操作，另外在"选择"菜单和"网格"菜单中还有U系列和M系列的快捷键，分别跟选择模式和多边形建模相关。

如果需要自行设置快捷键，可在"窗口"菜单中选择"自定义布局"→"自定义命令"。打开"自定义命令"窗口后，在"名称过滤"中搜索操作名称，然后在"快捷键"一栏进行设置，如图4-2-42所示。注意输入法应为英文状态下，并尽量设置和其他操作没有冲突的快捷键。设置完成后单击"指定"按钮。

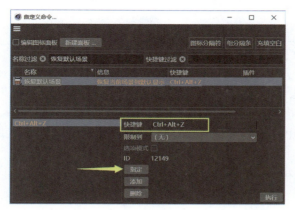

图 4-2-42

4.3 三维模型的构建思路

使用三维软件最基本的出发点就是创建模型，而不同的三维软件偏好的建模方式也不尽相同。例如，3D Studio Max 软件侧重的是可编辑多边形建模，而 Rhinoceros 3D 软件则偏向于曲面建模的方式。本节将对几种主要的建模方式进行概括性的介绍，主要还是以 C4D 软件的操作为例。

4.3.1 基于 NURBS 的曲面建模

曲面建模也叫 NURBS（Non-Uniform Rational B-Splines，非均匀有理 B 样条）建模，是专门为计算机 3D 建模而建立的一种数学模型。和一般的多边形网格模型不同的是，NURBS 模型是以数学公式的方式表达的，文件较小，因而易于在不同程序之间读取，模型不容易受到损坏，不存在多边形模型在跨程序传输中出现的破面问题。

NURBS 比传统的网格建模能够更精确地把握物体表面的曲线度，在创建和编辑完整的模型时也需要精确地控制。在 NURBS 建模领域，最常用的软件是 Rhino3D，多用于工业产品的建模中，如汽车外形的设计。相比而言，C4D 中的 NURBS 建模工具就非常简单，掌握起来相对容易。本节主要讲解这些工具在科研绘图中的应用。

曲面建模一般是从创建曲线开始的，C4D 的样条画笔工具中提供了多种不同样式的样条图形，包括矩形、圆环、圆弧、星形、公式等，如图 4-3-1 所示。

首先让我们了解一下 C4D 中的样条对象有哪些属性，以圆弧对象为例。创建圆弧对象，然后单击左侧工具栏中的"转为可编辑对象"图标（快捷键"C"）。单击图标切换到点模式，此时在视图中看到的弧形线条如图 4-3-2 所示。

图 4-3-1

图 4-3-2

属性窗口显示，样条对象的"类型"为贝塞尔。单击下拉列表展示其他选项，包括线性、立方、阿基玛、B-样条和贝塞尔五种类型，如图4-3-3所示。

这里简单介绍下计算机样条曲线的发展历史。在计算机建模出现之前，样条曲线就已经存在了。它其实就是用一组点绘制平滑曲线的方法，最早应用于海军造船领域。具体操作为在控制点处放置金属锚点（通常是钉子，称作"结"），并通过这些锚点来弯曲一根薄金属或木条（称作"样条"）。从物理意义上来讲，在每个接触点处样条弯曲受到的影响力最大，沿着样条的走向以平滑的方式逐渐减小。这里的影响力也称为权重。

后来计算机样条曲线被应用于汽车行业，在计算方法上得到了进一步的优化。具有代表性的是B-样条和贝塞尔（Bezier）曲线，以及后来的NURBS曲线。我们只需要知道这三者都是用控制点来决定曲线的形状，只是控制方式各有不同就可以了。

严格来说，C4D中的样条建模算不得真正意义上的NURBS建模。在几种不同的样条类型中，最为常用的是贝塞尔类型。如图4-3-4所示，当将一个正方形形状的样条类型从线性转为贝塞尔时，原来的直角会变成平滑的过渡，并且在顶点位置出现白色控制线，即贝塞尔控制杆。通过移动、缩放和旋转操作可以改变样条的局部曲率。

C4D样条的对象属性中还有一个重要的概念，叫"点插值方式"。无论何种类型的样条对象，都有以下四种点插值方式：自然、统一、自动适应和细分，如图4-3-5所示。

图4-3-3

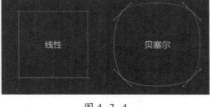
图4-3-4

图4-3-5

其中，统一和自动适应是两种常用的点插值方式。以圆环对象为例，将"点插值方式"设为"统一"后，可以看到该点插值方式由"数量"来调节，如图4-3-6所示。当数量的值为0时，圆环呈现为由四个点围成的正方形；当数量的值为1时，圆环呈正八边形，如图4-3-7所示是"点插值方式"为统一，"数量"分别为0、1、8时的圆环形状。点插值数量越高，相当于相邻点之间的分段越多，样条形状的细节就越能得到充分的体现。

图4-3-6

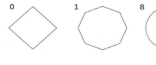
图4-3-7

另一种点插值方式"自动适应"，则是用角度来控制样条的形状。同样是圆环对象，将"点插值方式"设为自动适应后，控制参数由"数量"变为"角度"，如图4-3-8所示。当"角度"值为5°时，对应为圆形。当角度值为45°和90°时，分别对应正八边形和正方形，如图4-3-9所示。这里的角度值可以理解为相邻边夹角（≤90°）的临界值。例如，正八边形相邻边的夹角为45°，所以当角度为45°时，圆环至少由八条边构成，否则相邻边的夹角就会超过这个值。

图 4-3-8

图 4-3-9

> **注意** ⚠ 不管采用何种方式建模，C4D中的模型显示都是用网格线的形式。在用样条建模的过程中，点插值方式会影响模型最终的形状和分段数。下面用几个具体的例子加以说明。

4.3.1.1 挤压法绘制波浪形曲面

首先，用画笔工具 🖊 在正视图绘制如图4-3-10所示的样条。

绘制时只需单击鼠标左键，然后移动鼠标至下一个点的位置再次单击，以此类推，最后按空格键结束绘制。样条绘制时会直接进入点模式，所以绘制完成后按快捷键"Ctrl+A"即可选中所有的点。然后单击鼠标右键，选择柔性插值，如图4-3-11所示。

图 4-3-10

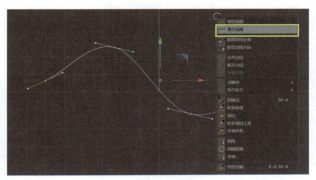

图 4-3-11

按快捷键"F1"切换到透视图，给样条对象添加挤压操作，注意对象的层级关系（参考图4-2-35）。针对样条的操作可在工具栏中找到，如图4-3-12所示。

分别设置样条的"点插值方式"为自动适应和统一，参数保持默认，可以看到挤压对象结构线条的数量和分布区别，如图4-3-13所示。

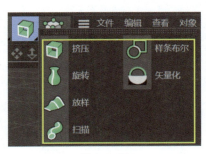

图 4-3-12

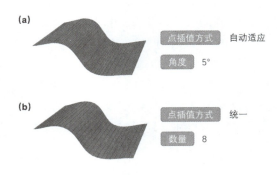

图 4-3-13

"自动适应"的插值方式会根据样条的曲率来调节点之间的内插值数，表现为挤压对象在曲率大的地方线条较密集，在曲率小的地方线条较稀疏。而"统一"点插值方式的样条在挤压后，线条的分布处处均匀，并不会受曲率的影响。

4.3.1.2 旋转法绘制球壳结构

对于自身有旋转轴的对象,例如,一些球形或柱状的结构,可以采取绘制样条截面,然后旋转成型的方法。球状核壳纳米颗粒就适合用该方法来创建。

在样条画笔工具栏中创建圆弧对象,将其属性窗口中的"开始角度"和"结束角度"分别设为-90°和90°。添加旋转生成器后,将旋转"角度"改为270°,可以得到如图4-3-14所示的效果。

旋转法得到的球面是按照经纬线的方式分布的,圆弧的点插值体现在纬线的分布上。当圆弧的"点插值方式"为统一时,不同的数值对应的效果也不同,如图4-3-15所示为数量分别为0、1、4时的结果。

注意,这里得到的球面是没有厚度的。如果需要用该方法得到有厚度的球壳,仅需将圆弧的"类型"改为环状,然后设置"半径"和"内部半径"以确定球壳的厚度。为了环形转角处的边界能保持原样,此处可以将"点插值方式"改为自动适应,"角度"默认为5°,如图4-3-16所示。

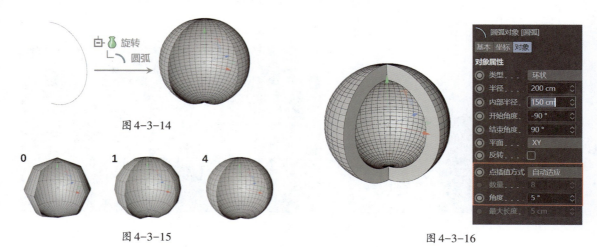

图4-3-14

图4-3-15

图4-3-16

在科研绘图中,该方法在绘制圆底烧瓶、容量瓶等实验玻璃仪器时会经常使用到。

4.3.1.3 扫描法绘制纤维和织物结构

在材料相关研究中,纤维和织物是一类常见的结构,这类模型通常可以采用扫描法来创建。和挤压、旋转操作不同的是,扫描法面对的操作对象是两个样条曲线,一个作为截面,一个作为路径。

如图4-3-17所示,路径为波浪线,截面为圆形,经扫描法可以得到波浪状纤维。注意在使用扫描时,路径和截面样条的点插值都不要设置得太高。用尽可能少的结构线得到基本型即可,如这里波浪线和圆的"点插值方式"均为统一,"数量"分别为0和2。

扫描法还可以实现截面沿着路径缩放和沿着路径旋转两个功能。比如将"终点缩放"的值设为0%,可以得到由粗变细的效果;将"结束旋转"的值设为360°,整个纤维刚好扭转一周,结果如图4-3-18所示。在"细节"属性中,还可以设置缩放和旋转的路径变化曲线,得到非线性的变化方式。

图4-3-17

图4-3-18

第四章
三维软件基础和微纳米材料的 3D 可视化

另一个常用的是封盖属性，可以调节纤维两端的形状。默认的"倒角外形"为圆角，此外还有曲线、实体、步幅等，如图 4-3-19 所示。当"倒角外形"为圆角时，增加"尺寸"的值会看到纤维的末端从平头向圆头变化。也可以直接在属性中单击"载入预设"，选择合适的倒角外形，如图 4-3-20 所示。而且，封盖属性同样适用于挤压和旋转 NURBS 生成器，常见的如挤压"文本"样条制作各种立体艺术字造型。

图 4-3-19

下面以碳布模型为例讲解扫描在科研绘图中的应用。首先创建样条中的公式对象，对象属性参数设置如图 4-3-21 所示。"X(t)"和"Y(t)"分别输入"100.0*t"和"20.0*Sin(t*PI)"，"Tmin"和"Tmax"分别设为 –5 和 5，"采样"值设为 100。"点插值方式"改为统一，"数量"设为 0。得到的是 5 个周期的正弦曲线，波长为 200，振幅为 20。

图 4-3-20

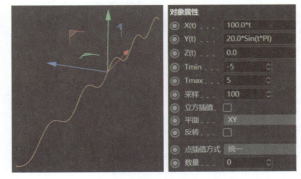

图 4-3-21

若要创建编织的碳布结构，先要得到多根交错排列的波浪状样条。C4D 中复制多个对象一般使用克隆工具。具体做法为复制公式对象（快捷键"Ctrl+C""Ctrl+V"），公式.1 的对象属性中只需将"Y(t)"改为"–20.0*Sin(t*PI)"。创建克隆对象，对象之间的层级关系如图 4-3-22 所示。在克隆的对象属性中，"模式"选择线性，"数量"设为 10，"位置.Z"设为 100 cm（波长的 1/2），如图 4-3-23 所示。

图 4-3-22

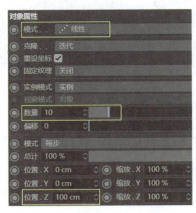

图 4-3-23

将克隆对象复制一份后，通过旋转和移动得到纵横交错的效果，如图 4-3-24 所示。具体的坐标变化方式为：旋转"R.H"为 90°，坐标"P.X"和"P.Z"均为 450 cm。

图 4-3-24

最后，用连接生成器将两个克隆对象合并到一起，整体作为扫描的路径。扫描的截面为圆形，"点插值方式"为统一，"数量"设为 2。"封盖"属性中的"倒角外形"可以选择圆角，"尺寸"设为截面圆的半径即可，最终结果及各对象的层级关系如图 4-3-25 所示。

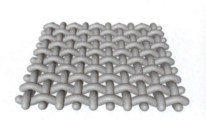

图 4-3-25

4.3.1.4　贝塞尔曲面绘制势能面

C4D 中除了贝塞尔样条外，还有一个二维的贝塞尔对象——贝塞尔曲面，如图 4-3-26 所示。该对象可以通过贝塞尔控制点做一些平滑的曲面造型，如势能面等。

贝塞尔曲面最主要的两个参数是细分数和网格点数，可分为水平和垂直两个维度，也叫 U 方向和 V 方向，如图 4-3-27 所示。

图 4-3-26　　　　　　　　　　　　图 4-3-27

通过控制贝塞尔对象的网格点可以塑造曲面造型，操作之前需先单击编辑模式工具栏中的 图标，切换到点模式。选择网格控制点后，可以用移动、旋转和缩放工具改变曲面形状，如图 4-3-28 所示。若要得到的曲面平滑度较高，可适当增加"水平细分"和"垂直细分"的值，而"水平网点"和"垂直网点"的数值决定的是控制点数量，网点数越多，单个点所控制的区域就越有限。

以势能面模型为例，先创建一个 64×64 分段的贝塞尔曲面对象，"水平网点"和"垂直网点"数均设为 10，结果如图 4-3-29 所示。

图 4-3-28

图 4-3-29

在视图左侧的编辑模式工具栏切换到点模式后，选择其中一个网格点往下移动，可以看到该点周围的曲面发生相应形变，形成一个凹陷的漏斗状，结果如图 4-3-30 所示。形变影响的范围和网格点密度有关，多次拉拽不同的网格点，即可得到如图 4-3-31 所示的势能面造型。

"水平封闭"和"垂直封闭"可以得到两个方向上封闭的贝塞尔曲面模型，使用频率不高，仅作了解即可。选中后可得到单封闭或双封闭的曲面模型，结果如图 4-3-32 所示。

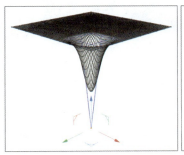
图 4-3-30

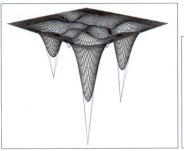
图 4-3-31

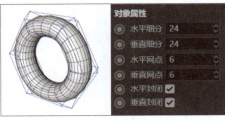
图 4-3-32

4.3.2 点、边和多边形网格

包括 NURBS 建模在内，在计算机三维软件中，三维对象的描述都是通过一组曲面来实现的，这些曲面将对象分为内部和外部，该方法称为边界表示。但使用最普遍的边界表示方式是表面多边形，在这种表示方式下，计算机会存储覆盖三维对象表面的每个多边形的数值信息，包括所有顶点的坐标、边的信息，以及多边形的表面法向量等。

以球体对象为例，C4D 中常用到的球体类型有以下几种：(a) 二十面体类型；(b) 标准类型；(c) 六面体类型；(d) 十二面体类型。其中，前三种可以直接创建，最后一种可通过十二面体细分曲面后得到，如图 4-3-33 所示。

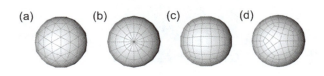
图 4-3-33

三维软件的根本在于空间几何思维的培养，最能体现一名设计师三维软件功底的并非复杂的操作和酷炫的效果，而是对最底层结构——点、边、面的把控。通过对点、边、面的编辑来创建模型的方式就叫作多边形建模。

多边形建模的一般方式是先创建一个基本几何体，然后将其转为多边形对象。具体方式为选择一个几何体对象，然后单击编辑模式工具栏中的 图标（快捷键"C"）。也可以直接在对象窗口选中对象后，单击鼠标右键，选择"转为可编辑对象"选项即可，如图 4-3-34 所示。如果在转多边形对象的同时还想保留原对象，可选择"当前状态转对象"选项。对于多个对象合并为一个多边形对象的情形，可使用"连接对象"或"连接对象+删除"选项。

若要显示多边形对象的点、边、面数，可在视图设置的"HUD"菜单中选中"总计点""总计边"和"总计多边形"选项，如图4-3-35所示。切换到对应的模式下，即可在视图窗口查看多边形对象的点、边、面数量。

图 4-3-34

图 4-3-35

在了解多边形建模之前，有以下三个概念必须清楚。

❶ 分段数

C4D中创建的基本几何体也叫作参数化对象。所谓参数化对象，是指可以通过数字参数来改变对象的几何外形特征。比如圆柱体，控制参数有"半径"和"高度"。除了这些基本属性外，参数化对象还有一个属性——分段数。圆柱体的对象属性中就有"高度分段"和"旋转分段"，如图4-3-36所示。分段数的设置赋予了几何体更多的编辑可能性，特别是在结合生成器和变形器一起使用的时候。

举个具体的例子，变形器中有一个"球化"变形器，可以将多边形对象球形化。如图4-3-37所示是二十面体类型的宝石对象在不同分段数下的100%球化效果，从（a）到（d）宝石对象的分段数依次为1、2、3、5。可以看出，宝石对象的分段数越多，最后得到的形状越接近球形。

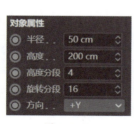

图 4-3-36

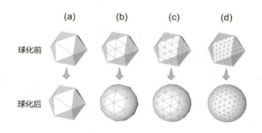

图 4-3-37

其他的变形器如"弯曲""置换"等，都需要对象有足够的分段数才能体现出变形的效果。但几何体的分段数并不是越高越好，过多的面数不仅会占用内存，在计算时也会耗费更多的时间。尤其是在大批量复制对象时，如果单个对象的分段数较高，后续的操作往往会变得卡顿。所以在建模时，分段数越低越好，只要能基本体现出外形或满足编辑需要即可。

❷ 细分曲面

细分曲面是一种将任意网格对象转化为光滑曲面的计算方法，结合多边形建模一起使用，可大大简化建模操作步骤。C4D中默认的算法类型为Catmull-Clark细分算法，这里简单介绍该算法。

对任意多边形进行细分产生新的多边形面，首先需要计算新的顶点坐标。新产生的顶点有以下三类。

V_F——位于原多边形面内的新顶点。
V_E——位于原多边形边中点附近的新顶点。
V_N——对原多边形顶点调整后得到的新顶点。

更具体的，以上三类顶点分别有各自的计算方法。V_F的算法比较简单，就是对该多边形面所有的顶点坐标求平均值。假设多面形面F有n个顶点，对应坐标分别为V_1、V_2……V_n，则有：

$$V_F = \sum_{i=1}^{n} \frac{V_i}{n}$$

V_E根据所在位置的不同可分为两种，一种是位于边界的边，另一种是非边界边。对于边界边而言，新产生的顶点即原来边的中点。设边的两个顶点分别为V_1和V_2，则有：

$$V_E = \frac{V_1 + V_2}{2}$$

对于非边界边，必有相邻的两个面F1和F2，首先计算出这两个面的V_{F1}和V_{F2}，则有：

$$V_E = \frac{V_1 + V_2 + V_{F1} + V_{F2}}{4}$$

最后，V_N的计算方式同样分两种情况。对位于边界上的点V_i，与其相邻的两个边界点坐标分别为V_{i-1}和V_{i+1}，调整后的新顶点坐标为：

$$V_N = \frac{3}{4}V_i + \frac{1}{8}(V_{i-1} + V_{i+1})$$

对于内部的顶点V_O，与之连接的边数量为n。先计算出该点所在的n个多边形面的V_1的平均值（设为$\overline{V_F}$），以及与该点相连的n条边的中点坐标的平均值（设为$\overline{V_E}$），则有：

$$V_N = \frac{1}{n}\overline{V_F} + \frac{2}{n}\overline{V_E} + \frac{n-3}{n}V_O$$

以一个正方形为例，添加细分曲面迭代2次后得到的形状如图4-3-38所示。

假设原正方形四个顶点坐标分别为(200, 200)、(-200, 200)、(-200, -200)、(200, -200)。细分1次后得到1个V_F、4个V_E和4个V_N。很容易求得：V_F坐标为(0, 0)；4个V_E坐标分别为(0, 200)、(-200, 0)、(0, -200)、(200, 0)；4个V_N坐标分别为(150, 150)、(-150, 150)、(150, -150)、(150, 150)。

从二维图形拓展到三维几何体，给一个立方体对象添加细分曲面，得到的效果如图4-3-39所示，从(a)到(d)细分曲面的迭代次数分别为0、1、2、3。类似地，除立方体外的四个柏拉图多面体添加细分曲面后都可以得到类似球体的形状，并且从正四面体到正二十面体，与完美球体的接近程度也逐渐递增。

图4-3-38

图4-3-39

❸ 循环边与环状边

在C4D中，五条边以上的多边形称为N-gons。由细分曲面的Catmull-Clark算法可知，任意N-gons

在经过细分曲面后得到的均为四边形。程序员选择该算法是基于其操作的简便性和稳定性，所以四边面也是多边形建模的最优选择。

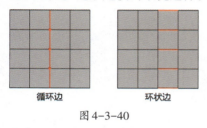

循环边和环状边是基于四边面的两个概念。如图4-3-40所示，在由一堆四边面组成的多边形对象中，每个四边面或四星点（连接有四条边的顶点）都有两组对边。循环边可以理解为不断通过四星点找到对边，而环状边则是不断通过四边面找到对边，直至条件不成立。很多多边形建模的操作都与这两个概念有关，比如循环选择、环状选择、循环/路径切割等。

图 4-3-40

4.3.2.1 倒角法创建各类多面体

倒角（Bevel）是多边形建模中的一个重要操作，某些软件中也叫切角。C4D中有三种不同的倒角模式：点、边和多边形，在"构成模式"中可以切换，如图4-3-41所示。为理解方便，本节只用正多面体的倒角为例进行讲解。

例如，要创建一个由12个正五边形和20个正六边形组成的足球状多面体，如果直接创建宝石对象，"类型"选择碳原子，得到的结果如图4-3-42所示。由图可见，每个五边形和六边形面都被分割成更小的三角形和四边形，这些多出的线叫作N-gons线，后续还需要转为可编辑多边形对象后再移除。

其实，这样一个模型也可以直接用倒角法来得到。只需要创建一个二十面体类型的宝石对象，倒角的"构成模式"选择点，然后在倒角属性中设置合适的"偏移"值即可。如果想要最终得到标准的正五边形和正六边形，倒角的"偏移模式"可以选择"按比例"，"偏移"值设为33.333%，结果如图4-3-43所示。

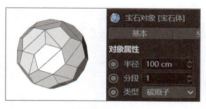
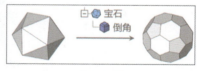

图 4-3-41　　　　　　　图 4-3-42　　　　　　　图 4-3-43

如果将正二十面体换成其他正多面体，按照上述同样的倒角操作，可以得到截角四面体、截角六面体、截角八面体、截角十二面体，如图4-3-44所示。

以上使用的倒角"构成模式"为点，当"构成模式"为边时，又可以得到不一样的多面体对象。如图4-3-45所示，正四面体、正六面体和正八面体的边倒角之后，可以得到截半立面体和小斜方截半立方体的造型。倒角的"偏移"比例分别为37.5%、29.3%和34.0%。

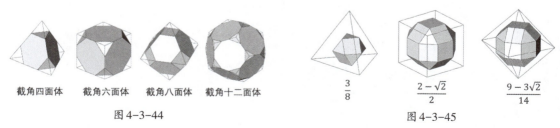

截角四面体　截角六面体　截角八面体　截角十二面体　　　$\dfrac{3}{8}$　　$\dfrac{2-\sqrt{2}}{2}$　　$\dfrac{9-3\sqrt{2}}{14}$

图 4-3-44　　　　　　　　　　　　　　　　　图 4-3-45

倒角应尽量避免出现边穿插的情况。例如，在对一个立方体的边进行倒角时，"偏移"比例超过50%模型就会发生穿插，如图4-3-46所示。另外一点需要注意的是，倒角"偏移"比例刚好为50%时，模型的顶点处实际有多个点重合。如果后续还有相应的操作，需要对模型的点做焊接处理（可添加连接生成器，选中"焊接"选项）。

当多次使用倒角变形器时，可以将变形器添加到同一对象的子层级，按照从上至下的顺序依次执行倒角操作。根据前面的内容，正二十面体第一次倒角可得到足球状三十二面体（"构成模式"为点，"偏移"比例为33.333%）。第二次再对边进行倒角，"构成模式"为边，"偏移模式"选择"按比例"，"偏移"比例为16%，结果如图4-3-47所示。

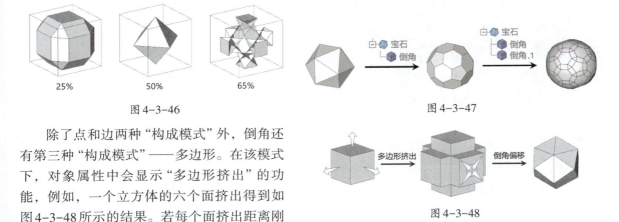

图 4-3-46

图 4-3-47

图 4-3-48

除了点和边两种"构成模式"外，倒角还有第三种"构成模式"——多边形。在该模式下，对象属性中会显示"多边形挤出"的功能，例如，一个立方体的六个面挤出得到如图4-3-48所示的结果。若每个面挤出距离刚好为立方体边长的一半，然后再对每个挤出的面进行倒角偏移，"偏移"比例设为50%，即可得到菱形十二面体的形状。

倒角还有一个最常见的作用是对模型的边作圆角化处理，使得模型整体看起来更加圆润有质感。特别是在相邻面的明暗度区别不大时，圆滑的转角边可以显著增强轮廓的清晰度。如图4-3-49所示是菱形十二面体的边倒角后的结果，"偏移模式"选择"固定距离"，"偏移"值为3 cm，"细分"为3。注意对模型的边进行倒角时，可以设置"角度阈值"只对满足条件的边进行倒角。如选中"使用角度"，默认"角度阈值"为40°，意为只有当相邻面夹角小于等于40°时，两个面的公共边才会作倒角处理，如图4-3-50所示。

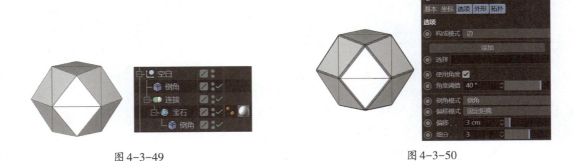

图 4-3-49

图 4-3-50

4.3.2.2 多边形编辑改造模型结构线

倒角只是众多多边形建模操作中的一种，当我们选中一个可编辑多边形对象后，切换到点、边或多边形任一模式，然后在视图中单击鼠标右键，即可弹出相应的多边形编辑列表，如图4-3-51所示。常用的编辑操作除倒角外，还有挤压、切割、焊接、消除等。不同模式下对应的操作也不尽相同。

在多数情况下，我们需要对基本几何体的结构线进行各种变化才能得到目标造型。该过程不仅考验使用者对软件的熟悉程度，同时也对其空间观察和分析能力有一定的要求。本节将以如图4-3-52

所示的几种结构线变化，帮助大家培养这方面的能力。

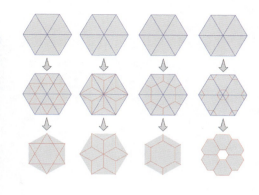

图 4-3-51　　　　　　　　　　　　　　图 4-3-52

具体地，我们创建一个球体对象，"半径"设为 100 cm，"分段"设为 16，将球体的"类型"改为二十面体，然后按快捷键"C"将其转为可编辑多边形对象。在左侧工具栏单击不同模式的图标■（点模式）、■（边模式）、■（多边形模式），然后在视图中按"Ctrl+A"组合键全选相应模式下的对象元素，分别如图 4-3-53 所示。

不同的操作需要先切换到正确的模式下才能进行，例如，倒角操作，在点模式下和边模式下就会得到不同的效果。本例中二十面体类型的球体表面是均匀分布的三角形，最简单的操作是三角形中心和边的中点之间的连接，对应的工具是多边形模式下的"细分"。选中多边形对象后切换到多边形模式，在视图空白处单击鼠标右键，找到"细分"选项（快捷键"U~S"）。注意该选项的右侧有一个黑色齿轮图标■，表示"细分设置"（快捷键"U~Shift+S"）。单击该图标会弹出如图 4-3-54 所示的对话框，可设置"细分"的类型和细分数。

图 4-3-53　　　　　　　　　　　　　　图 4-3-54

例如，"细分"设置对话框的"图案"为 Catmull-Clark，"细分"数为 1，单击"确定"按钮可得到如图 4-3-55 所示的结果。若"图案"选项为循环，得到的将是如图 4-3-56 所示的结果。由图可知，前者是三角形每边的中点与三角形中心相连接，后者是三角形三边的中心两两相连。

如果在"细分"之前先切换到边模式下，按"Ctrl+A"组合键全选所有的边，可以暂时记录下细分前的选边。按照上述操作完成"细分"命令后，再次切换回到边模式，可以看到原来的选边仍然存在。按快捷键"M~N"可以消除选边，得到如图 4-3-57 所示的结果。该方法可以从三角形球面构造出六边形球面的结构（含少量五边形）。

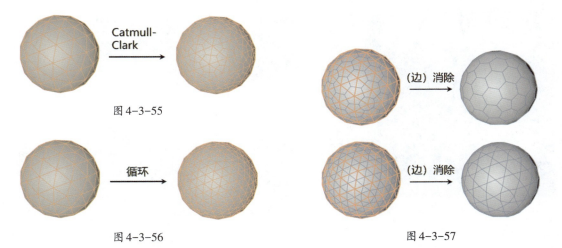

图 4-3-55

图 4-3-56

图 4-3-57

当然，使用倒角工具也可以由三角形结构线得到六边形结构线。只需要在点模式下全选所有的点，单击鼠标右键选择"倒角"选项。如图 4-3-58 所示，在倒角的"工具选项"属性中，设置"偏移模式"为均匀，"偏移"值为 33.333%，然后按"Enter"键或单击"工具"属性中的"应用"按钮，即可得到如图 4-3-59 所示的结果。

但在有些情形下，需要倒角得到开口的多边形孔洞，比如创建多孔球的时候。解决办法是先在边模式下全选所有的边，单击鼠标右键，选择"断开连接"选项。然后回到点模式继续按之前的"倒角"操作。倒角完成后全选所有的点，单击鼠标右键，选择"优化"选项，如图 4-3-60 所示。优化的作用是将断开的点重新焊接，从球面的平滑显示可以明显看出断开前后的区别。

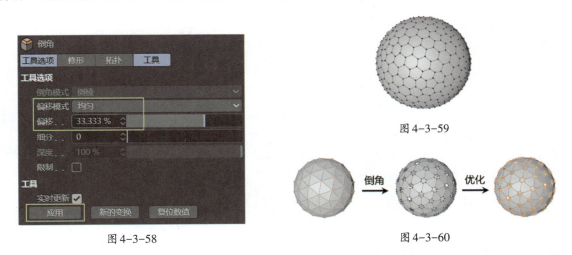

图 4-3-58

图 4-3-59

图 4-3-60

本节最后讲解如何从三角形球面创建近似菱形组成的球面。首先在多边形模式下选中所有的三角面，单击鼠标右键，选择"内部挤压"选项。该命令相当于在每个多边形面内部插入一个等比例缩小的多边形，如果需要每个多边形面单独插入，注意取消选中"保持群组"选项，如图 4-3-61 所示。设置合适的"偏移"值，按"Enter"键或单击"应用"按钮，得到如图 4-3-62 所示的第一个球体结构。然后单击鼠标右键，选择"坍塌"（快捷键"U~C"）选项，插入的三角面会坍塌为一个点。这时切换回边模式（最开始时同样需要先在边模式下全选所有边），按快捷键"M~N"消除选中的边，得到菱形球面造型。

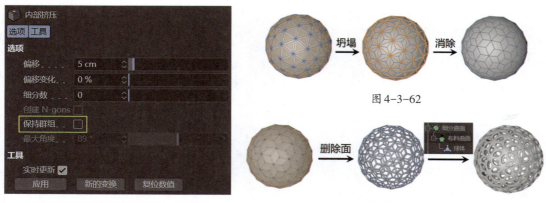

图 4-3-61

图 4-3-62

图 4-3-63

接下来再次全选所有面,执行"内部挤压"命令,按"Delete"键删除插入的面,然后依次添加布料曲面和细分曲面生成器,可得到如图 4-3-63 所示的结果。

4.3.2.3 多边形建模中的倒推法

关于多边形建模的操作并不难学习,各类学习平台上也有海量的教程。但在使用多边形编辑创建一个新的模型时,很多人仍存在无从下手的情况。导致这种现象的原因主要在于缺乏三维建模思路的训练。根据一般性的建模步骤,任何复杂模型总是可以从基本的几何体入手。而在创建几何体时,对称性和分段数是两个需要考虑的关键因素。

❶ 对称性

这里所说的对称性更多是指空间上的对称性,例如,创建一个宝石体对象,其"类型"有四面、六面、八面、十二面、二十面等。这五种柏拉图多面体构成了常见的五种空间对称性,如图 4-3-64 所示。

建模之前,可以先分析目标对象中是否存在整体或局部的对称性,进而思考是否有简化的可能。如图 4-3-65 所示的带有六个圆形孔洞的球体,这六个圆孔的方位刚好对应立方体的六个面,经过逐步简化可以还原到最初的立方体结构。这就是所谓的倒推法。

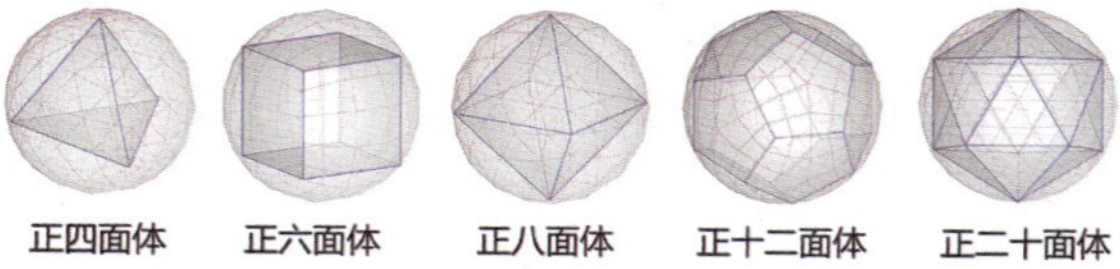

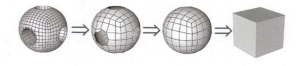

图 4-3-64

图 4-3-65

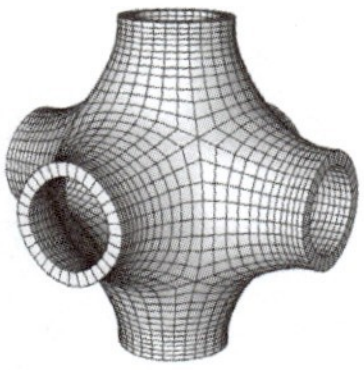

图 4-3-66

能否熟练使用倒推法的关键在于对各种操作的熟悉程度。如图 4-3-66 所示的模型,将每个孔看作一个点的话,很容易得知其满足正八面体的空间对称性。但是如何由正八面体得到该形状,操作上是否具备可行性,大家可以先自行思考一番。

下面是具体建模步骤。首先,创建一个宝石体对象,"类型"选择八面体。按快捷键"C"转为可编辑多边形,在点模式下按"Ctrl+A"组合键全选所有的顶点。然后在视图空白处单击鼠标右键,选择"倒角"选项(快捷键"M~S"),设置合适的倒角值。接着切换到多边形模式,选中六个四边形,单击鼠标右键,选择"挤压"选项(快捷键"D"),挤压出一段高度,如图 4-3-67 所示。

按"Delete"键删除选中的四边形面,然后添加细分曲面对象,"编辑器细分"的值设为 2。再添加布料曲面对象,"细分"数设为0,"厚度"设为合适的值,得到如图4-3-68所示的结果。如果在看具体步骤之前能够自己分析出3~4步,说明已具备可应对一般场景的多边形建模水平。

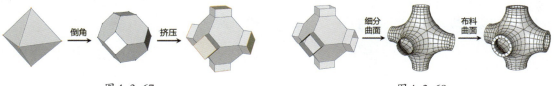

图 4-3-67　　　　　　　　　　　　　图 4-3-68

❷ 分段数

多边形建模中另一个重要的点是分段数的设置,合适的分段数不仅能够让操作变得更加简洁,在某些情况下甚至对建模成功与否都会造成决定性的影响。例如,一个圆柱对象,当"旋转分段"为24时,可近似看作理想的圆柱体;当"旋转分段"为6时,则是一个六棱柱的形状。

以一个血红细胞模型的创建为例,其形状特征为中心凹陷的圆饼状。如果采用NURBS建模法,可以用样条旋转来建模。倒推可知,初始的截面样条形状如图4-3-69所示。最终模型的分段数由样条的"点插值数量"(经线方向)和旋转的"细分"数(纬线方向)决定。

如果采用多边形建模的方法,一般结合细分曲面使用。根据模型最终的平滑曲率,可尝试倒推细分平滑之前的模型轮廓。轮廓线条应尽量简洁,例如,圆形截面可简化为一个正多边形,如图4-3-70所示。本例中采用正六边形是一个比较合适的选择。

具体地,可以先创建一个圆环对象。在其"对象"属性中,"圆环半径"默认为100 cm,"导管半径"默认为50 cm。将"圆环分段"设为6,"导管分段"设为7,得到的形状如图4-3-71所示。"导管分段"设为7,是因为刚好圆环内有一圈面处于竖直方向且两两相对,便于操作。

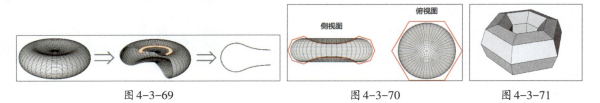

图 4-3-69　　　　　　　图 4-3-70　　　　　　　图 4-3-71

按快捷键"C"将圆环转为可编辑多边形对象,切换到多边形模式,用循环选择工具(快捷键"U~L")选中内部的一圈面,按"Delete"键删除,如图4-3-72所示。删除内圈面后,模型将多出上下两个开放的孔洞。

单击鼠标右键,用封闭多边形孔洞工具(快捷键"M~D")将上下两个孔洞依次封闭。将鼠标指针移至孔洞边缘处,识别孔洞边缘后会显示黄色顶点的提示,单击鼠标左键即可完成封闭孔洞操作,如图4-3-73所示。

图 4-3-72　　　　　　　　　　　　　图 4-3-73

添加细分曲面对象作为父层级,将其"对象"属性中的"编辑器细分"和"渲染器细分"数均设为3,得到的结果如图4-3-74所示。

最后将颜色改为红色，沿 Y 方向缩放至原来的80%，渲染效果如图4-3-75所示。

大多数情况下，我们所创建的对象形状比较复杂，需要将其拆分为几个部分。为了方便模型之间的拼接，每个部分的结构分段必须提前考虑。如图4-3-76所示的切口球状颗粒堆积模型，若要实现图中球面和切面的颗粒排布，则需要对模型的分段进行适当的设置。

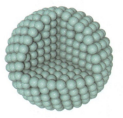

图4-3-74　　　　　　　　　图4-3-75　　　　　　　　　图4-3-76

由倒推法可知，该模型可以由球体对象和立方体对象通过布尔运算得到，如图4-3-77所示。球体的"类型"为二十面体，"分段"数设为32，"半径"默认为100 cm；立方体的边长为200 cm，"分段 X/Y/Z"均设为12，并且将立方体的中心坐标设为（100 cm，100 cm，-100 cm），使其一个角点位于球心位置。

添加布尔对象，"布尔类型"设为 A 减 B，A 为球体，B 为立方体，如图4-3-78所示。

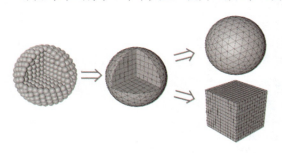

图4-3-77　　　　　　　　　　　　　　　　图4-3-78

布尔的"对象"属性中，默认选中了"隐藏新的边"选项。如果取消选中，结果将显示布尔计算得到的边，如图4-3-79所示。因为后面要对转角的点和边做优化处理，所以这里默认保持选中。

添加连接生成器，焊接的"公差"值设为10 cm。然后添加晶格生成器，晶格的"圆柱半径"设为0.1 cm，"球体半径"设为10 cm，"细分"数设为32，即可得到最终的结果。如果改变球体和立方体对象的"分段"数，那么连接对象的焊接"公差"值，还有晶格对象的"球体半径"等都需要随之改变。例如，将球体的"分段"数改为48，立方体每边的"分段"数改为19。模型的网格线密度增高，所以焊接"公差"需相应减小，可设为7.5 cm。晶格的"球体半径"也要相应减小至7 cm，得到的结果如图4-3-80所示。由于直接使用连接生成器得到的点分布可能有局部不均匀的现象，可用修正变形器加以调整。注意使用修正变形器调整点的位置时，需要在点模式下进行。

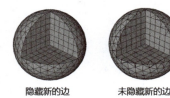

　隐藏新的边　　未隐藏新的边

图4-3-79　　　　　　　　　　　　　　　图4-3-80

以上是多边形建模中的基础知识，更多有关多边形建模的操作将在第五章中详细介绍。

4.3.3 等值面和距离场

等值面在数学上的定义为，对于空间中的一个曲面，在该曲面上的任意点 (x, y, z) 代入函数 $F(x, y, z)$ 中的值等于某个定值 F_t，则该曲面称为等值面。等值面在可视化领域的应用很广，常见的有等温面、等压面、等速面、等势面等。

从建模方式上来看，NURBS 和多边形建模都属于"无中生有"的创造型建模。而利用等值面来建模的方法适用于那些原本已经有实际"模型"存在的对象。这"模型"可以是实体的，也可以是通过某种检测手段生成的虚拟模型，等值面的作用是将该"模型"转换为可以导入计算机的数据形式。比如医学中的三维 CT 扫描本质上就是一种等值面建模，用密度值的差异可以实现内脏、骨骼或其他结构的可视化。此外，在化学、气象学、地球物理学等领域均有等值面的应用。

例如，分子的空间填充模型就是一种典型的等值面模型。分子的形状由分子的电子密度决定，从原子核往外电子密度呈指数下降的趋势。若设定一个截止值，当电子密度等于这个值时，对应的区域显示为三维表面，得到就是该分子的等值面模型。典型的分子"空间填充"图像是指密度约为 0.02 个电子/Å^3 的等值面围成的区域。同样使用等值面表示的还有 HOMO 和 LUMO 分子轨道、蛋白质静电势表面模型等。

4.3.3.1 体积建模的基本操作

自 R20 版本后的 C4D 软件增加了体积建模的功能，即是基于等值面的建模方法。这里我们首先需要清楚一个概念：有向距离场或有符号距离场（Signed Distance Field，SDF）。它可以写成如下所示的函数形式。

$$\text{SDF}(x) = s(x \in R^3, s \in R)$$

其中，x 代表采样点（或体素）坐标，s 表示每个采样点到物体表面的最近距离。如图 4-3-81 所示，如果采样点在物体内部，则 $s < 0$，用 × 表示；如果正好在边界上，则 $s = 0$，用粗黑线表示；如果采样点在物体外部，则 $s > 0$，用 · 表示。SDF 函数是一个连续函数，$s = 0$ 则是隐式曲面的判定边界。

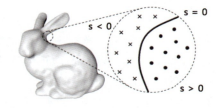

图 4-3-81

C4D 中用于体积建模的对象主要有两个：体积生成和体积网格，如图 4-3-82 所示。在体积生成的"对象"属性中，可以看到三种体素类型，分别是 SDF、雾和矢量，如图 4-3-83 所示。本节主要讲解 SDF 的用法。

例如，将一个可编辑多边形对象"BUNNY"，作为体积生成的子对象。在体积生成的"对象"属性中，"对象"一栏可以看到多边形对象的名称。除了名称外，还可以看到模式和输入类型，如图 4-3-84 所示。

图 4-3-82

图 4-3-83

图 4-3-84

添加体积生成后，视图中会显示方块状的体素对象，方块大小由"体素尺寸"决定，默认为

10 cm。体素不可渲染，若要转为模型，还需要添加体积网格对象，如图 4-3-85 所示。体积网格的构建即生成等值面的过程。由结构线的变化可知，体积建模实际上是将原对象按体素尺寸进行分割重构的过程。最终的网格线密度与体素尺寸呈反比例关系。

设置不同的"体素尺寸"，如 2 cm、4 cm、8 cm，可以看到随着"体素尺寸"的增加，网格线的密度逐渐降低，同时模型的精细程度也随之降低，如图 4-3-86 所示。在使用体积建模时，需要在模型细节和结构分段之间寻求平衡。注意"体素尺寸"大小是相对模型尺寸而言的，如模型尺寸只有 10 cm，那么 2 cm 的体素也是相对较大的值。

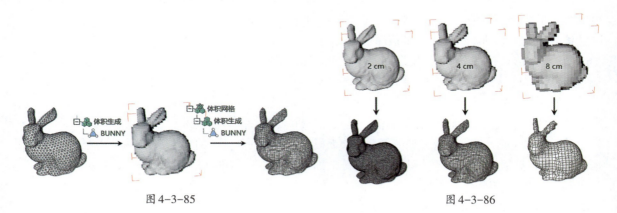

图 4-3-85　　　　　　　　　　　　　　图 4-3-86

4.3.3.2　和布尔运算的区别

对于绝大多数 3D 软件的初学者而言，布尔运算都是一个直观且易于理解的建模工具。在计算机科学中，布尔的本意是表示逻辑数据的类型，通常只有 True（真）和 False（假）两种。用于表示图形符号间的逻辑时，可起到联合、相交或相减的作用，并逐步由二维布尔运算发展到三维图形的布尔运算。特别是在三维软件中构造一些孔洞或剖面模型时，如果对模型的布线没有特别的要求，布尔运算确实是不错的选择。但是由于布尔运算的算法局限性，限制了其在处理复杂模型时的应用。如果模型的拓扑结果过于复杂，庞大的数据处理量可能导致错误的计算结果，甚至直接导致软件的崩溃。虽然有些软件因此提供了诸如超级布尔的插件，但均未从本质上解决问题。

例如，用一个立方体减去球体阵列，立方体边长为 200 cm，球体分布为 3×3×3 的阵列，如图 4-3-87 所示。该阵列可由克隆的方法（参考 5.2 节内容）得到，克隆的"模式"为网格排列，相邻（每步）球心的间距为 100 cm。即立方体的顶点（8 个）、边的中点（12 个）、面心（6 个）及轴心（1 个）位置各有一个球体占据。易知当球体半径小于 50 cm 时，彼此之间保持一定的间隔，如设为 35 cm。

布尔运算需要有 A 和 B 两个子对象才能进行，根据对象放置的顺序，A 对象在上方，B 对象在下方。布尔运算的"对象"属性中可以设置"布尔类型"，有"A 加 B""A 减 B""AB 交集"和"AB 补集"四种。此处选择"A 减 B"，得到如图 4-3-88 所示的结果。

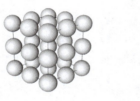 

图 4-3-87　　　　　　　　　　　　　　图 4-3-88

如果使用体积建模的方法，同样是将两个对象作为体积生成的子对象。在其"对象"属性的"对象"

栏中，显示有两个对象的名称。对象按照从下往上的方式添加，上方的对象可以设置添加的"模式"，有加、减和相交三种。这里需要求差集，所以克隆对象后的"模式"选择减，如图 4-3-89 所示。"体素尺寸"设为 2 cm，添加体积网格后，结果如图 4-3-90 所示。

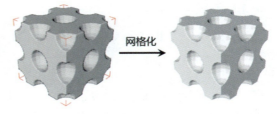

图 4-3-89　　　　　　　　　　　　　　　图 4-3-90

由于 2 cm 的体素尺寸已经低于球面网格线的密度，可以看到球面部分留下明显的分段痕迹。如果要消除这些折痕，有两种办法，一是增加球体的分段，二是使用 SDF 平滑。在体积生成的"对象"栏下方可以看到"SDF 平滑"的选项，单击即可添加（注意添加到对象栏中的位置），如图 4-3-91 所示。添加完之后下方会显示"滤镜"属性菜单，默认"执行器"为高斯，将"体素距离"改为 1，结果如图 4-3-92 所示，整个模型呈现平滑的效果。这里的"高斯"滤镜类似于平面设计中的"高斯模糊"。

和布尔运算相比，体积建模的计算速度明显要快很多，这是底层算法逻辑的差异决定的。且布尔运算通常只能得到尖锐的边角，需要进一步倒角才能得到平滑的效果。如果结构布线混乱的话，倒角也无法得到理想的结果。另外，当布尔子对象的拓扑结构有模型互相穿插的情形时，运算往往会出现错误的结果。例如，将球体的半径增至 60 cm，使得相邻球体有部分相交，布尔运算将会出错。但体积建模并不受影响，使用不同的球体半径（20 cm、40 cm、60 cm），得到的结果如图 4-3-93 所示。

图 4-3-91　　　图 4-3-92　　　　　　　　图 4-3-93

4.3.3.3　表面嵌入颗粒模型

本节用一个颗粒嵌入的模型帮助大家熟悉体积建模的用法，要创建的结构如图 4-3-94 所示。

对该结构稍加分析可知，这是在一个大球表面分布小球颗粒，并且在每个小球边缘有嵌入球面后，使其往四周挤压形成的凸起效果。如果使用一般的多边形建模，则步骤较为烦琐，参数也不便控制。如果使用布尔运算，则难以做出嵌入的软体效果。下面我们尝试用体积建模法来创建该模型。

首先打开本书提供的"嵌入颗粒准备模型.c4d"文件，球体 A 的"半径"为 100 cm，"类型"为二十面体，"分段"数为 8。球体 B 的"半径"为 25 cm，"类型"为二十面体，"分段"数为 32，并且球体 B 在球体 A 的顶点位置克隆分布。以球面上的一个颗粒为例加以剖析，要得到边缘凸起的效果，可按照图 4-3-95 所示的四步操作来实现。第一步，大球和小球均往外扩展一定厚度；第二步，扩展后的大球和小球求交集；第三步，和原先的大球求并集；第四步，和原先的小球求差集。

具体到体积生成的"对象"栏中，操作步骤如图 4-3-96 所示。在"对象"栏下方可以创建过滤层和创建文件夹，过滤层下拉列表中有三个选项：SDF 平滑、SDF 扩张和腐蚀、SDF 关闭和打开。注意这里对象的"输入类型"是"链接"，表示并非体积生成对象的子层级，而是以链接的方式添加到"对象"栏中。

图 4-3-94

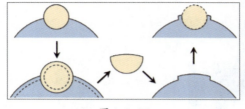

图 4-3-95

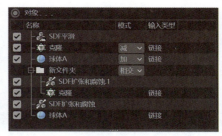

图 4-3-96

第一步,添加的是球体A对象,直接将球体A拖到"对象"栏中即可。由于球体A"分段"数为8,直接显示为二十面体,需要在"对象"栏下方选中"完美参数体"选项,才能显示为球形。第二步,添加SDF扩张和腐蚀滤镜,下方设置滤镜的"偏移"值为10 cm。正值表示向外部扩展,负值表示往内部收缩。第三步,给克隆对象添加同样的SDF滤镜,然后和之前的结果求交集。这里需要将扩张的克隆对象作为一个整体,即放在同一个新建文件夹中,设置方式同对象窗口中的层级设置一样。然后整个文件夹的模式选择"相交"。第四步,先和球体A求并集,模式选择"加";再和克隆小球对象求差集,模式选择"减"。第五步,添加SDF平滑滤镜,滤镜参数保持默认。整个过程的"体素尺寸"设为2 cm,SDF体素变化如图4-3-97所示。

决定最终结果凸起形状的参数是SDF扩张和腐蚀滤镜的"偏移"值。结合图4-3-95简单分析可知,球体A的扩张"偏移"值影响的是凸起的高度,球体B克隆对象的扩张"偏移"值影响的是凸起的厚度。假设两个偏移值分别是"偏移A"和"偏移B",设置不同的偏移值很容易得到不同的效果,如图4-3-98所示。

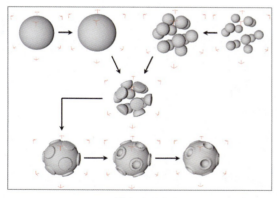

图 4-3-97

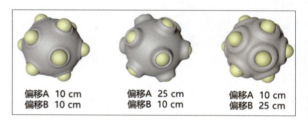

图 4-3-98

4.3.3.4 随机域和多孔结构

C4D中体积生成的目标对象除了几何体外,也可以是样条、粒子,还可以是域对象。本节将介绍一种随机多孔结构的体积建模法,该方法操作简便,适用于构建两种物质形成的双连续相体系。

首先,创建随机域对象。在其"显示设置"属性中,选中"视平面预览"选项,即可在视图窗口看到如图4-3-99所示的图案。默认的"随机模式"为噪波,可以看作两种数值的随即混合效果。

添加体积生成作为随机域的父对象,"体素类型"设为SDF或雾可以看到不同的显示结果,如图4-3-100所示。和SDF不同的是,每个雾类型的体素所赋予的浮点数取值范围为0~1,0表示外部,1表示内部。一般情况下,雾类型的体素总是会填充封闭的体多边形对象。在处理粒子、样条或点对象时,使用可缩放的半径在点周围生成体积。

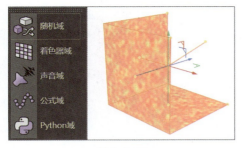

图 4-3-99

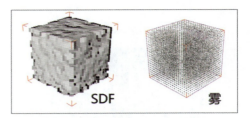

图 4-3-100

雾类型的体素混合模式也和SDF不同，有加、减、乘、除、最大、最小等。不同的混合模式允许对体素所包含的数值信息进行不同形式的取值计算。例如，体素A输出值为0.75，体素B输出值为0.5，如果选择最大模式，则输出结果为0.75。由此可知，SDF类型体素混合模式中的加、减和相交在雾类型中也能实现，如图4-3-101所示。

通常，雾类型的体素多用于流体、火焰、烟雾的渲染。本例与随机域结合使用属于比较特殊的用法。将"体素尺寸"设为2 cm，添加体积网格后得到如图4-3-102所示的多孔结构。在随机域对象的"域"属性菜单中，可以看到"噪波类型"默认为Perlin，这是一种常见的噪波类型，它在空间中形成的体素也可以看作0和1两个数值的随机分布。数值为1的体素生成网格模型，数值为0的体素形成孔洞。将噪波的"比例"值由100%增加到200%，可以看到随机孔洞的密度降低，尺寸随之增大，类似于局部放大的效果。

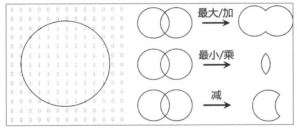

图 4-3-101

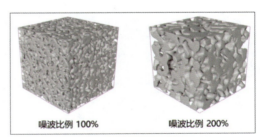

图 4-3-102

在体积生成的"对象"栏下方同样可以创建过滤层，过滤层的类型有雾平滑、雾倍增、雾反转、雾添加、雾范围映射和雾曲线六种，如图4-3-103所示。这些过滤层本质上都是对体素所携带的数值信息进行重新计算。例如，添加"雾反转"过滤层，可以让原来值分别为0和1的体素相互交换，形成与原结构互补的多孔结构，如图4-3-104所示。

图 4-3-103

图 4-3-104

如果要创建其他形状的多孔结构，同样要将所需形状的目标对象添加至体积生成的"对象"栏中，并且置于随机域对象的下方。随机域的"创建空间"选择"对象以下"，"模式"可选择最小或普通，如图4-3-105所示。最终结果如图4-3-106所示。

图 4-3-105

图 4-3-106

4.4 轮廓与光影

视觉艺术是以人类的观感作为判断准则的艺术。将三维景象呈现在二维平面上时，场景对象所携带的三维信息主要体现在两个方面：一是光影的变化；二是轮廓线。例如，一个非透明的立方体，从侧面观察时最多呈现三个面。如果没有明暗对比，三个面的RGB值均相同时，看上去跟一个平面六边形并无区别。若要使其具有三维效果，可以描出立方体边角的轮廓线，或者区分出三个面的明暗度来，如图4-4-1所示。虽然这些变化可能仍发生在二维的画布平面上，但根据人类的视觉习惯，我们倾向于将其理解为三维空间中的效果。本节将围绕轮廓与光影，主要讲解软件中三维效果的呈现技法。

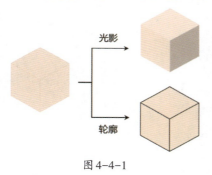

图 4-4-1

4.4.1 材质和照明

本节主要介绍灯光、摄影机和材质贴图方面的知识，可为场景中各类光影效果和模型质感的实现提供指导和参考。

4.4.1.1 灯光和阴影的设置

3D软件中的场景渲染涉及多方面的知识点，在设置材质、贴图之前，合适的光照是决定最终效果的关键因素。通常在未设置灯光时，软件会设置默认的灯光照明，否则将无法看到场景中的任何对象。例如，在C4D中，单击视图窗口"显示"菜单下的"默认灯光"选项，可以看到如图4-4-2所示的窗口。球面的高光和阴影表明了默认灯光的照射方向。单击并按住鼠标左键，当鼠标指针在球面上移动时可以改变默认光照的方向，同时可观察到模型对象表面的光影变化。

创建灯光后，默认灯光将不起作用。在C4D中可以在"创建"菜单或工具栏创建灯光，灯光的类型如图4-4-3所示，常用的有灯光（泛光灯）、目标聚光灯和区域光等。

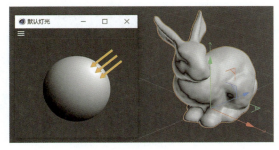

图 4-4-2

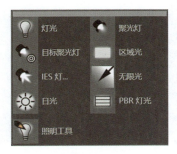

图 4-4-3

以灯光（泛光灯）为例，创建之后在视图中可以看到灯光的图标，移动灯光可以在模型上看到阴影的变化，如图4-4-4所示。现实世界里光的物理属性在软件中同样对应单独的变量，如光的强度、颜色（波长）、光源类型等。在属性窗口中的"常规"属性可以看到，灯光主要有颜色、强度、类型、投影和可见灯光五种，如图4-4-5所示。

图 4-4-4

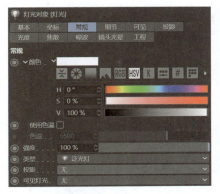

图 4-4-5

灯光创建之后，还可以在"类型"中更改。这里的泛光灯属于点光源，光线是朝各个方向发射的。灯光的"强度"值默认为100%，其数值范围可超出0%~100%的限制。若强度为负值，相当于起到吸光的作用。灯光"投影"默认处于关闭状态，可以在下拉列表中选择不同的投影方式，有阴影贴图（软阴影）、光线跟踪（强烈）和区域三种。具体的投影参数可以在"投影"属性中设置。

如图4-4-6所示，软阴影的边缘是模糊的，类似昏暗的灯光照明效果；光线跟踪的阴影边缘清晰，类似于正午的日光照明效果；区域阴影和距离有关，由近至远阴影逐渐模糊、淡化。区域阴影最接近于真实的阴影效果，相比于其他两种，其渲染耗时也更多。一般

阴影贴图（软阴影）

光线跟踪（强烈）

区域

图 4-4-6

可以先用软阴影进行效果预览，渲染时改为区域阴影。由于阴影是要投射到表面才可见，所以对象一般要置于某个具体的表面（如地面、桌面等）上。如果要在视图窗口预览阴影效果，可在视图"选项"菜单中选择"阴影"选项。

在具体的绘图工程中，灯光的设置方式可分为两类：局部照明和全局照明。

❶ 局部照明

最常见的局部照明方式是三点布光法，即主光源、辅助光和轮廓光。如图4-4-7所示，以摄像机到目标对象的连线为主轴线，主光源一般放置在光线和主轴线夹角为30°~45°的位置，同时光源的高

度略高于目标对象，使得光线和水平夹角也在30°~45°。主光源是阴影的主要来源。

辅助光放置在主光源的另一侧，30°~45°角的位置，通常和摄像机高度接近。辅助光的主要作用是照亮主光源的照射死角部分，对于结构较复杂的对象，可以同时有多个辅助光。但是辅助光在照明的同时也会削弱主光源产生的阴影，所以其灯光强度不能超过主光源，通常为主光源强度的50%。最后的轮廓光一般放置于目标对象的背后，除了辅助照明外，其主要作用是塑造目标对象的轮廓，以便和背景区分开来。

举个具体的例子，如图4-4-8所示，场景中有三盏灯光，分别为①主光源；②辅助光；③轮廓光。灯光的类型均为区域光，颜色均为白色。主光源的"强度"为70%，"投影"类型为区域。辅助光和轮廓光的"强度"为35%，"投影"为无。在灯光的"细节"属性中设置"形状"为球形，并将"衰减"设为平方倒数（物理精度），视图中灯光的外侧出现球状线，表示衰减的半径区域。设置"半径衰减"的值，使球状线接触到目标对象表面即可。

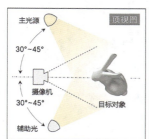

图4-4-7

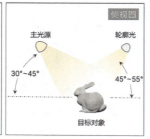

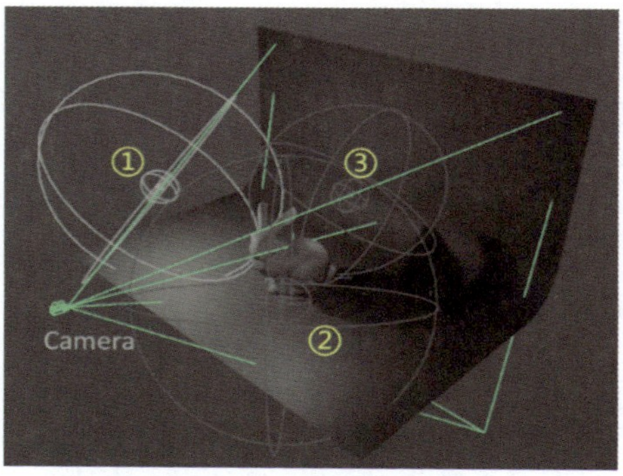

图4-4-8

图4-4-9

如图4-4-9所示是在不同的灯光组合照明下的渲染效果，由图可以直观地看到每个灯光的具体作用。图4-4-9（a）所示是默认灯光下的渲染结果，目标对象并没有在地面上投射出阴影，与背景产生严重的"割离"感。图4-4-9（b）只添加了主光源，有明确的照明方向和阴影的投射，但是在光线无法直射到的地方出现"死黑"的效果，没有任何细节。图4-4-9（c）中添加了辅助光后，目标对象的侧面显现出来，但亮度明显要低于主光源照射的正面。另外由于辅助光对地面也有照明的效果，可以看到地上的阴影相对也有减淡。最后，图4-4-9（d）是在背后添加了轮廓光的渲染效果。目标对象的背部、耳朵和头部的轮廓被照亮，与灰暗的背景产生较明显的对比，从而使主体更加明晰。为了不进一步削弱阴影的强度，可以在轮廓光的"工程"属性中设置有选择的照明。如图4-4-10所示，"模式"选择排除，将背景墙对象置于"对象"栏中，意为排除轮廓光对背景墙的照明，故而不会影响到阴影。

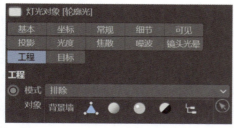

图4-4-10

❷ 全局照明

在现实世界中，光照的方式往往都是多个方向照明的叠加，太阳光经过大气层，也会散射成来自各个方向的光线。所以仅考虑局部照明，会遗漏大量对生成真实图像至关重要的视觉效果。为此三维软件专门开发了全局照明（Global Illumination，GI）的算法，这类算法不仅考虑直接来自光源的光，还考虑来自同一光源的光线被场景中其他曲面反射或折射后的情况，也称为间接照明。

关于GI的算法有很多，比较有代表性的包括光线跟踪、路径跟踪和光能传递等。这些算法的物理基础是能量守恒定律，具体体现为对曲面上给定点处传输、反射或吸收的光能量的评估。1986年，加州理工学院的Jim Kajiya提出了渲染方程，并将其用于计算机图形学领域。之后的全局照明算法基本上都是基于这一框架得到的。

C4D中提供的GI算法有准蒙特卡罗（Quasi-Monte Carlo，QMC）、辐照缓存、辐射贴图和光子贴图。按快捷键"Ctrl+B"打开"渲染设置"窗口，单击"效果"按钮，选择"全局光照"选项，如图4-4-11所示。在全局光照的"常规"属性中，"主算法"默认为辐照缓存，"次级算法"默认为无，这也是渲染速度最快的GI算法。

主算法计算的是由多边形"灯光"（非真实灯光）及通过真实灯光或物理天空照亮的表面发出（反射）的光所照亮的曲面效果，次级算法计算的是多次反射的光照亮的曲面效果。在某些软件中，这两种算法也分别叫作首次反弹和二次反弹。为了更清楚地展示全局光照的计算效果，这里我们用一个发光的平面对象作为光源，如图4-4-12所示。直接给平面添加发光材质，发光颜色设为白色，相当于光线照射到平面后反弹进行间接照明。注意在该情形下，平面的大小和到目标对象的距离会影响照明效果。

图4-4-11

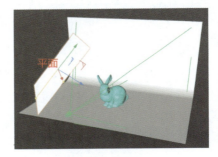
图4-4-12

图4-4-13（a）所示是不启用全局光照效果，图4-4-13（b）所示是仅启用全局光照主算法，图4-4-13（c）所示是同时启用全局光照主算法和次级算法的效果。当不启用全局光照效果时，发光平面不起到照明作用，渲染结果为默认照明的效果。启用全局光照效果后，场景在发光平面的照明下产生阴影。在使用多边形"灯光"时，全局光照的"主算法"可改为辐照缓存（传统），否则可能会有不均匀的光斑。由于场景中的光线仅计算一次反弹，无法照射到的区域会显示纯黑色，即RGB值为（0，0，0）。如果将"次级算法"也设为辐照缓存，那么场景中的光线反弹次数将增加，光线的分布也相对更加均匀。

在简单的场景中，全局光照和环境吸收效果共同启用将得到更加真实的效果。将环境吸收"基本"属性中的"最小采样"和"最大采样"分别设为64和256，"对比度"增加至50%，渲染效果如图4-4-14所示。添加环境吸收效果后，在模型的凹陷处及与地面接触的区域，阴影明显增强。

图4-4-13

图4-4-14

全局光照的"常规"属性中有一些预设的主算法和次级算法的搭配，具体设置如表4-2所示。

表4-2　全局光照中不同预设的主算法和次级算法

预设	主算法	次级算法
内部–预览	辐照缓存	辐射贴图
内部–预览（高漫射深度）	辐照缓存	光子贴图
内部–预览（小光源）	辐照缓存	光子贴图
内部–高	辐照缓存	辐照缓存
内部–高（高漫射深度）	辐照缓存	光子贴图
内部–高（小光源）	辐照缓存	光子贴图
外部–预览	辐照缓存	辐射贴图
外部–物理天空	辐照缓存	准蒙特卡罗（QMC）
外部–HDR图像	辐照缓存	准蒙特卡罗（QMC）
对象可视化–预览	辐照缓存	光子贴图
对象可视化–高	辐照缓存	辐照缓存
进程–无预进程	准蒙特卡罗（QMC）	准蒙特卡罗（QMC）
进程–快速完全漫射	准蒙特卡罗（QMC）	光子贴图

　　由上表可知，辐照缓存是主要的主算法，光子贴图是主要的次级算法。对于开放式的外部场景来说，辐照缓存和准蒙特卡罗（QMC）是最佳算法组合；对于室内场景而言，次级算法同样用辐照缓存是最好的选择。特别要注意的是，使用准蒙特卡罗（QMC）作为主算法时，渲染速度将大幅降低。因为准蒙特卡罗（QMC）算法会对镜头画面中的所有像素点采样。因此也称作暴力算法。它的优点是可以得到最准确的计算结果，缺点是速度慢，且容易出现噪点。准蒙特卡罗（QMC）和光子贴图算法配合使用可以一定程度上缩短渲染时间，如图4-4-15所示是准蒙特卡罗（QMC）算法在不同组合下的渲染效果及时长变化。注意光子贴图算法自带有漫射效果，会造成颜色溢出。

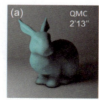

图4-4-15

拓展8　环境吸收

　　C4D中的"环境吸收"效果同样是在"渲染设置"窗口中添加，如图4-4-16所示。当启用"环境吸收"效果时，诸如角落、孔洞及对象彼此靠近的区域会显得较暗，出现类似"阴影"的效果，如图4-4-17所示。"阴影"的色彩由"颜色"参数调节，一般不建议使用彩色。通过设置"精度""最小采样"和"最大采样"的数值，可调控"环境吸收"效果的质量。当场景中有透明材质对象时，可选中

"评估透明度"选项,避免透明对象内部过黑。

"渲染设置"窗口中的"环境吸收"效果是针对场景中的所有对象,如果不希望某个对象有"环境吸收"效果,可以为其添加合成标签,在"标签"属性中取消选中"环境吸收可见"选项,如图4-4-18所示。另外,在"材质编辑器"窗口的"漫射"通道中也可以添加"环境吸收"效果,漫射"纹理"选择"效果"→"环境吸收"选项,其参数设置与"渲染设置"窗口一致。若已在"渲染设置"窗口中启用"环境吸收"效果,并且同时添加了"环境吸收"效果的材质,该效果将重复计算两次。

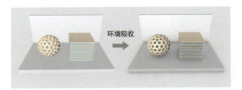

图 4-4-17

图 4-4-16

图 4-4-18

4.4.1.2 材质和纹理贴图

在了解了基本的灯光和阴影知识后,本节将讲解有关材质和贴图方面的内容。C4D中在材质窗口双击鼠标左键,即可创建新材质球,也可以单击窗口"创建"子菜单中的"材质"→"新标准材质"选项。添加材质的方式为选中相应材质球,按住鼠标左键拖到视图窗口的目标对象上,然后松开鼠标即可。材质添加成功后会在对象窗口的标签栏看到材质标签,如图4-4-19所示。选择材质标签可查看编辑其属性,按"Delete"键可删除材质。

双击材质球可打开"材质编辑器"窗口,如图4-4-20所示。窗口左侧是材质球预览图及属性通道,默认选中了"颜色"和"反射"通道。选择相应的通道,窗口右侧会显示对应通道的属性参数。材质球预览图下方可设置材质球的名称和所属层,窗口右上角的箭头可以返回之前或上一级窗口。

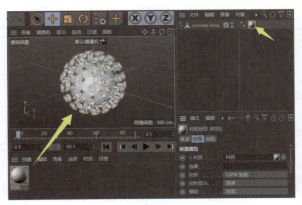

图 4-4-19

图 4-4-20

每个通道中对应的参数各不相同,以"颜色"通道为例,直接在颜色调上拖动色标指示线,即可设置颜色。常用的颜色设置模式有 HSV 和 RGB 两种，例如，设置 HSV 的值为 120%、60% 和 80%，对应的颜色为绿色。单击工具栏中的"渲染到图片查看器"图标或按快捷键"Shift+R"，渲染如图 4-4-21 所示。

"亮度"用于调节通道颜色的强度，起到类似于倍增器的效果，"亮度"值可超过 100%。很多通道中都有"颜色"和"亮度"参数，在不同的通道中，"颜色"控制的效果也不相同。例如，在"透明"通道中，颜色对应于透明度的高低，白色表示完全透明，黑色表示完全不透明。如果用颜色来表示强度，颜色的 RGB 值会自动换算成灰度值。

除了基本的"颜色"设置外，还可以通过添加"纹理"贴图来设置更复杂的效果。单击"纹理"后的 图标可弹出下拉列表，如图 4-4-22 所示。列表中可以选择"加载图像"导入外部图片作为纹理，选择"清除"选项可以去除纹理。另外，"纹理"选项中还提供有程序贴图，这里主要讲解噪波、渐变和菲涅耳（Fresnel）三种贴图形式及一般应用情形。

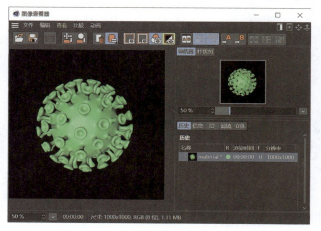

图 4-4-21

图 4-4-22

❶ 噪波

图 4-4-23

噪波是一种经典并用途广泛的贴图，可以生成诸如地形、腐蚀、泡沫、波纹、细胞等复杂随机图案。例如，在"颜色"通道中，"纹理"选择噪波选项，如图 4-4-23 所示。单击噪波贴图进入"着色器属性"，可设置噪波贴图的具体参数，如图 4-4-24 所示。比较常见的如设置噪波的颜色、类型和全局缩放比例等。

噪波贴图可以看作是两种颜色的随机混合，为了使图案显示得更加清楚，这里将"对比"值增加到 100%。如图 4-4-25 所示是不同"对比"值下的噪波贴图图案，默认值为 0%。该数值越高，两种颜色的区别越明显，交界处的轮廓也越清晰。当"对比"值增至 100% 时，贴图就会变成只有两种颜色的二值贴图。此外，将"低端修剪"和"高端修剪"的值均设为 50%，也能达到相同的效果。

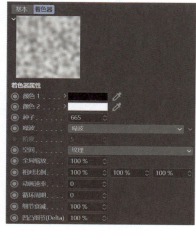

图 4-4-24

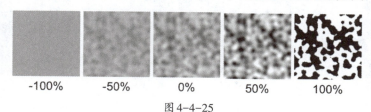

图 4-4-25

"全局缩放"比例可以改变噪波贴图的相对尺寸，当模型的尺寸固定不变时，"全局缩放"值越小，图案的重复密度越高。"颜色1"设为橙色，RGB（255，150，0），"颜色2"设为青色，RGB（125，255，255），"对比"值设为100%。分别设置"全局缩放"的值设为50%、100%和200%，渲染结果如图4-4-26所示。

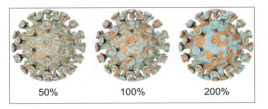

图4-4-26

"纹理"的优先级是高于"颜色"的，所以在设置噪波纹理贴图之后，原有的颜色被覆盖不显示。可通过纹理的"混合模式"和"混合强度"来设置其添加方式及权重，如图4-4-27所示。在标准混合模式下，"混合强度"为100%表示通道的值完全由"纹理"贴图决定。如果为50%，表示一半由"颜色"决定，一半由"纹理"贴图决定。

噪波贴图通常还会添加到"凹凸"或"置换"通道中，让模型表面产生起伏的效果。其中，"凹凸"通道添加噪波贴图后，渲染得到的并非真实的模型表面起伏。例如，给球体对象添加该材质，仅在正对的表面处产生"凹凸"效果，边缘处仍是平滑的球形，如图4-4-28所示。而"置换"通道添加噪波贴图后，能渲染出真实的模型表面起伏效果。和置换变形器需要模型有较高的分段数不同，材质的"置换"属性中可以设置"次多边形置换"的"细分数级别"，默认值为4。选中"次多边形置换"选项后，即便是分段数低的模型，也能渲染出细节丰富的"置换"效果。在不渲染时模型不会占用过多的内存资源。

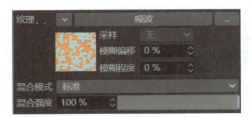

图4-4-27

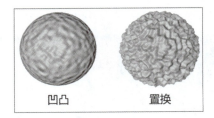

图4-4-28

C4D软件中提供的噪波类型多达32种，包括噪波、湍流、气体、电子、体光、细胞沃洛等，如图4-4-29所示。更改材质球"置换"通道中的噪波贴图类型，将材质添加给一个球体对象，渲染结果如图4-4-30所示。置换效果跟模型与贴图的相对尺寸有关，这里球体半径为100 cm，噪波贴图的"全局缩放"比例为250%，其余参数保持默认。另外在球体的"对象"属性中，取消选中"理想渲染"选项。

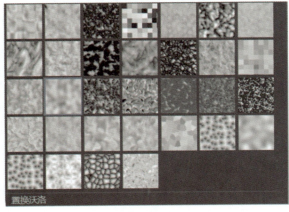

图4-4-29

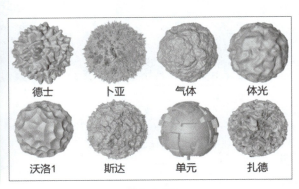

图4-4-30

❷ 渐变

渐变是使用频率最高的贴图之一，几乎所有的常规属性通道都可以用到渐变贴图。仍以"颜色"通道为例，"纹理"选择渐变贴图，单击贴图进入"着色器属性"。"渐变"参数名后面有▶符号，单击可展开下拉列表，设置两端的色标颜色如图4-4-31所示，RGB分别为（255，122，122）和（255，255，125）。也可以单击"载入预置"按钮选择一些软件预设的渐变，如Flame、Heat、Rainbow等，如图4-4-32所示。

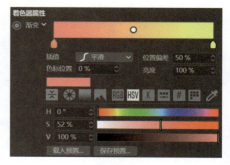

图4-4-31

默认的渐变贴图"类型"为二维-U，此外还有多种二维渐变选项，包括斜向、圆形、方形等，如图4-4-33所示。对于封闭曲面围成的三维模型，通常添加三维类型的渐变，主要有线性、柱面和球面三种。

在使用三维渐变时，需要明确对象的尺寸及贴图的添加方向。例如，渐变贴图的"类型"选择三维-线性，通过"开始"和"结束"坐标参数可以设置渐变的始末位置，连接两个坐标点的向量表示渐变方向。例如，"开始"坐标设为（-150，0，0），"结束"坐标设为（150，0，0），单位为cm，表示渐变沿X轴方向从-150 cm到150 cm逐渐变化，如图4-4-34所示。若"开始"和"结束"坐标范围只包含了对象的部分区域，那么超出的部分将以重复贴图的方式进行着色，如图4-4-35所示。如果取消选中"循环"选项，超出的部分颜色则以对应端的色标颜色为准。多数情形下，渐变色坐标的变化范围设置成从对象的一端到另一端，并取消选中"循环"选项。

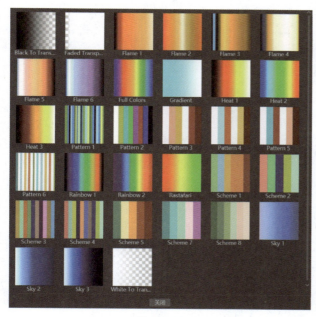

图4-4-32

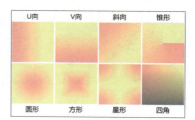

图4-4-33

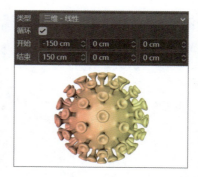

图4-4-34

常用的三维渐变类型还有三维-球面，该类型中"开始"位置表示球心坐标，渐变色以辐射的方式向四周延伸。如图4-4-36所示，设置"开始"坐标为（0，0，0），"半径"设为150 cm（接近病毒模型的半径尺寸）。然后适当调节色标的位置，此处将左边色标的"色标位置"设为60%，最终结果如图4-4-37所示。

第四章
三维软件基础和微纳米材料的 3D 可视化

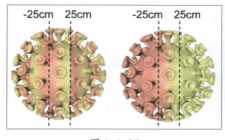

图 4-4-35

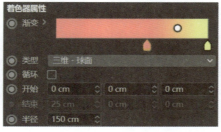

图 4-4-36

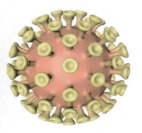

图 4-4-37

❸ 菲涅耳（Fresnel）

在普通的渐变中，正如样条曲线的形状受到样条类型的影响，颜色或强度的渐变也与色标的插值类型有关。默认的色标"插值"类型为平滑，此外还有立方、立方偏差、线性、步幅和混合等，如图 4-4-38 和图 4-4-39 所示。

菲涅耳可以看作是一种特殊的渐变模式，它与光线的入射角有关。当光线照射到物体表面时，一部分被反射，另一部分发生透射。入射角度不同，反射和透射的光线比例也会发生变化。在三维软件中，菲涅耳效应表现为视线与表面法线之间的夹角关系。当夹角越小，即视线近乎垂直于表面时，反射越弱；反之，当夹角越大，即视线近乎平行于表面时，反射越强。如图 4-4-40 所示，具体情形中菲涅耳效果除了与角度有关，和介质的折射率也有关系。

图 4-4-38

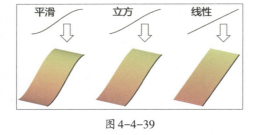

图 4-4-39

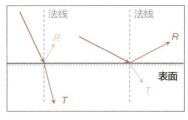

图 4-4-40

C4D 中材质球的菲涅耳贴图多用在"颜色""发光""透明""反射"等通道中，默认使用渐变颜色条来控制其变化曲线。以球体对象为例，在"发光"通道的"纹理"中使用菲涅耳贴图，设置"渐变"为从青色到黑色变化。最左端代表法线和视线垂直的表面，即视野中的球体呈现的外边缘。最右端代表法线和视线平行的表面，即正对观察视角的球面。在"发光"通道中，黑色表示不发光，所以正对视角的球面仍显示本来的颜色。边缘处发青色的光，且越靠近边缘，青色越明显，如图 4-4-41 所示。类似效果经常用于凸显模型的轮廓，配合在"透明"通道使用菲涅耳贴图，让视野中模型的边缘透明度降低，正对视角的表面透明度增高，得到如图 4-4-42 所示的效果。

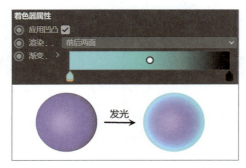

图 4-4-41

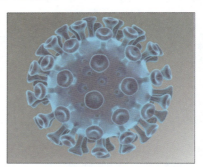

图 4-4-42

· 139 ·

除渐变颜色条外，菲涅耳还可以用物理的方式进行调节。例如，"反射"通道的"层遮罩"纹理中使用菲涅耳贴图（参考文件"反射遮罩-菲涅耳.c4d"），在"着色器属性"中选中"物理"选项，如图4-4-43所示。此时"渐变"颜色条呈灰色（无法设置），菲涅耳效果通过"折射率(IOR)"参数来调节，默认"IOR"的值为1.333，对应为20℃下水的折射率。如图4-4-44所示是"IOR"的值从1~3变化时对应的反射效果，可见随着折射率的增加，球体从侧面开始再到正面的层遮罩逐渐减弱，表现为反射图案的清晰度逐渐升高。

图4-4-43

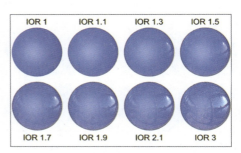

图4-4-44

4.4.1.3 摄像机和景深

摄像机是三维软件必不可少的工具之一，它可以帮助用户从特定的角度观察或渲染场景，包括制作摄像机动画、景深模糊及运动模糊效果等。通常在透视图调整好视角后，在工具栏单击图标即可创建摄像机。移动或旋转场景后，可以看到摄像机显示如图4-4-45所示，它同样有自身的控制坐标。图中的控制手柄（黄点）可调节摄像机的焦距、视野范围和目标距离等。

当摄像机被创建后，对象窗口会显示摄像机对象的名称，如图4-4-46所示。双击名称前面的图标或单击■，显示为■后透视图会自动链接到当前摄像机的视角。在该视角下进行的视图操作都会记录为摄像机对象的动作。为了保证摄像机视角不会因误操作发生变化，一般会添加保护标签加以固定。

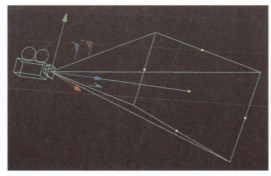

图4-4-45

图4-4-46

打开案例文件"DOF.c4d"，在摄像机视角下渲染结果如图4-4-47所示。距离镜头最近端的"3号球"和最远端的"5号球"均能清晰地显示，仅有距离造成的透视大小区别。虽然镜头的角度塑造出了明显的纵深感，但画面中并没有确切的聚焦点。很显然，这是没有景深造成的结果。

C4D中设置景深的方法为，在摄像机对象的"细节"属性中选中"景深映射-前景模糊"和"景深映射-背景模糊"选项，如图4-4-48所示。"前景模糊"指的是从目标对象出发，靠近摄像机的一侧产生虚化效果；"背景模糊"则是远离摄像机的一侧产生虚化效果。目标对象的设置可以在"对象"属性中拾取添加"焦点对象"，或者直接设置"目标距离"的值，如图4-4-49所示。然后在"渲染设置"窗口中添加"景深"效果，渲染结果如图4-4-50所示。注意景深模糊效果只有在摄像机视图下才可渲染出来。

第四章 三维软件基础和微纳米材料的 3D 可视化

图 4-4-47

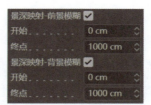

图 4-4-48

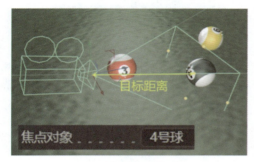

图 4-4-49

图 4-4-50

景深模糊的程度可通过"景深"效果"基本"属性中的"模糊强度"来调节，默认值为 5%。强度值变化不宜过大，如图 4-4-51 所示是"模糊强度"值为 10% 的渲染效果。

若选中"基本"属性中的"使用渐变"选项，模糊效果的变化可通过渐变颜色条来设置，如图 4-4-52 所示。黑色表示没有景深模糊效果，白色表示模糊效果最强。模糊效果的范围由摄像机"细节"属性中的景深映射"开始"和"终点"的值来确定，具体如图 4-4-53 所示。例如，将"景深映射-前景模糊"的"开始"和"终点"值分别设为 25 cm 和 100 cm，将"景深映射-背景模糊"的"开始"和"终点"值分别设为 25 cm 和 400 cm，渲染结果如图 4-4-54 所示。

图 4-4-51

图 4-4-52

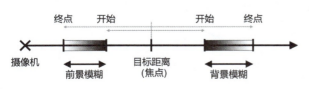

图 4-4-53

图 4-4-54

· 141 ·

如果要将目标对象前后清晰的范围进行压缩，只需要增加渐变颜色条中的白色（模糊）占比。如图 4-4-55 所示，将黑色端色标的"位置偏差"均设为 10%（双击色标即可设置），渲染结果如图 4-4-56 所示，只有"4 号球"没有模糊效果。

图 4-4-55

图 4-4-56

当场景中的对象有坐标变换动画时，还可以在"渲染设置"窗口启用"次帧运动模糊"效果。在摄像机的"物理"属性中调节"快门速度（秒）"的值，可以渲染出不同的运动模糊效果。打开"motion blur.c4d"案例文件，调节"快门速度"分别为 1/1000 s、1/250 s、1/30 s 和 1/8 s，渲染结果如图 4-4-57 所示。

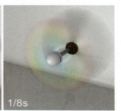
图 4-4-57

拓展 8　反射/折射材质和 HDR 贴图

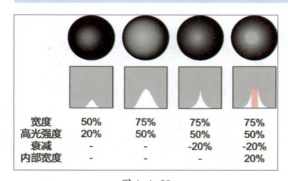
图 4-4-58

　　金属和玻璃（或溶液）是 3D 绘图中非常重要的两类材质，前者主要体现在反射属性上，后者主要体现在透明和折射属性上。C4D 中默认的材质球设置了最基本的反射属性，通过添加或移除反射层，可以获得多层次叠加的效果。默认的"层 1""类型"为高光-Blinn（传统），对应有"宽度""衰减""内部宽度"和"高光强度"等属性参数。这些参数可以理解为高光强度的高斯分布曲线，如图 4-4-58 所示是不同高斯曲线对应的球面高光分布。通常需要调节的只有"宽度"和"高光强度"两个属性，对应的是分布曲线的横坐标与纵坐标，分别影响高光的范围和强度值。"衰减"影响的是从中心往边缘的高光强度衰减变化趋势，"内部宽度"可以在距中心一定范围内保持高光强度最大值。设置"衰减"和"内部宽度"可以实现一些反射光斑的效果。

　　金属效果的制作可以在"反射"通道中添加新的层，单击层设置"添加"按钮，选择"GGX"选项，如图 4-4-59 所示。"层 2"默认的叠加模式为"普通"，会覆盖"层 1"的效果。如果设置为"添加"，两个反射层的效果均可显示。默认的 GGX 参数中，"反射强度"为 100%，"粗糙度"为 10%，相当于轻度粗糙的金属表面效果。添加"GGX"类型的反射后，原有的颜色属性将不起作用。如果需要制作有色金属，可以在反射层的"层颜色"中进行调节。如图4-4-60所示是粗糙度从0%到100%的材质球效果，层颜色设置饱和度为50%的蓝色。

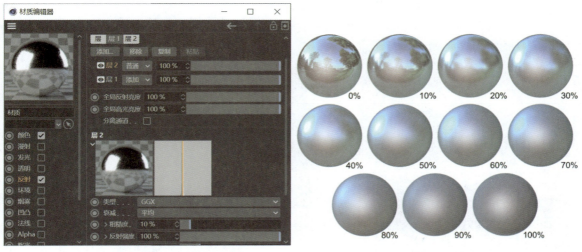

图 4-4-59　　　　　　　　　　　　　　　图 4-4-60

特别要注意的一点是，以上只是C4D视图中的预览效果，实际渲染时通常要添加hdr贴图来配合实现。添加方法为创建天空对象，并为其添加"发光"材质。取消选中其他属性通道，仅在"发光"通道的"纹理"中添加hdr格式文件，如图4-4-61所示。

金属除了可以反射hdr天空贴图，对场景中的模型及灯光同样可以体现反射的功能，如图4-4-62所示。渲染时建议在渲染设置中开启"全局光照"效果，如果预览时不想看到场景中的hdr贴图，可以给天空对象添加合成标签，在其"标签"属性中取消选中"摄像机可见"选项。

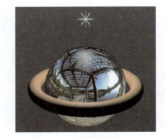

图 4-4-61　　　　　　　　　　　　　　　图 4-4-62

玻璃或溶液材质的设置需要在"材质编辑器"窗口选中"透明"通道，透明度可以通过"颜色"的明度值或"亮度"值来调节，白色表示完全透明。在"折射率预设"选项中，提供有玻璃、塑料、水、油等多种折射率可供参考，默认玻璃的折射率为1.517。另外，"透明"通道中可以通过"吸收颜色"来设置对象内部颜色，制作诸如有色玻璃的效果。颜色的深浅可由"吸收距离"来调节，"吸收距离"越大，内部颜色越浅，如图4-4-63所示是"吸收距离"分别为100 cm和5 cm时的效果（球体半径为100 cm）。

同样需要注意的是，透明材质与反射材质容易受到场景和环境的影响，渲染时需要添加 hdr 环境贴图并开启全局照明，才能得到较为真实的效果。相比于反射材质，带有折射的透明材质在渲染时需要消耗更多的计算。如果需要制作毛玻璃效果时，可调节"模糊"参数，类似于反射属性中的模糊效果。增加"模糊"的数值，渲染计算的时间也会随之成倍增加，如图 4-4-64 所示是模糊程度从 0% 到 100% 对应的渲染效果及渲染时长。

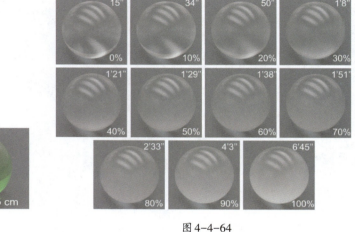

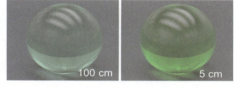

图 4-4-63

图 4-4-64

4.4.2 模型的轮廓线

科研绘图中，模型的轮廓线更多起到点缀或增强框架结构感的作用。本节主要讲解 C4D 中绘制轮廓线效果的两种方法——结构转化法和线描渲染法。

4.4.2.1 结构转化法

我们以一个 "Standford Bunny" 模型为例，其表面的结构线如图 4-4-65 所示。默认的渲染下只能看到模型的外形，而无法显示表面的结构线。

若要显示其结构线，最简单的办法是复制一个对象，然后添加晶格生成器。将晶格生成器属性中的"圆柱半径"和"球体半径"均设为同一个较小的值（如 0.1 cm），渲染时近似于在表面覆盖了一层线条图案，如图 4-4-66 所示。

图 4-4-65

除了使用晶格生成器外，还可以用提取样条的方法（前提是对象已转为可编辑多边形对象）。选择对象后切换到边模式，按 "Ctrl+A" 组合键选中所有的边。在视图空白处单击鼠标右键，选择"提取样条"选项，即可在视图窗口看到样条对象。当然，C4D 中的样条不可直接渲染显示，需要用扫描法将其转化为有一定粗细的线条模型。扫描时可以用圆形作为截面，如图 4-4-67 所示是以不同半径（0.05 cm、0.2 cm 和 0.5 cm）的圆作为截面时的渲染结果。

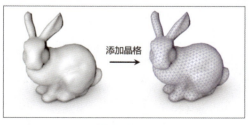

图 4-4-66

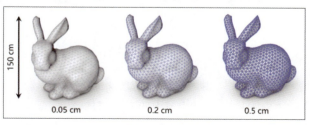

图 4-4-67

晶格法和提取样条法都是将结构线转化为三维模型，线条的粗细可由模型参数直接控制，调节较为方便。但该方法只适用于结构线不复杂的模型。如果模型的结构线非常繁杂，转为模型后将耗用大量的计算机资源，继而直接影响渲染速度。接下来介绍线描渲染法。

4.4.2.2 线描渲染法

以喷枪模型为例，打开"喷枪模型.c4d"文件，打开渲染设置（快捷键"Ctrl+B"），单击"效果"按钮，添加"线描渲染器"。在基本属性中选中"轮廓"和"边缘"选项，设置"边缘颜色"为青色，RGB值为（0，255，255），"背景颜色"为黑色，如图4-4-68所示。按快捷键"Shift+R"渲染，如图4-4-69所示。

图 4-4-68

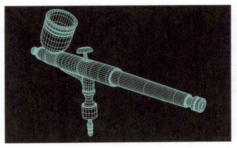

图 4-4-69

另一种渲染方法是使用"素描卡通"效果，添加方法同上，默认在线条"类型"中选中折叠、褶皱和边沿的选项，如图4-4-70所示。对于产品类的多边形模型而言，边缘和等参线两种类型的线条较为常用。此外，轮廓可以只显示模型最外侧边缘线，等高线可以做出切片的效果，切片的方向和步数均可调节。4种线条类型的效果如图4-4-71所示。

图 4-4-70

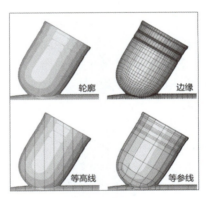

图 4-4-71

添加素描卡通效果后，渲染结果可以看到高光由明到暗呈现阶梯式的变化，这是由"对象"的着色方式造成的。如图4-4-72所示，"对象"着色方式选择着色，"模型"选择量化，默认的"量化"值设为6，意为从明到暗有六级过渡。若"对象"着色方式选择关闭，则按照模型自身的材质进行渲染。例如，给模型添加金属铜的材质，线条"类型"选中边缘，渲染的结果如图4-4-73所示。更多关于线条的设置，可以双击材质窗口的素描材质球，打开如图4-4-74所示的材质编辑器窗口。线条的颜色、粗细、扭曲、透明等均可进行更多的设置，可自行尝试调节，此处不再赘述。

图 4-4-72

图 4-4-74

图 4-4-73

4.4.3 PowerPoint 中的三维表现技巧

PowerPoint（简称PPT）是不同领域的研究人员都会用到的一款软件，在学术会议交流、毕业论文答辩、基金申请答辩等诸多场合中均有其用武之地。随着近年来国内关于科研绘图的普及，PPT在作图方面的功能也得到了越来越多的发掘。虽然PPT的三维建模功能远不及3D软件那么强大，但在三维效果的表达方面也有类似的技巧。本节将用4个具体的案例带大家了解PPT在科研绘图中的应用。

4.4.3.1 怎样画一个好看的注射器

软件绘图技巧的掌握不是一蹴而就的，需要平日的积累和在不断练习中打磨技术，PPT亦是如此。以一个注射器的示意图为例，如图4-4-75所示，很显然右侧的注射器示意图更有质感，更加真实。好的效果往往需要更丰富的细节来衬托，同时也意味着绘制时需要付出更多的精力。

如图4-4-76所示，PPT软件"插入"菜单的"形状"选项中提供了大量的图形预设，包括线条、矩形、基本形状、箭头总汇、公式形状等。

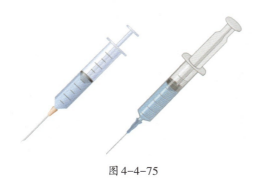

图 4-4-75

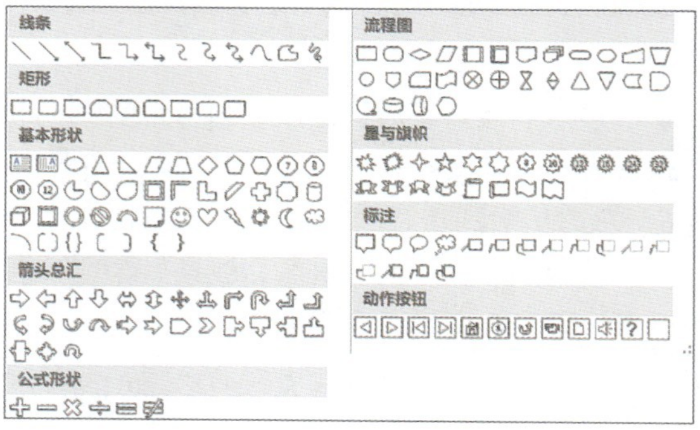

图 4-4-76

选择相应的形状后，在编辑幻灯片工作区单击或按住鼠标左键并拖动，即可绘制图形。图形的大小由矩形边界框决定，选中图形后菜单栏会显示"形状格式"菜单，可通过更改"高度"和"宽度"的数值来设置图形尺寸，如图4-4-77所示。

对于PPT中没有提供模板的形状有两种创建方法，一种是顶点绘制法，另一种是形状组合法。先来说第一种，在"插入"菜单的"形状"选项中，有一个的图形选项，意为"任意多边形"。该工具允许用户用鼠标多次单击的方式绘制任意形状。单击鼠标左键会创建新的顶点，并与上一个顶点之间形成连线，双击鼠标则结束创建。创建形状时如果线条的终点与起点重合，则会自动生成一个封闭的图形，如图4-4-78所示。

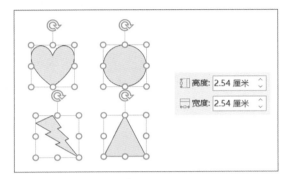

图 4-4-77

图 4-4-78

如果在绘制结束后仍需要对图形的形状作出调整，可用鼠标右击绘制的图形。找到"编辑顶点"选项，图标为。然后单击图形中的顶点，即可出现顶点控制杆，通过拖曳控制杆可以控制线条的走势和曲率，类似于C4D中的贝塞尔控制杆，如图4-4-79所示。也可以右击任一顶点，选择"关闭路径"，得到封闭的图形并填充颜色，如图4-4-80所示。

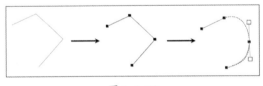

图 4-4-79

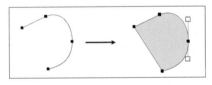

图 4-4-80

第二种绘制复杂图形的方法是形状组合法，也叫布尔法。简单来说，就是通过两个或两个以上图形之间的加减法来获得最终形状。如图4-4-81所示的一个圆形和一个矩形，二者有部分区域重叠。依次选择圆形和矩形，可以在"形状格式"菜单中看到"合并形状"的选项。

五种合并形状格式的结果如图4-4-82所示，其中，使用频次较高的有结合、相交和剪除。与顶点绘制法相比，布尔法更容易绘制出规则程度更高的图形。

图 4-4-81

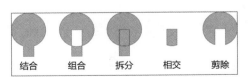

图 4-4-82

了解了以上的PPT图形绘制基础后，我们就可以用一些简单的形状拼出注射器的图案。首先创建如图4-4-83所示的两个圆角矩形和一个直角矩形，拼成"干"字形图案，作为注射器的推杆部分。接下来介绍第一种凸显图形三维效果的方法——渐变填充。该方法主要适用于圆柱状的物体，特别是光泽度较高的圆柱体，如金属杆、抛光塑料杆等。

具体操作方式为，选择图形后单击鼠标右键，选择"设置形状格式"选项，如图4-4-84所示。右侧会出现"设置形状格式"面板，在"形状选项"中选择"填充"→"渐变填充"，根据渐变的方向调整"角度"，此处设为0°，如图4-4-85所示。

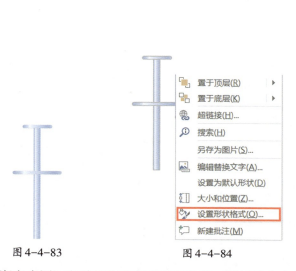

图 4-4-83　　　　　　　图 4-4-84　　　　　　　图 4-4-85

"渐变光圈"选项下显示有渐变颜色条，通过单击右侧的"添加渐变光圈"按钮和"删除渐变光圈"按钮，可以增加或删除对应的色标。也可以直接在颜色条相应位置单击鼠标左键以添加色标，或者单击并按住色标往下拖曳移除色标。色标的颜色、位置、透明度和亮度可通过下方的参数面板进行设置，如图4-4-86所示。

在给圆柱状物体设置渐变色时，通常在30%或70%附近的位置设置较亮的颜色（一般自然光照明下设置为白色即可），两侧逐渐过渡至较暗的颜色。这种渐变填充基本符合柱面的高光效果。

注射器筒身可以用如图4-4-87所示的形状结合而成，渐变填充同上。由于筒身位于推杆的上层，为了能够显示出推杆，可将红框中的三个色标的"透明度"设为75%。

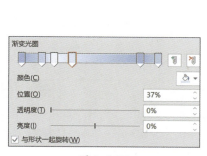
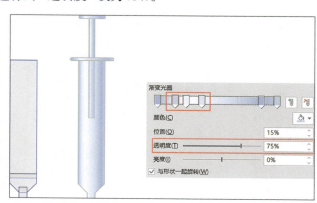

图 4-4-86　　　　　　　　　　　图 4-4-87

橡胶垫和溶液可以用一个矩形和针筒形状相交得到，"形状填充"仍为"渐变填充"，"线条"选择"无线条"。"渐变填充"的颜色和透明度根据实际效果进行调整，如图4-4-88所示。

注射器针头部分的绘制使用的是同样的方法，参考渐变光圈颜色条如图4-4-89所示。针尖部分是用一个矩形形状剪除三角形后得到的。

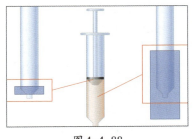

图 4-4-88

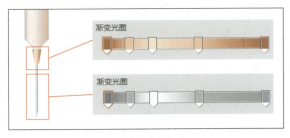

图 4-4-89

最后加上刻度线就能得到最终的注射器示意图，根据需要在绘制时可以任意修改溶液的颜色、体积等，如图4-4-90所示。

如果仅从形状上看，上面的注射器属于正视图的截面形状。但是利用渐变填充和图层透明度叠加的方式，可以得到简单的类三维效果。这也是二维形状模拟为三维光影效果的最简单的手段。在此基础上，我们来分析如图4-4-91所示的注射器效果图的绘制方法。

和前面绘制的注射器相比，图4-4-91中的注射器效果图至少有三个方面的改进。其一，整体的视角从平面转为立体，形状上更偏向于三维化；其二，通过颜色的明暗来体现光泽和阴影，并利用深色线条突出形状的轮廓；其三，整体的细节更多，层次也更加丰富。显而易见的是，丰富的层次同时带来的是较高的绘制难度。特别是在表现塑料筒身和溶液的透明材质时，图层的前后遮挡关系决定了最终效果的空间真实感。在具体的绘制过程中，可以先将注射器拆分为推杆、针筒、针头和溶液四个部分，如图4-4-92所示。分别绘制时应确保所有的外形处于相同的观察视角下，方便后续的组装。

图 4-4-90

图 4-4-91

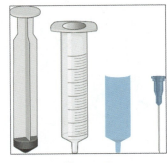

图 4-4-92

当图层数量较多时，可以在"形状格式"菜单中单击"选择窗格"选项，右侧会显示"选择"面板，如图4-4-93所示。图层上下关系由排列顺序决定，单击图层的名称可以修改。尽量设置易于识别的名称，如"溶液""针筒外轮廓"等。属于同一组件的图层可以组合在一起（快捷键"Ctrl+G"），以便于管理。

绘制时按照先轮廓后光影的顺序进行，轮廓用于突出外形，光影可以增强三维效果。以针筒为例，如图4-4-94所示，筒身轮廓可以用合并形状的方式绘制，加几个椭圆表示出针筒的截面，并且用线条的粗细和颜色深浅区分出主轮廓线和次轮廓线，让图形更有层次感。例如，在本例中，最下方的两个椭圆形状的线条"宽度"设为1.5磅，其余线条"宽度"均设为2磅。

画好轮廓后，根据光照和目标材质效果来添加高光和阴影。一般情况下，用白色表示高光，灰黑色表示阴影，可设置一定的透明度（如40%）体现透明玻璃或塑料材质。这里高光和阴影的形状采用沿针筒长轴方向的长条形来表示，有时也可添加透明渐变或柔化边缘的效果，让光影的过渡显得更加自然。最后的刻度线可以用对齐和均匀分布的功能实现，具体可参考6.1.2节的内容。

在所有单独的组件都画完后，接下来是图形组装环节。对于有图层先后顺序之分的图形，直接在"选择"面板中排序即可。例如，轮廓线、刻度线和高光置于最上层，其次是溶液图层，最下方是底部阴影层图。但对于某些有互相"穿插"关系的图形，简单的图层摆放无法满足要求。如图4-4-95所示，"推杆"图层无论是放置在"针筒"上层还是下层，都无法实现从椭圆"孔道"推入"筒身"的效果。

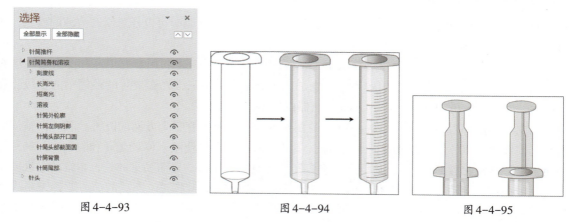

图 4-4-93　　　　　图 4-4-94　　　　　图 4-4-95

针对这一情形，通常需要额外绘制"遮挡"图层来解决。"遮挡"形状需要在原有的图形基础上修改，通常使用图形剪除法得到，如图4-4-96所示。轮廓线也需要根据遮挡关系由"关闭"改为"开放"，可在顶点编辑中选择"开放路径"选项，多余的顶点可以删除。

另外，由于溶液的整体形状为不规则图形，直接缩放会产生变形。为了便于更改溶液的"体积"，可按照如图4-4-97所示将其分为上、中、下三段，只需要改变中间段矩形的高度，就可以调节溶液的量。配合"推杆"的移动，就可以绘制注射器内溶液由多至少的效果，如图4-4-98所示。

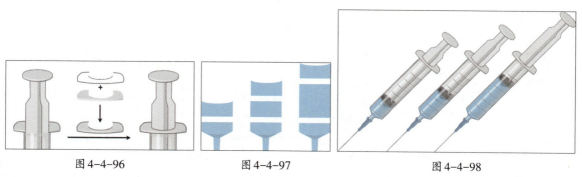

图 4-4-96　　　　　图 4-4-97　　　　　图 4-4-98

4.4.3.2　温度计效果图的绘制

本节教大家绘制如图4-4-99所示的温度计效果图，进一步加深对于利用图形塑造光影效果的理解。同样，先将图形拆分成如图4-4-100所示的三个部分，主要图形为圆形和圆角矩形，以及两者之间通

第四章 三维软件基础和微纳米材料的 3D 可视化

过合并形状得到的图形。

在"插入"菜单的"形状"选项中创建圆角矩形□，长宽比约为7∶1，移动黄色的形状调节手柄使得两端呈半圆形，如图4-4-101所示。在图形上单击鼠标右键，选择"设置形状格式"选项，右侧弹出相应的面板。"填充"方式选择"渐变填充"，"类型"选择线性，"方向"选择线性向右。在"渐变光圈"的渐变颜色条处设置色标，位置分别在2%、32%和100%处。两端的色标设为红色，RGB值为（255，0，0）；中间的色标设为玫红色，RGB值为（255，170，170）。

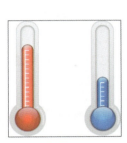
图 4-4-99

图 4-4-100

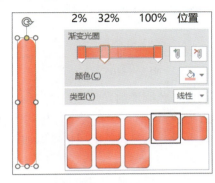
图 4-4-101

为了增强立体轮廓感，这里可以采用设置图形内部阴影的方法。如图4-4-102所示，单击"形状选项"下第二个"效果"图标，阴影的"预设"选择"内部：中"。阴影的"颜色"默认为黑色，设置"透明度"为20%，"模糊"值设为9磅。

第二步创建圆形，"填充"方式选择"渐变填充"，"类型"选择射线，"方向"选择从中心，如图4-4-103所示。"渐变光圈"的色标位置分别设在1%和100%处。左边的色标设为红色，RGB值为（255，0，0）；右边的色标设为暗红色，RGB值为（190，42，53）。然后设置"内部：中"阴影效果，"颜色"为深红色，RGB值为（133，29，36），"模糊"值设为9磅，如图4-4-104所示。

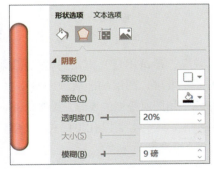
图 4-4-102

图 4-4-103

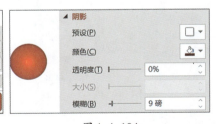
图 4-4-104

将圆形和圆角矩形按照如图4-4-105所示的位置摆放，原位新建外轮廓向外扩张的图形，并用"结合"方式进行形状合并。填充灰白色内部阴影，RGB值为（242，242，242），"透明度"设为50%，"模糊"值设为9磅，如图4-4-106所示。

使用同样的方法创建最外部轮廓形状，"填充"方式仍为"渐变填充"，"类型"选择线性，"方向"选择线性向下。"渐变光圈"的色标位置分别设在1%和100%处。左边的色标设为灰白色，RGB值为（242，242，242）；右边的色标设为浅灰色，RGB值为（217，217，217）。外轮廓采用"发光"效果来突出，"颜色"设为灰色，RGB值为（118，118，118），"大小"设为4磅，"透明度"设为60%，最

· 151 ·

终效果如图 4-4-107 所示。

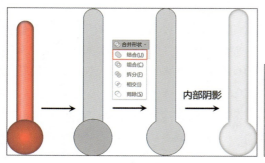
图 4-4-105

图 4-4-106

图 4-4-107

为了增强红色圆形的光泽感，可以创建一个椭圆形状，设置"渐变填充"方式，"类型"为线性，"方向"选择先行详细。左右两个色标均为白色，将1%位置处色标的"透明度"设为25%，效果如图 4-4-108 所示。外部灰色区域也可以加一些白色弧形，增加塑料质感，"透明度"可设为50%，如图 4-4-109 所示。

圆角矩形顶端的半圆处也可以添加透明渐变的椭圆形，以提升光泽。最后，用直线和对齐工具绘制温度刻度线，线条颜色选择白色更加有识别度，如图 4-4-110 所示。

图 4-4-108

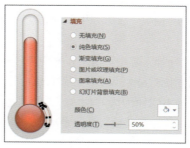
图 4-4-109

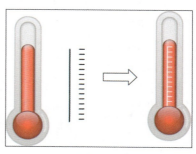
图 4-4-110

4.4.3.3　3D 蜂窝状孔道结构的绘制

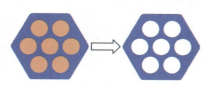
图 4-4-111

无论是用线条对轮廓进行勾勒，还是用渐变填充去模拟光影效果，实际上都是平面图形的图层堆砌，图层的前后顺序并不存在第三维上的坐标差异。PPT中除了用图层叠加法表现三维效果外，也提供了真实3D效果的简易绘制工具。本节以孔道结构的绘制为例进行具体讲解，见参考文件"蜂窝孔道.ppt"。

首先创建如图 4-4-111 所示的图形，外轮廓是一个圆角的正六边形，内部是7个呈蜂窝状排列的等径圆（可以用LvyhTools插件绘制，也可以手动对齐）。先选择六边形，按住"Shift"键加选内部的圆形，用"合并形状"中的"剪除"可得到多孔六边形图案。

在图形上单击鼠标右键，选择"设置形状格式"选项。在"形状选项"的"效果"图标下，有"三维格式"和"三维旋转"两个选项，如图 4-4-112 所示，即本节的主要讲解对象。

从多孔六边形生成孔道结构，只需要沿着垂直六边形所在平面的方向挤压一定厚度即可。PPT中对应于"三维格式"中的"深

图 4-4-112

度",例如,将深度的"大小"设为50磅,如图4-4-113所示。此时并不能看出三维效果,因为当前视角显示的是图形在屏幕平面上的投影。只需在"三维旋转"中设置"X/Y/Z旋转"的角度,即可看到三维的图形,例如,将三个旋转角度分别设为320°、10°和65°,结果如图4-4-114所示。侧面高度对应的就是"深度"值。

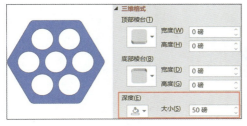

图4-4-113

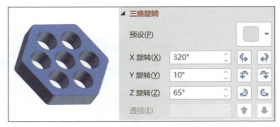

图4-4-114

除了自己设置角度外,也可以在"预设"中选择已有的视角,包括无旋转、平行、角度和倾斜四个选项,如图4-4-115所示。在后续讲解中,我们将统一使用平行中的"等角轴线:顶部朝上"视角,如图4-4-116所示。对应的X、Y、Z旋转角度分别为314.7°、324.6°和60.2°。

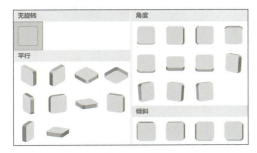

图4-4-115

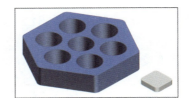

图4-4-116

通常在使用"三维格式"中的"深度"效果时,图形的轮廓"线条"一般设为无线条。如果轮廓为实线,轮廓线将与图形同时生成相同的"深度"。例如,将轮廓"线条"改为橙色,得到的三维效果如图4-4-117所示,并且线条的"宽度"会同步反映到孔道的截面轮廓上,得到类似于表面涂覆的孔道结构。

为了表现多种样式效果,"三维格式"中专门提供了不同的"材质"选项,如图4-4-118所示。这些"材质"包括标准、特殊效果、半透明,单击对应的图标即可切换。如图4-4-119所示列出了指定不同的材质时对应的孔道结构效果,其中亚光、塑料、柔边缘、线框、半透明粉是较为常见的选择。

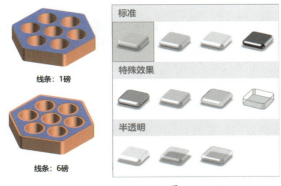

图4-4-117　　　　图4-4-118

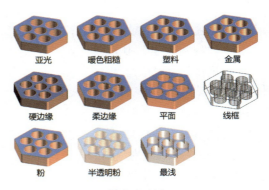

图4-4-119

除了"材质",也可以通过"光照"来调节图像的效果。"光照"类型可分为中性、暖调、冷调和特殊格式四类,如图4-4-120所示。例如,"材质"选择暖色粗糙,在不同的"光照"类型下孔道结构的效果如图4-4-121所示。如果图像的局部颜色过亮或过暗,还可以调节光照的"角度"来加以修正,"角度"值的范围在0°~359.9°变化。如图4-4-122所示是"材质"为暖色粗糙,"光照"类型为三点时,不同角度对应的效果。

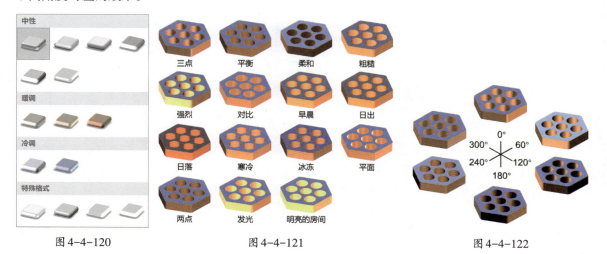

图4-4-120　　　　　　　图4-4-121　　　　　　　图4-4-122

4.4.3.4　从一个圆可以得到什么

PPT的"三维格式"中还有两个重要的参数,叫作"顶部棱台"和"底部棱台",如图4-4-123所示。"顶/底部棱台"类似于C4D中的"倒角外形",提供了如图4-4-124所示的12种棱台类型,分别为圆形、松散嵌入、十字形、斜面、角度、柔圆、凸起、图样、草皮、棱纹、硬边缘和凸圆形。每种类型均可通过"宽度"和"高度"两个数值控制参数来调节。

图4-4-123　　　　　　　　　　　　　　图4-4-124

例如,创建一个"高度"和"宽度"均为2厘米的圆形,"纯色填充"选择浅黄色,RGB值为(255,217,102)。"三维格式"中的"材料"选择暖色粗糙,"光源"类型选择三点,"角度"设为120°。然后在"三维旋转"中设置X、Y、Z的旋转角度分别为55°、124.5°和60°,得到如图4-4-125所示的圆柱体。

如果在设置棱台"高度"的同时还设置"宽度",例如,将底部棱台的"高度"和"宽度"均设为28.4磅,将得到如图4-4-126所示的半球形。顶部棱台也同样设置,即可得到球形。注意这里的棱台类型默认为圆形,28.4磅对应圆的半径(1 cm),也可以在输入框中输入"1厘米"后按"Enter"键,软件将自动换算成以磅做单位的数值。

图 4-4-125　　　　　　　　　　　　图 4-4-126

修改棱台的类型还将得到更多不同的效果，如图 4-4-127 所示是将底部棱台的"宽度"设为 28.4 磅、"高度"设为 56.8 磅的条件下，12 种棱台类型对应的结果。若和"三维格式"中的"深度"参数结合起来，可以得到更丰富的样式。例如，先设置棱台的"宽/高度"得到球体，再将"深度"设为 150 磅，可得到如图 4-4-128 所示的"金纳米棒"。从选框可以看出，图形尺寸仍是初始的 2 厘米 × 2 厘米，但显示结果却是三维棒状结构。

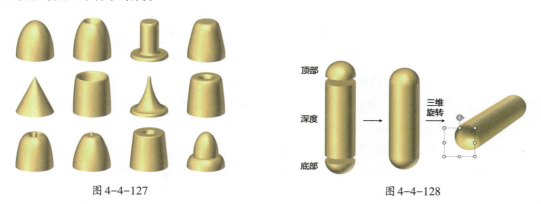

图 4-4-127　　　　　　　　　　　　图 4-4-128

更进一步，还可以将三维效果作为一个图层，和平面绘制相结合。如图 4-4-129 所示，将球形作为背底，用线条或合并形状法绘制出"切面"和"空腔"形状，然后根据实际光影效果进行"渐变填充"。每个色标的颜色可以用取色器工具在球形形状上直接吸取，也可以自行设定。注意背光的"切面"颜色稍暗一些，"空腔"可填充深色渐变。相邻切面的转角处应有较明显的转折。

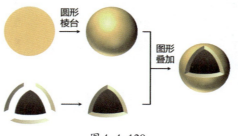

图 4-4-129

当然，PPT 中提供的三维工具是极其简单的。虽然有些插件如 ThreeD、Onekey 等在一定程度上有限拓展了 3D 绘图功能，但根本上还是基于 PPT 的图形显示算法，和其他软件的三维文件格式目前仍无法兼容。

第五章 生命科学中的3D可视化

05

从微观的分子生物学到介观的细胞生物学,再到宏观的动植物生态学,生命科学可视化是跨越多个尺度的视觉设计。而且由于生物体本身形态各异、结构多样,所以生命科学的可视化具有多层级和多样式的特点。从微观尺度来看,生物体是由大量的分子组成的。这些分子通过各种物理化学作用表现出特定的有序性,形成诸如细胞膜、微管、病毒等结构。如果用三维模型来表示,需要考虑有序排列的方式对应的软件工具,比如维度、分形、手性和对称性等。从宏观尺度来看,生物体的结构会显得更加复杂,不同的物种往往有不同的艺术呈现方式。平面手绘和三维建模是两种常见的选择,无论用何种方式,大量的设计经验和扎实的软件操作基础都是必不可少的。

本章主要以生命科学可视化中的常见图像为例,如 DNA、细胞、病毒、血管等,继续讲解三维和平面设计软件的用法。特别要注意的是,本章和第四章所介绍的可视化设计技巧是通用的,并非只针对某一个学科领域。在本章具体的案例讲解中,也会介绍同一工具在其他学科中的使用。

5.1 DNA 分子模型

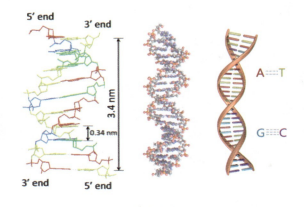

图 5-1-1

DNA（DeoxyriboNucleic Acid,脱氧核糖核酸）,是生命可视化领域中最常见的一种生物大分子。如无特别说明,DNA 一般指的是右手螺旋的 B-DNA,它是由重复的核苷酸单元组成的双螺旋长链聚合物。螺旋的直径约为 2.4 nm,碱基间距为 0.34 nm,一个螺旋含有 10 个碱基对,如图 5-1-1 所示（A、T、G、C 分别表示腺嘌呤、胸腺嘧啶、鸟嘌呤和胞嘧啶）。通常,DNA 分子有全原子模型和简化模型两种表现形式。前者需要借助专业的分子可视化软件（见第三章）,后者可以用平面或三维设计软件来实现。

5.1.1 全原子 DNA 模型

本节将介绍 DNA 全原子模型的创建方法，使用软件为 ChimeraX。首先，我们需要有一个 DNA 分子文件。打开 ChimeraX 软件，单击"File"菜单下的"Open"选项，打开"DNA.pdb"文件。如图 5-1-2 所示，按住鼠标左键拖动可以旋转视图，滑动鼠标滚轮可以缩放视图，按住鼠标中键拖动可以移动视图。

默认的显示方式是 Cartoon 类型，此外还有两种不同的显示类型。单击"Presets"菜单的"Initial Styles"→"Sticks"或"Space-Filling"选项，可以得到如图 5-1-3 所示的显示结果。这里选用第二种全原子显示的模式。

ChimeraX 软件中提供了四种分子结构类型，在"Actions"菜单的"Atoms/Bonds"选项中可以设置，分别为 Stick、Ball & Stick 和 Sphere，如图 5-1-4 所示。关于原子大小和颜色的设置请参考 3.4 节内容。

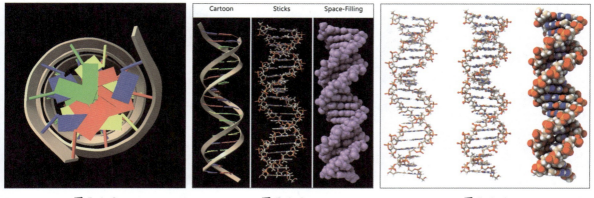

图 5-1-2　　　　　　图 5-1-3　　　　　　图 5-1-4

设置完成后，可以单击"File"菜单下的"Save"选项，在弹出的对话框中设置保存路径、文件名称和文件格式。图片通常选择透明背景的 PNG 格式，并选中"Transparent background"选项。"Size"中可以设置图像的尺寸，然后单击"Save"按钮保存，如图 5-1-5 所示。

最后可在 PowerPoint 或 Photoshop 中添加文字和标注，得到最终的示意图，如图 5-1-6 所示。

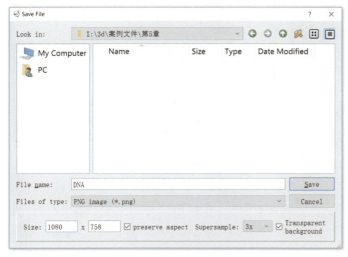

图 5-1-5

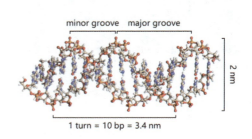

图 5-1-6

5.1.2 简化 DNA 模型

本节将介绍 DNA 分子的一般二维图像和三维模型的绘制方法，实际绘图中可根据需要选择不同的表现形式。

5.1.2.1 二维图形画法

DNA 的简化示意图有多种表示方式，使用的软件也并不唯一，但无一例外都会体现出双螺旋的结构特征。本节以 Adobe Illustrator（AI）中的画法为例，讲解如图 5-1-7 所示的 DNA 示意图的绘制过程。

如果不考虑碱基的差异，DNA 可以看作是重复的螺旋结构。因此，以上示意图可以分解成图形单元沿特定路径重复一定次数的结果。绘制时只需要画出一个螺旋的图案，然后沿样条曲线复制即可。在 AI 软件中，可以将重复单元的图形保存为自定义画笔，绘图时直接应用于曲线就能得到 DNA 图案。本例中重复单元的图案如图 5-1-8 所示。

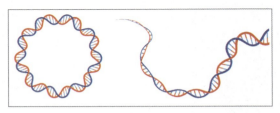

图 5-1-7

图 5-1-8

步骤一 打开 AI 软件，单击"文件"菜单中的"新建"选项（快捷键"Ctrl+N"）。设置好宽度和高度的像素值（1200 px × 1200 px），然后单击"创建"按钮，新建一个空白文档，如图 5-1-9 所示。

步骤二 单击左侧工具栏中的直线段工具图标，在空白画布中绘制水平的线段，绘制时按住"Shift"键可以绘制水平、竖直或 45°角方向的线。然后用选择工具选择线段，在右侧属性面板中设置线段宽为 600 px，如图 5-1-10 所示。

图 5-1-9

图 5-1-10

步骤三 单击"效果"菜单中的"扭曲和变换"→"波纹效果"，在弹出的对话框中设置"大小"为 40 px，"每段的隆起数"为 2，选中"点"区域的"平滑"和"预览"选项，然后单击"确定"按钮，得到如图 5-1-11 所示的波浪线。

步骤四 在外观属性中设置线条"描边"的值为 20 pt，颜色设置为（R：46，G：49，B：146），如

图 5-1-12 所示。

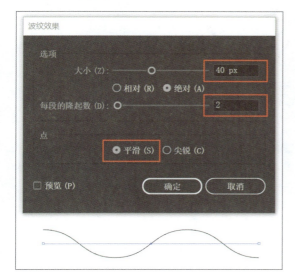

图 5-1-11

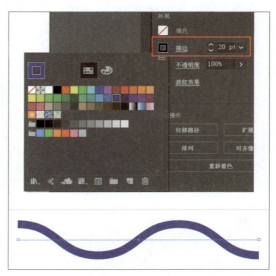

图 5-1-12

步骤五 将画好的波浪线转化为非线条图案。单击"对象"菜单中的"扩展外观"选项，将直线转为波浪线；再次单击"对象"菜单中的"扩展"选项，将波浪线转为波浪状图形。如图 5-1-13 所示，注意选框边界的变化。

步骤六 创建一个宽 400 px 的矩形，和波浪图形相交求交集。按住"Shift"键在画布中依次选择两个图形后，单击右侧路径查找器中的 ▣ 图标，得到如图 5-1-14 所示的结果。

步骤七 将得到的波浪形原位复制一个（先按"Ctrl+C"组合键，再按"Ctrl+Shift+V"组合键），然后旋转 180°（属性面板的变换中将角度加／减 180°），填充为红色。这里要考虑双螺旋结构呈现到二维平面上时，两条螺旋线互相之间有交错。可以将其中一个波浪形状和矩形求交集，得到的图形覆盖到原来的图层上，得到交错的视觉效果，如图 5-1-15 所示。

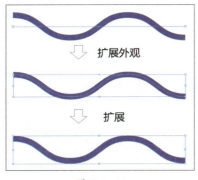

图 5-1-13

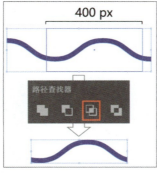

图 5-1-14

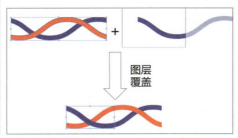

图 5-1-15

步骤八 绘制双色矩形作为碱基对，按照如图 5-1-16 所示进行排列，所有的碱基对可以选中后组合在一起（快捷键"Ctrl+G"）。至此，DNA 螺旋的重复图案单元就画好了。

步骤九 选中绘制好的重复单元图案，按快捷键"F5"弹出画笔面板，选择"新建画笔"选项，如图 5-1-17 所示。然后选择"图案画笔"，单击"确定"按钮，如图 5-1-18 所示。在弹出的"图案画笔选项"对话框中默认选中"伸展以适合"，再单击"确定"按钮，如图 5-1-19 所示。

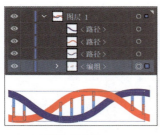 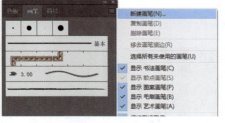 

图 5-1-16　　　　　　　　　　图 5-1-17　　　　　　　　　　图 5-1-18

步骤十　画笔设置完成后可以在画笔中显示，单击 打开画笔库菜单列表，选择"保存画笔"选项，如图 5-1-20 所示。在打开的"将画笔存储为库"窗口中设置保存的"路径"和"文件名"，"保存类型"选择"画笔文件（*.ai）"，如图 5-1-21 所示。以后使用时可以在"用户定义"中调用该画笔。

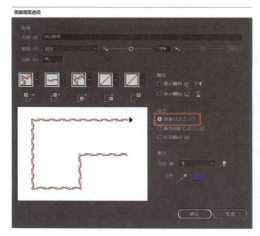 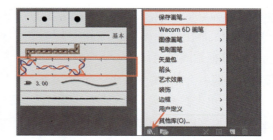

图 5-1-19　　　　　　　　　　　　　　　　　　　　图 5-1-20

步骤十一　绘制 DNA 时只需要绘制出样条曲线，如圆形，然后单击"DNA 画笔"就能自动得到环状 DNA，如图 5-1-22 所示。在属性面板调节"描边"的数值可以改变重复单元图案的大小，从而获得不同的重复数。如果在"描边"属性中将宽度"配置文件"由"等比"改为如图 5-1-23 所示的形状，将得到由粗到细的渐变式 DNA 图案，并且在绘制完成后，改变样条的形状，DNA 图案也会跟着一起改变。

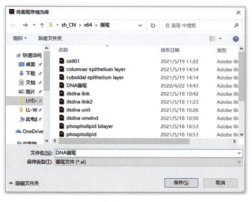 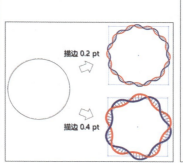 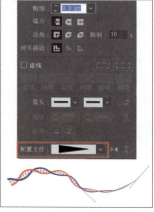

图 5-1-21　　　　　　　　图 5-1-22　　　　　　　　图 5-1-23

5.1.2.2 三维模型画法

DNA双螺旋在三维软件中的构建方式有多种，以C4D为例，可以用螺旋线挤出、路径旋转扫描、线性克隆旋转、扭曲变形器等方法来实现。本例我们使用的是扭曲变形器的方法，思路如图5-1-24所示。

步骤一 创建平面对象，在属性窗口中设置对象属性为："宽度"2500 cm，"高度"300 cm，"宽度分段"20，"高度分段"1，"方向"为+X。

步骤二 添加扭曲变形器到平面对象的子层级，在其对象属性中单击"匹配到父级"按钮，使得变形器范围框与对象尺寸相匹配。设置螺旋的"角度"为540°，结果如图5-1-25所示。

步骤三 在对象窗口中右击平面对象，选择"当前状态转对象"图标选项，得到多边形对象，然后将原来的平面和扭曲对象取消启用，如图5-1-26所示。

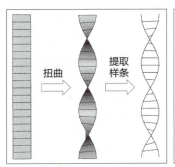
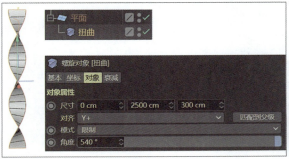

图5-1-24　　　　　　　　图5-1-25　　　　　　　　图5-1-26

接下来一般有两种方法，一种是直接添加晶格生成器，得到如图5-1-27所示的球棍模型。晶格的对象属性为："圆柱半径"20 cm，"球体半径"50 cm，"细分数"16。

另外一种方法是根据现有的多边形对象提取出样条，再使用融球或扫描生成器来塑形，具体步骤如下。

步骤一 选择多边形对象，左侧工具栏切换到边模式，在视图区按"Ctrl+A"组合键全选所有边。然后按住"Ctrl"键依次单击上下两根短边减选。在视图空白区域单击鼠标右键，选择"提取样条"选项，结果如图5-1-28所示。

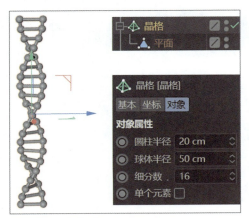
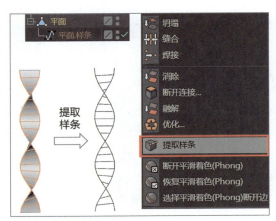

图5-1-27　　　　　　　　　　　　　　图5-1-28

步骤二 将多边形对象隐藏显示（基本属性中关闭编辑器可见），给提取的样条对象添加融球生成器，如图5-1-29所示。融球的对象属性设置为："外壳数值"400%，"编辑器细分"和"渲染器细分"均为10 cm。

融球的细分值表示的是网格划分的大小，可理解为模型的分辨率。外壳数值可理解为表面张力，最大数值设定为1000%。当"编辑器细分"为20 cm时，"外壳数值"由100%逐渐增加到1000%，模型的变化如图5-1-30所示。注意，使用融球生成器时，初始对象的尺寸对融球的对象属性参数有决定性的影响。但在体积生成建模法出现后，融球生成器基本很少再使用。

步骤三 如果需要绘制弯曲的DNA，可以添加样条约束变形器。使用该变形器时需注意其对象属性中的轴向要和模型的长轴方向一致（此处为+Y），如图5-1-31所示。样条选框中添加绘制的任意样条对象，模型就会沿着该样条发生变形，如图5-1-32所示。

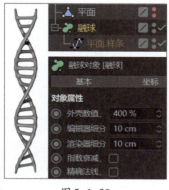
图5-1-29

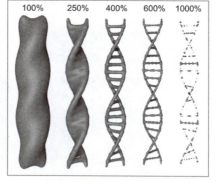
图5-1-30

图5-1-31

更多的变化可以在样条约束的对象属性中调节"尺寸"和"旋转"曲线，得到沿路径缩放和沿路径扭转的效果，分别如图5-1-33和图5-1-34所示。

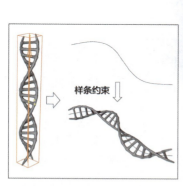
图5-1-32

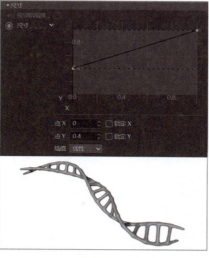
图5-1-33

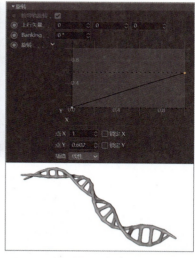
图5-1-34

> **注意** 本例采用的方法忽略了DNA双螺旋结构中大沟和小沟的差别，仅做一般示意用。

5.2 细胞、细菌和病毒

薛定谔在《生命是什么》一书中曾提到"一个有机体为了避免衰退带来的'惰性平衡态',于是便显出活力"。这种所谓的"惰性平衡态"指的其实是最大熵的状态,也可以理解为从有序向无序的转变。任何有机体都可以看作是有序和无序的结合。之所以这样说,一方面是因为执行生命基本功能的构造均有一定的有序性。如同一台台精密的机器,共同构建起整座生命工厂。与此相关的设计应将这种有序性考虑在内,在某些场景中或可基于此进一步发挥和创造。如图5-2-1所示的"细胞工厂"就是典型的艺术化设计案例。

另一方面,由于生命直接面对的是变化多端的环境。各种生命活动均要求生物体具备随环境变化及时作出响应和调整的能力。绝对的有序是难以做到这一点的。从根本上来说,生命体的无序性体现为分子的统计热力学行为,分子的布朗运动本身就是一种无序的运动。例如,细胞膜的流动可以完成分裂、融合、胞吞、胞吐等一系列功能,膜表面的蛋白质和糖脂分子可以在细胞表面随机分布。冠状病毒包膜上的刺突蛋白分布也具有同样的特征,所以设计师在绘制相关图像时,可以根据画面的美感来调整蛋白分布的相对位置,如图5-2-2所示,这是无序带来的创作自由。

图 5-2-1

图 5-2-2

在某些专门的可视化设计软件中,通过引入动力学和统计热力学的计算,使得表达结果更具科学准确性。本节主要以典型的细胞、细菌和病毒模型为出发点,在讲解具体案例之前,先介绍三维软件C4D中的运动图形工具(以克隆工具为主)在构建有序和无序结构中的应用。

5.2.1 运动图形的克隆工具

克隆工具是C4D软件中使用频率最高的工具之一,在很多重复性排列的模型创建中都可发挥重要作用。本节将以细胞或亚细胞结构为例,详细讲解克隆工具的具体类型及其与效果器、域对象、选集等搭配使用的方法。

5.2.1.1 细胞膜的克隆

细胞膜主要是由磷脂分子构成的双分子层,表面还分布有糖脂、糖蛋白和一些通道蛋白等,如图5-2-3所示。由于磷脂分子的结构比较复杂,在绘制细胞膜时通常用简化的模型代替。通常,磷脂分子的亲水头部可简化为一个球体,疏水尾部可简化为两根线条状结构。

例如，在PPT中，可以绘制一个圆形和两个波浪条形的形状组合成一个"磷脂分子"（组合键"Ctrl+G"），如图5-2-4所示。

复制后旋转180°，再次组合，如图5-2-5所示。然后用Onekey插件中的"矩式复制"工具整体复制，得到1行10列的双分子层状结构。如果没有Onekey插件，也可以多次复制（按"Ctrl+C"和"Ctrl+V"组合键），然后用对齐工具进行排列。

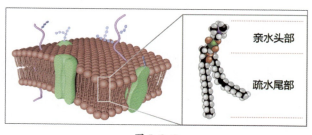

图 5-2-3

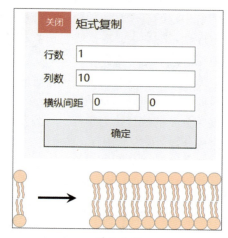

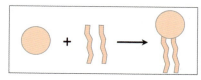

图 5-2-4

图 5-2-5

选中整行双分子层结构再次组合为整体，按"Ctrl+C"和"Ctrl+V"组合键复制多次，得到如图5-2-6所示的效果。每行相对于上一行向右下方偏移，并有部分遮挡，形成前后图层关系。本例为了排列整齐和操作的简便，无须考虑"近大远小"的透视关系，可看作是平行视图效果。

为了进一步体现层次感，可以对每一层磷脂双分子层进行不同的颜色填充。具体可先创建同一色系的渐变颜色条，然后每一层选择纯色填充，用取色器由深到浅依次着色，得到如图5-2-7所示的效果。

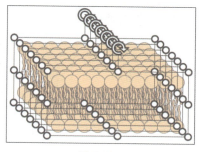

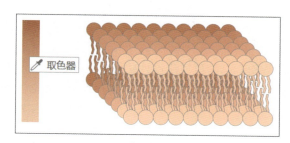

图 5-2-6

图 5-2-7

三维软件中的建模思路与之类似，但是相比于平面设计类软件，三维建模的灵活性更高，可轻松实现更加复杂的效果。磷脂分子的排列方式除了基础的网格状排列外，还可以实现蜂窝状阵列、随机分布、高低错落等多种样式。膜的形状也不再局限于平面，可以是任意外形的表面。下面讲解C4D中创建细胞膜结构的详细过程。

具体用到的是"运动图形"菜单中的克隆，它是最重要的运动图形工具，通过本案例的学习可以很好地掌握该工具的用法。在C4D科研绘图中，克隆的使用范围非常广。其功能是将对象复制后并按照不同的方式进行排列，基本的克隆模式有5种，对象、线性、放射、网格排列和蜂窝阵列，如图5-2-8所示。

创建一个球体对象作为磷脂分子的亲水头部，对象属性设置为：半径20 cm，分段12，类型为六面体。疏水尾部可以用样条扫描来创建，截面为一个八边形，注意样条对象的插值分段不要太高（"点插值方式"可选择统一，"数量"设为1）。因为克隆工具会大批量复制对象，如果单个对象的分段数过高，软件的场景信息存储会呈几何数量级增长。双分子模型创建完成后，可以创建一个空白对象将其组合起来，方便后面的克隆操作，其层级关系如图5-2-9所示。

创建克隆对象，添加为上述空白组合对象的父层级。在对象属性中，设置克隆"模式"为线性。该模式下对象将沿着某一方向进行克隆，具体的方向通过"位置.X/Y/Z"设置，例如，这里设置"位置.X"为50 cm，克隆将沿X正方向每隔50 cm进行一次，如图5-2-10所示。

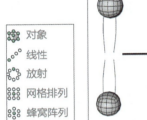

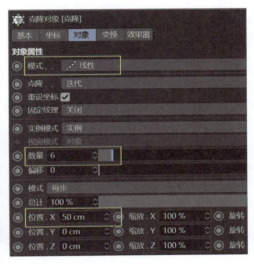

图5-2-8　　　　　　图5-2-9　　　　　　　　　　　图5-2-10

克隆的"数量"设为6，结果如图5-2-11所示。通过调节"数量"和"位置.X"的值，可以得到细胞膜截面的磷脂双分子层结构，如图5-2-12所示。

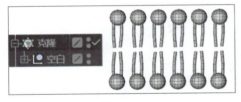

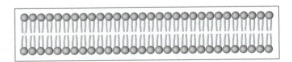

图5-2-11　　　　　　　　　　　　　　图5-2-12

进一步地，可以设置"步幅旋转.B"的值，在线性克隆的同时发生角度的偏转，得到弯曲的细胞膜结构。例如，克隆的"数量"为30时，"步幅旋转.B"的值分别设为3°、6°和12°，则总的偏转角度分别为90°、180°和360°，得到的结果如图5-2-13所示。但该方法不适宜总偏转角度过大，否则会造成内外层分子过疏或过密。

如果将线性克隆同时扩展到X、Y、Z三个维度上，将得到网格排列的克隆模式，如图5-2-14所示。该模式下对象的克隆"数量"有三个数值，分别对应X、Y、Z轴三个方向，根据C4D的坐标轴向进行相应的设置。除了设置"数量"，还需要设置"尺寸"，来确定最终克隆结果的范围。当生长"模式"为每步时，"尺寸"表示相邻两个克隆对象的距离；当"模式"为端点时，"尺寸"表示首尾两个克隆对象之间的距离。

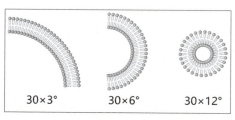

图 5-2-13

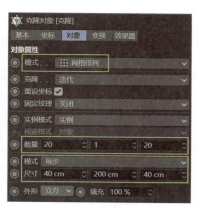

图 5-2-14

例如，这里设置"数量"为20、1、20，表示在 X 和 Z 方向各克隆20次，得到20×20的二维矩阵。生长"模式"设为每步，"尺寸"设为40 cm、200 cm、40 cm（注意当"数量"为1时，"尺寸"不体现在克隆结果中），最终结果如图5-2-15所示。

与网格排列类似的还有蜂窝阵列模式，该模式可以让对象在某一平面上按照六边形蜂窝状进行排列。例如，这里要得到XZ平面上的蜂窝阵列，对象属性中的"角度"可以设为Y(XZ)。"宽/高数量"和"宽/高尺寸"的数值可以根据视图中的效果来调节，如图5-2-16所示。

网格排列和蜂窝阵列两种模式的区别如图5-2-17所示，前者得到的是四边形排列，后者得到的是三角形排列。

图 5-2-15

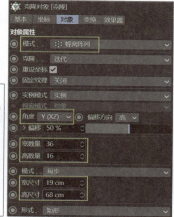

图 5-2-16

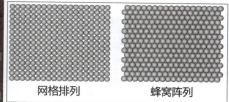

图 5-2-17

以上两种克隆模式在具有周期性结构的对象创建中有较多应用，比如网格框架、点阵、石墨烯分子、二硫化钼层状分子等，如图5-2-18和图5-2-19所示。

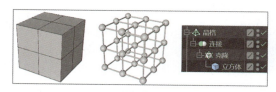

图 5-2-18

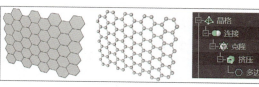

图 5-2-19

然而，无论是线性、放射模式，还是网格排列、蜂窝阵列模式，克隆的执行都是按照有规律的数值计算进行，适用的情形比较有限。当涉及一些特殊的排列方式，如球面排列时，用上述克隆模式则难以实现。面对这样的情形，对象模式的克隆是最好的选择。

直接将克隆"模式"改为对象后并不能看到其效果，需要在"对象"栏添加相应的对象才可以，如图 5-2-20 所示。添加的对象可以是点（包括粒子）、样条、多边形等，添加方式为在对象窗口单击鼠标左键，按住对象名称并拖动到"对象"栏，或者单击"对象"栏后面的 图标，然后在对象窗口单击需要添加的对象。

例如，在"对象"栏添加平面对象后，下方会多出如图 5-2-21 所示的"分布""数量"等参数，视图窗口中也会显示克隆的结果。"分布"方式默认为表面，"数量"默认为 20，表示在平面对象的表面随机克隆 20 个磷脂双分子模型。

"分布"方式除了表面外，还有顶点、边、多边形中心、体积、轴心等多种选择，如图 5-2-22 所示。作图时根据实际需要进行选择，顶点分布是使用较多的一种分布方式。

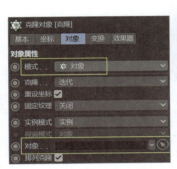

图 5-2-20

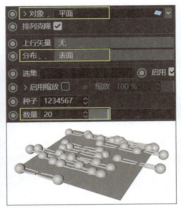

图 5-2-21

图 5-2-22

举个具体的例子，还是以上面的磷脂双分子作为克隆的子对象，如何创建如图 5-2-23 所示的半球状磷脂双分子层囊泡模型。

首先创建一个球体对象，"半径"默认为 100 cm，"分段"默认为 16，类型改为半球体，旋转至如图 5-2-24 所示的角度。然后添加重构网格生成器，该生成器的作用是对模型进行重新布线。在对象属性中将"多边形类型"设为三角，"网格密度"增至 250%，然后选中"保持轮廓"选项，如图 5-2-25 所示。

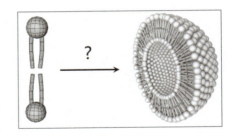

图 5-2-23

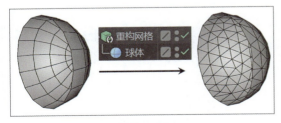

图 5-2-24

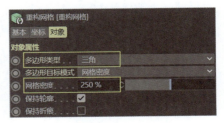

图 5-2-25

克隆时"对象"栏选择重构网格对象，"分布"方式改为顶点，得到的结果如图 5-2-26 所示。虽然是在每个顶点处进行的克隆，但克隆对象的角度显得比较混乱。且每个分子中球的尺寸偏大，整体显得过于拥挤。

调整的方式是在克隆对象的"变换"菜单中,先将"旋转.P"的值改为90°,可以看到所有的分子均垂直于半球面(沿着顶点的法线方向)。然后将"缩放.X/Y/Z"的值均改为0.35,相当于将每个克隆对象缩小到原来的35%,如图5-2-27所示。"变换"菜单中的"位置""缩放"和"旋转"可以控制每个单独的克隆子对象进行统一的变化,而子对象自身的坐标变化并不会对克隆结果造成影响。

图 5-2-26

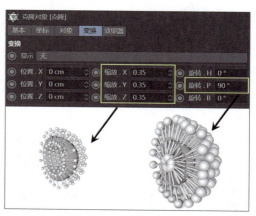

图 5-2-27

磷脂分子的分布密度直接取决于半球面的网格密度,可以通过修改球体对象的"分段"或重构网格对象的"网格密度"来调节。如图5-2-28所示就是不同的球体"分段"数对应的克隆结果,最后可以将半球面隐藏显示。

为了让内外疏密程度不要相差太大,可以将内部的球体半径适当减小,外部球体半径适当增大。只需要在克隆子对象中修改即可,如图5-2-29所示。

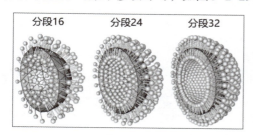

图 5-2-28

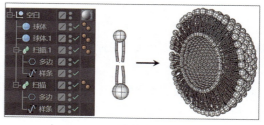

图 5-2-29

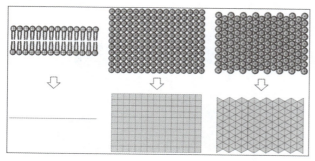

图 5-2-30

有了对象模式的克隆后,之前的模式都可以简化为在某一具体对象表面或顶点处的克隆。例如,线性模式可看作是沿着一根直线的对象克隆,网格排列和蜂窝阵列分别可以看作是在四边形和三角形网格状平面的顶点位置处进行克隆,如图5-2-30所示。

利用对象模式的克隆还可以带来两点好处:一是只需要编辑底层的对象就能影响最终的克隆结果,例如,给平面添加置换变形器,置换着色器使用噪波贴图,然后克隆可以得到起伏的细胞膜,如图5-2-31所示;或添加弯曲变形器,克隆可以得到弧形的细胞膜,如图5-2-32所示。

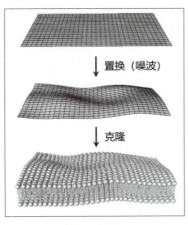

图 5-2-31

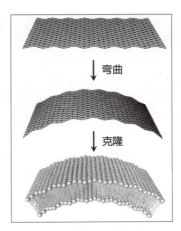

图 5-2-32

二是可以设置选集，让克隆只针对选集所包含的对象起作用。由于选集的设置是对多边形对象而言的，所以先要将对象转为可编辑多边形，然后进入相应的模式下设置选集。例如，将平面对象转为可编辑多边形（快捷键"C"），然后切换到点模式，用选择工具在平面上选择相应的点。接着单击"选择"菜单中的"设置选集"选项，在对象窗口的"平面"对象后可以看到"点选集"图标 ，如图 5-2-33 所示。克隆时除了将"分布"方式设为顶点外，还需要将"点选集"图标拖到"选集"栏中，结果如图 5-2-34 所示。选集让对象克隆具有更高的可控性，特别是对于需要在指定位置克隆的场景中，选集的设置尤为关键。

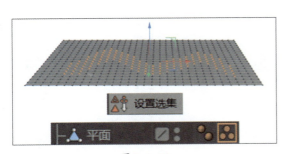

图 5-2-33

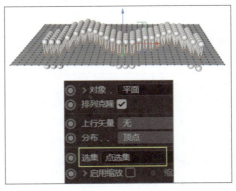

图 5-2-34

5.2.1.2 克隆与随机效果器

由 5.2.1.1 节的内容可知，克隆工具在创建有序的组装体时展现出强大的功能。但如果要体现其不规则的一面，还需要借助其他的工具——随机效果器。

克隆对象的属性中有一个"效果器"菜单，可以添加各种类型的效果器，包括简易、推散、随机、步幅等，如图 5-2-35 所示。效果器可以理解为更高级的坐标变换，让运动图形子对象的位置、缩放和旋转的变化有了更多的可能性。用户甚至可以添加 Python 效果器用自设的编程语言来控制。

以球面随机散布颗粒为例。首先创建一个球体对象，"半径"设为 100 cm，"分段"设为 16，"类型"设为二十面体。然后创建一个"半径"为 10 cm 的球体对象，命名为"颗粒"。使用对象模式的克隆在大球的顶点位置分布"颗粒"（"分布"方式选择顶点），结果如图 5-2-36 所示。由于二十面体类型的球体对象表面是均匀的顶点分布，所以得到的"颗粒"分布也是均匀的。

图 5-2-35

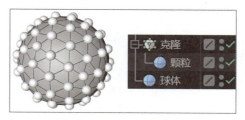

图 5-2-36

若要得到随机分布的"颗粒",最简单的方法是在克隆对象的"变换"属性中改变"位置"的值。注意这里位置的 X、Y、Z 方向与世界坐标不同,而是分别对应于曲面的 U(水平)、V(竖直)、N(法线)方向。适当改变"位置.X/Y/Z"的值即可得到"颗粒"随机分布的效果,如图 5-2-37 所示。

除了"位置"的变换外,"缩放"和"旋转"也可以赋予克隆对象更多的形状和角度上的变化,例如,拉伸和压缩可以得到锥状或片状结构,旋转可以使片状贴合或垂直于球面等,如图 5-2-38 所示。

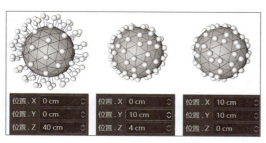

图 5-2-37

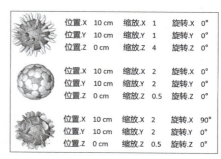

图 5-2-38

但是基于变换得到的"随机"并非真正的随机效果,特别是"缩放"和"旋转"时,无法同时得到大小不一的颗粒,也无法实现颗粒从平行于表面到垂直于表面的随机角度分布。而解决这一问题的办法就是给克隆对象添加随机效果器。

在对象窗口选中克隆对象,单击"运动图形"菜单中的"效果器"→"随机"选项,即可创建随机效果器对象并直接添加到克隆对象的"效果器"一栏中,如图 5-2-39 所示。如果效果器对象是单独创建的,则需要将其拖曳入克隆对象的"效果器"栏中才会发挥作用。添加完效果器后可以通过百分比数值来控制其产生作用的权重,默认为 100%。

单击随机效果器对象,在属性窗口的"参数"属性下同样有"位置""缩放"和"旋转"变换的参数。默认选中的是"位置"参数,这里的 P.X、P.Y 和 P.Z 同样分别对应于局部曲面的 U、V 和 N 方向,但变换的数值符合随机分布的特点。如图 5-2-40 所示,"P.Z"为 50 cm 表示"颗粒"沿法线方向的偏移值为 –50 cm 到 +50 cm 的随机值。

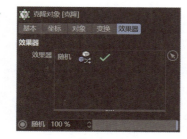

图 5-2-39

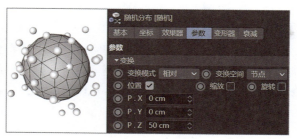

图 5-2-40

若取消选中"位置",改为选中"缩放"。然后选中"等比缩放"选项,"缩放"值设为 1,就能得到如图5-2-41所示的颗粒大小不一的效果。

将上面的球体颗粒换成不规则的样条，然后添加随机效果器，选中"旋转"，将"R.H"的值设为360°，得到球面随机分布线条的效果，如图5-2-42所示。

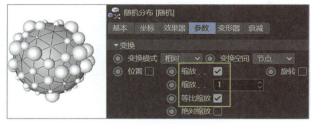

图5-2-41

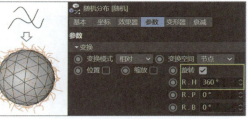

图5-2-42

结合体积生成和体积网格，可以得到如图5-2-43所示的造型。在体积生成的对象属性中，"体素类型"设为SDF，"体素尺寸"设为2 cm。"对象"栏中依次添加SDF平滑、克隆对象和球体对象。其中，球体对象选中"完美参数体"；克隆对象选择"加模式"，"半径"设为6 cm，"密度"设为1；SDF平滑的滤镜"强度"设为50%，其余参数不变，如图5-2-44所示。

表面除了随机的样条，还可以添加一些随机分布的"宝石"对象。同样用对象模式的克隆，"分布"方式选择表面，"数量"可设为500左右。然后用随机效果器得到大小不一的效果，后面的体积生成步骤同上，结果如图5-2-45所示。

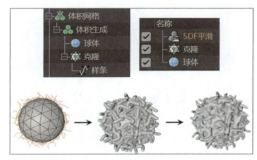

图5-2-43

这类结构可以作为有机微生物的示意图，适合添加C4D自带的"CHEEN-有机物"材质。在材质窗口单击"创建"菜单下的"扩展"→"CHEEN-有机物"选项，如图5-2-46所示。

图5-2-44

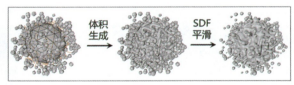

图5-2-45

图5-2-46

双击材质球，在"材质编辑器"窗口中单击"粗糙"选项，在其属性中设置合适的"振幅"和"缩放"值即可，如"振幅"为50%，"缩放"为25%，如图5-2-47所示。

最终渲染结果如图5-2-48所示，深色背景下效果更佳。

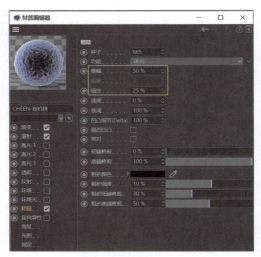

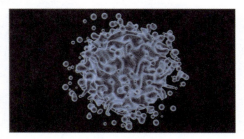

图5-2-47　　　　　　　　　　　　　　　图5-2-48

5.2.1.3　运动图形选集的使用

在使用运动图形时，有一个重要的配合工具叫运动图形选集。和多边形建模中的点、边、多边形选集不同的是，运动图形选集只针对运动图形对象起作用。例如，给克隆对象设置运动图形选集，添加效果器时可以有选择地只让选集内的克隆对象发生变化。

下面举个简单的例子，细胞中有一类细胞器叫内质网。内质网可以分为粗面内质网和滑面内质网两种，其区别是表面是否结合有核糖体颗粒。在三维建模时这些核糖体颗粒可以用表面克隆的方式创建。

以半径为100 cm的球体作为参考，在顶视图绘制如图5-2-49所示的样条。在样条的对象属性中，选中"闭合样条"，"点插值方式"设为统一，"数量"设为16。样条的"类型"设为贝塞尔，可以用贝塞尔控制杆调节每个点的曲率。

保持点模式下，在视图空白处单击鼠标右键，选择"创建轮廓"选项。然后在属性窗口设置轮廓的"距离"为-5 cm，负值表示向内，正值表示向外，单击"应用"按钮，效果如图5-2-50所示。

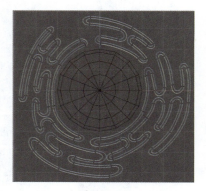

图5-2-49　　　　　　　　　　　　　　　图5-2-50

按快捷键"F1"切换到透视图，添加挤压生成器，沿着Y轴方向挤压一定的厚度，如图5-2-51

所示。挤压对象的"偏移"值设为30 cm,"细分数"设为7。因为之前已经设置了统一的点插值方式,所以在挤压对象的侧面可以看到划分规整的方形网格。另外,在挤压对象的"封盖"属性中设置"封盖类型"为Delaunay,可以在封顶和封底处看到三角形的网格。这样设置的目的是让模型表面的结构线尽量分布均匀,降低由于多边形分布不均给克隆带来的影响。

接下来在挤压对象表面克隆"核糖体"球形颗粒,球体的"半径"可设为1.5。克隆的"模式"选择对象,"分布"方式为表面,"数量"可设为1000,如图5-2-52所示。

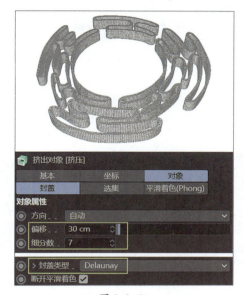

图 5-2-51

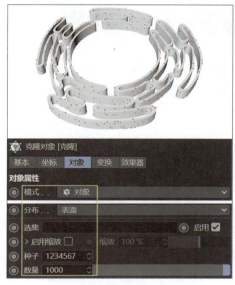

图 5-2-52

给克隆对象添加简易效果器,添加方式参照5.2.1.2节中的随机效果器。选中简易效果器变换属性中的"缩放",选中"等比缩放","缩放"值设为-1,如图5-2-53所示。相当于所有的克隆对象相对自身坐标缩小100%,即"消失"不见,结果如图5-2-54所示。

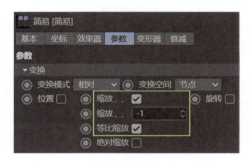

图 5-2-53

图 5-2-54

按快捷键"F2"切换到顶视图,选择克隆对象后单击"运动图形"菜单中的"运动图形选集"选项,在属性窗口可以看到如图5-2-55所示的属性。"模式"默认为笔刷,将笔刷"半径"设为15,鼠标指针移至视图区,指针呈现为白色圆圈状。克隆对象的位置显示为一个个褐色的圆点,单击鼠标左键并按住拖动可以刷选,刷选过的区域圆点呈黄色,如图5-2-56所示。刷选的同时按住"Shift"键可以加选,按住"Ctrl"键可以减选。松开鼠标后会在克隆对象后面看到 的图标,即"运动图形选集",如图5-2-57所示。

图 5-2-55　　　　　　　图 5-2-56　　　　　　　图 5-2-57

在对象窗口选中简易效果器对象,在其"效果器"属性中有"选择"一栏,如图5-2-58所示。单击并按住"运动图形选集"图标 直接拖到"选择"栏中,表示简易效果器只对该运动图形选集内的克隆对象起作用。

再次按"F1"键切回透视图,结果如图5-2-59所示。可以看到内圈靠近细胞核的内质网表面负载有"核糖体"颗粒,逐渐过渡到外圈时,颗粒消失。这就是运动图形选集带来的效果,在其他运动图形对象(如破碎)中同样适用。

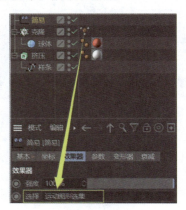
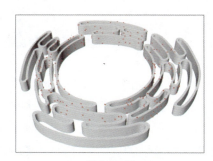

图 5-2-58　　　　　　　　　　　　　图 5-2-59

5.2.1.4　衰减和域对象

在C4D中有一类专门的域对象,其图标颜色为紫色,如图5-2-60所示。这是自R20版本后专门推出的一类对象,可以对变形器、效果器、选集、顶点贴图等对象的作用范围及强度进一步进行调控,得到更加丰富的变化。常见的如线性域、球体域、随机域等。

下面用一个微管组装的例子来讲解域对象的使用方法,最终效果如图5-2-61所示。微管是真核细胞中普遍存在的一种结构。由α和β两种微管蛋白亚基先形成二聚体,然后首尾连接形成螺旋状纤维管状。

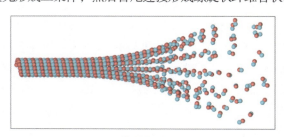

图 5-2-60　　　　　　　　　　　　　图 5-2-61

微管是细胞中一类典型的有序结构，结构单元为蛋白二聚体，这里可用红蓝二色的球体来表示。螺旋管状结构可以直接由线性模式的克隆得到，具体操作步骤如下。

首先，创建两个"半径"为 20 cm 的球体对象，分别添加红色和蓝色材质。两个球体的坐标分别为（0，0，0）和（40，0，0），单位为 cm，如图 5-2-62 所示。

创建空白对象，将两个球体对象作为其子层级。然后整体进行克隆，克隆"模式"选择线性，由于一圈微管有 13 条微管蛋白首尾相续连成的原纤维，所以克隆"数量"设为 13。默认的克隆方向是 Y 方向，根据球体半径，这里将"位置.Y"的值设为 40 cm，得到如图 5-2-63 所示的结果。

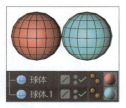

图 5-2-62

如果要形成螺旋的管状，首先应让 13 个克隆对象围绕成一圈。方法是设置"步幅旋转"的值，这里可以在"步幅旋转.P"数值栏中输入"360/13"，然后按"Enter"键，计算的度数为 27.692°。然后需要让一圈的首尾错开一定距离，继续增加克隆"数量"才会出现螺旋效果。根据球体半径为 20 cm 可知，错位值应为 80 cm，所以在"位置.X"数值栏输入"80/13"，按"Enter"键得到每步克隆的位置.X 为 6.154 cm，如图 5-2-64 所示。

将克隆"数量"增加至 300，得到螺旋管状结构。适当增加球体的初始"半径"，如 25 cm，以减少螺旋管的空隙，如图 5-2-65 所示。

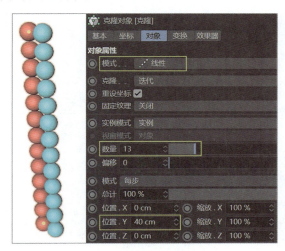

图 5-2-63

图 5-2-64

图 5-2-65

接下来要让微管的一端以蛋白二聚体为单位分散开，形成逐渐组装的过程示意。方法是直接给克隆对象添加推散效果器，在"效果器"属性中设置"半径"的值可以观察推散的效果，如图 5-2-66 所示，这里可将"半径"的值设为 80 cm。

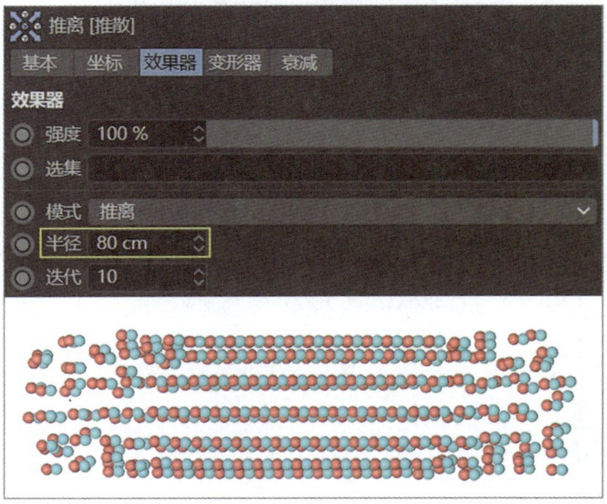

在推散效果器的属性中可以看到"衰减"选项，这里可创建域对象来控制衰减的形式。创建的方式有多种，可以在"衰减"的"域"窗口单击鼠标右键，选择创建"新域"，也可以单击下方的"线性域"选项来创建，如图 5-2-67 所示。若按住鼠标不放，可以弹出下拉列表，显示出更多的域对象选项，如图 5-2-68 所示。

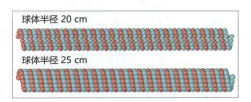

图 5-2-66

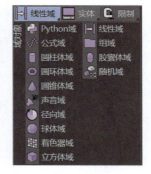

图 5-2-67　　　　　　　　　　　　图 5-2-68

此处直接创建线性域即可，创建完成后在"域"窗口可以看到"线性域"，并在下方显示域对象的属性，线性域的"域"属性参数有"长度"和"方向"等，如图 5-2-69 所示。"方向"为 X+，与微管长轴方向一致。改变"长度"的值可观察到微管的变化，如设为 250 cm，结果如图 5-2-70 所示。

在对象窗口选中线性域对象，沿 X 轴正方向移动。当线性域对象的左侧边界右移时，边界外（更左侧）的微管恢复到没有推散的状态，如图 5-2-71 所示。说明这一部分的微管没有受到推散效果器的作用，或者说推散效果器对于该部分的作用强度为零。

图 5-2-70

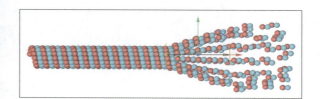

图 5-2-69　　　　　　　　　　　　图 5-2-71

在线性域对象的"重映射"属性中可以清楚地看到其对效果器强度值的影响方式，默认的"重映射"是线性方式，从线性域对象的起始端到终点端，强度从 0 逐渐增加到 100%，如图 5-2-72 所示。

除了最基本的线性变化外，还可以在"轮廓"选项中设置"轮廓模式"。有"二次方""步幅""量化"和"曲线"四种选项，这里我们选择"曲线"模式。如图 5-2-73 所示的样条就是线性域的轮廓控制曲线，重映射的强度数值由样条曲线的形状来决定。

> **注意**　在很多涉及线性或轴向变化的控制参数中都提供有曲线控制的选项，如扫描生成器、样条约束变形器、步幅效果器等，设置方法均一样。

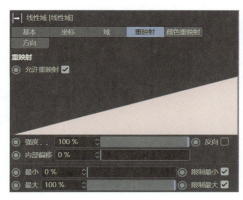
图 5-2-72

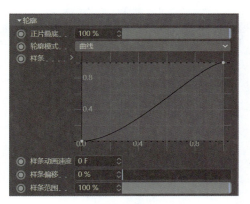
图 5-2-73

单击"样条"属性右侧的符号，在弹出的下拉列表中单击"载入预置"按钮，可以看到软件预设的各种形状的曲线，如图 5-2-74 所示。这里可选择"Cubic"类型，样条形状如图 5-2-75 所示。

同步调整线性域的"长度"和推散效果器的"强度"，得到如图 5-2-76 所示的效果。增加线性域"长度"可拉长变化范围，让过渡更自然。同时增加"强度"值可让推散效果更明显，如线性域"长度"设为 600 cm，推散效果器"强度"设为 500%。

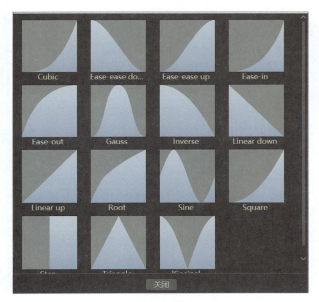
图 5-2-74

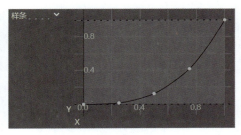
图 5-2-75

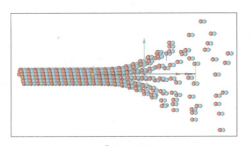
图 5-2-76

主体效果到这一步已基本完成，接下来需要对一些细节作出调整。此处最明显的问题是推散后的蛋白二聚体方向都是一致的（X 轴正方向），不具有随机性。可以添加随机效果器来打乱角度，随机效果器的变换参数中，只选中"旋转"，任意设置"R.H""R.P"和"R.B"的值，如图 5-2-77 所示。

但直接添加会导致所有的蛋白二聚体都发生角度随机偏转，如图 5-2-78 所示。如果只想要推散开的部分角度发生偏转，可以给随机效果器再添加一个 X+ 方向的线性域，将线性域对象的轴心移到微管右侧，线性域的设置和前面类似，结果如图 5-2-79 所示。

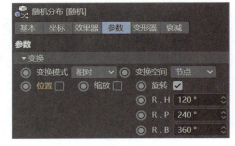
图 5-2-77

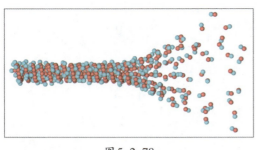

图 5-2-78

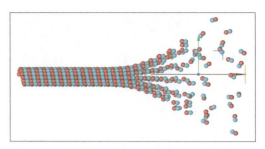

图 5-2-79

5.2.2 细胞和细胞器

在科研绘图中,细胞模型可以分为表现整体形貌和表现细节结构两种。前者注重形态上的变化,如起伏的表面、扁平或触手状的结构等;后者则细化到细胞核和细胞器的微观结构,包括中心体、线粒体、叶绿体等。本节以多边形建模方法的讲解为主,必要时可与克隆工具结合使用。

5.2.2.1 不同形态的细胞

细胞可以看作是一类软物质,虽然有着相似的组成,但其功能和形态各有差异。这里以两种形态较有特点的细胞为例,讲解其建模步骤。

① 精细胞

从解剖学上说,哺乳动物的精子细胞形态可分为头部、尾巴及头尾连接的部分。正常的精子头部呈光滑的椭球状,直径在 2.5~3.5 μm,长 5~6 μm。中间的连接部和头部长度一样,但比头部要细。尾巴是最细的部分,长约 50 μm,类似细菌的鞭毛。

使用多边形建模时,可从球体对象出发。创建一个"半径"为 100 cm 的球体,"类型"选择六面体,"分段"数设为 12。按快捷键"C"将其转为可编辑多边形对象,切换到多边形模式,选择右侧的四个面,用"内部挤压"工具(快捷键"I")整体往内挤压约 10 cm。然后在点模式下选择所选面的四个角点,整体往内缩放,如图 5-2-80 所示。

给多边形对象添加 FFD 变形器,该变形器允许对象在框架范围内进行曲率连续的变形。在 FFD 的"对象"属性中,"水平网点""垂直网点"和"纵深网点"的值均默认为 3,表示框架为 3×3×3 的结构。单击"匹配到父级"按钮,变形器的"栅格尺寸"会自动匹配到多边形对象的边界框。在点模式下编辑 FFD 变形器的网点,可选择左侧 9 个 FFD 网点整体缩小并左移,选择中间 9 个 FFD 网点整体放大并右移,得到如图 5-2-81 所示的形状。变形完成后可选择"球体"和"FFD"两个对象,用"连接对象"再次整体转为可编辑多边形对象。

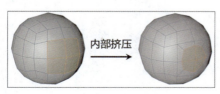

图 5-2-80

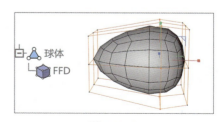

图 5-2-81

切换到多边形模式,选择之前的四个面。按住"Ctrl"键往右(沿 X 轴正向)移动,挤压出和头部接近的长度。然后按快捷键"I",往内插入约 50%。再次按住"Ctrl"键往右移动,此次挤压的长度较长,如图 5-2-82 所示。然后将选中的面整体缩放至原来的 5%,得到逐渐变细的尾部。

切换到边模式，用"循环/路径切割"工具（快捷键"K~L"）在头尾连接部平均切割8条分段线，在尾部平均切割10条分段线。只需使用该工具时在循环多边形处单击鼠标左键，然后在其"选项"属性中将"切割数量"设为相应的值即可。在连接处新切割出的循环边中，选择间隔的四圈边，沿YZ平面缩放，如图5-2-83所示。

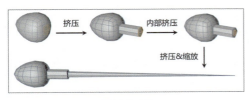

图 5-2-82   图 5-2-83

多边形建模到此结束，接下来添加样条约束变形器，并绘制一条弯曲的样条线作为约束路径。在样条约束的"对象"属性中，"样条"栏拾取绘制的样条对象，"轴向"选择模型的长轴方向，此处为+X，如图5-2-84所示。样条约束变形后的结果如图5-2-85所示。

最后，整体添加细分曲面生成器，"编辑器细分"和"渲染器细分"均默认为2。赋予透明和凹凸材质后，渲染如图5-2-86所示。

 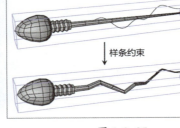 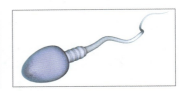

图 5-2-84   图 5-2-85   图 5-2-86

❷ 星形细胞

触手状也是一类常见的细胞形态，如神经元细胞、星形胶质细胞、凝血细胞等。对于此类结构，这里讲解一种非常简单的多边形建模方法。

创建一个宝石体对象作为细胞的中心部分，按快捷键"C"转为可编辑多边形对象。然后在多边形模式下选择7~8个三角面，按住"Shift"键可加选，选择时最好间隔选取，如图5-2-87所示。

在视图空白处单击鼠标右键，选择"矩阵挤压"选项（快捷键"M~X"），可以在属性窗口看到如图5-2-88所示的属性。"矩阵挤压"也可以理解为"步幅挤压"，默认"步数"为8，每执行一次挤压步骤，多边形按照设定的"移动""缩放"和"旋转"值发生变化。默认设置下单击"应用"按钮，得到的结果如图5-2-89所示。

图 5-2-87   图 5-2-88   图 5-2-89

设置"矩阵挤压"的属性参数如图 5-2-90 所示,将"变化"设为"初始",得到的结果添加细分曲面效果后如图 5-2-91 所示。

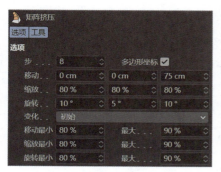

图 5-2-90

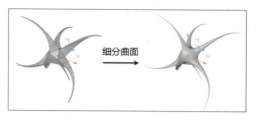

图 5-2-91

初始选择不同的多边形,或者将宝石替换为其他多边形对象,均可得到不同的造型。但该方法成型后不便于调节"触手"的形态,后续章节中学习"运动挤压"后,可尝试结合其属性中的"多边形选集"和"扫描样条"控制参数来创建可由样条调控的造型,详见"触手状细胞_运动挤压.c4d"文件。

5.2.2.2 细胞器建模技巧

细胞器建模的关键在于抓住其主要形状特征,比如内质网和高尔基体中的网状连接和分泌小泡,线粒体中向内形成"嵴"的褶皱状内膜,叶绿体中类囊体堆叠成的基粒等。建模方法同样以多边形建模为主,大体可分为两类:一类具有较规则的结构,如类囊体、中心体等;还有一类相对没有固定的形态,如高尔基体、线粒体内膜等,下面分别进行讲解。

❶ 规则模型

这类模型通常可在现有几何体的基础上加以编辑,可结合简单的多边形建模或运动图形工具。最简单的如中心体结构,可直接由管道模型克隆得到。克隆方式如图 5-2-92 所示,第一步为线性克隆("数量"为 3),第二步为放射克隆("数量"为 9)。

有一些结构需要辅以简单的多边形编辑,如叶绿体中的类囊体除了堆叠成基粒外,基粒之间还有基质类囊体相连接。类囊体是扁平的囊状结构,可用六棱柱简化表示。先用克隆工具创建如图 5-2-93 所示的堆叠结构,然后用"连接对象"整体转为可编辑多边形。基粒之间的连接体可以选择两个相对的多边形面进行桥接。具体操作方式为选中两个面后,单击鼠标右键,选择"桥接"(快捷键"B"),然后按住鼠标左键从一侧的多边形拖曳至另一侧(与边的缝合类似),注意桥接时两个多边形的点要互相对应。执行桥接操作前可以在属性窗口将其"细分"值设为 1,桥接后可在中间多出一条分段,也可以先桥接,再用"循环/切割工具"切割。

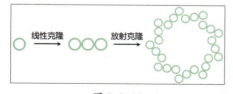

图 5-2-92

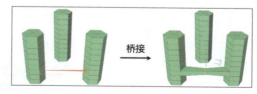

图 5-2-93

选择中间的一圈循环边,稍往内缩放做出中间收缩的效果,还可以用移动工具做出点弯曲的弧度。添加细分曲面得到的效果如图 5-2-94 所示,根据需要选择是否在细分前对模型的边进行倒角(未倒角(a);倒角(b))。注意倒角时的"角度阈值"应在 60°~90°,这样倒角只会作用于直角转角边,而不会作用于棱边。多基粒之间可通过多次桥接实现,如图 5-2-95 所示。

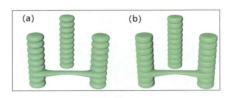
图 5-2-94

图 5-2-95

❷ 不规则模型

相比于规则的多边形建模来说，不规则多边形建模具有更强的随机性，同时也更加受到建模人员操作手感的影响。最终的建模结果往往因人而异，过程中也可以看出传统绘画和雕刻的影子。以如图 5-2-96 所示的高尔基体模型为例，该模型有如下一些显著的特点：主结构为单层膜的囊状体，剖面处可看出囊腔有厚薄的区别。结构中存在分泌的突起和已分泌的小泡，还有一些环状或网状结构的形成。

构建这种不规则模型，C4D 中常用到两个工具——柔和选择与笔刷雕刻。关于柔和选择的作用，在 4.2.3.3 节中有简单介绍，可以对局部的点、边、多边形元素进行衰减式基础编辑，也叫软选择。本例中可先创建一个球体对象，"类型"选择六面体，"分段"设为 24。转为可编辑多边形后，直接在视图下方的状态栏中将"尺寸 X"设为 50 cm，效果等同于沿 X 轴缩放，得到如图 5-2-97 所示的扁平造型。

图 5-2-96

图 5-2-97

切换到点模式（边和多边形模式皆可），然后激活实时选择工具，在其"选项"属性中将"模式"改为"柔和选择"，可以看到多出"柔和选择"的属性菜单，如图 5-2-98 所示。柔和选择主要参数有"衰减"模式、选择"半径"和"强度"。默认的"衰减"模式为线性，即从选择中心到边缘强度值呈线性递减。衰减强度在模型表面以选区颜色的深浅显示，如图 5-2-99 所示，最强处显示为黄色，往周围逐渐衰减至零，渐变至灰色。移动（或旋转、缩放）时选择中心处变化程度最大，往周围变化强度逐次递减。通常设置较大的"半径"值进行粗略的外形调整，然后将"半径"值调小刻画细节。

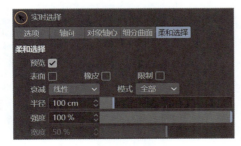
图 5-2-98

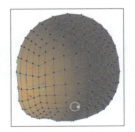
图 5-2-99

大致调节外形后将选择模式改为"正常"，选择底部的多边形面，用挤压和桥接工具做出如图 5-2-100 所示的造型。顶部的面可以选中后按"Delete"键删除，留出剖面。在边模式下选择开口处的一圈边，沿 Y 轴缩放至 0%。添加细分曲面后，模型的外形如图 5-2-101 所示，但整体结构不够自然。

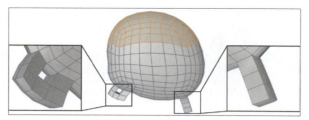
图 5-2-100

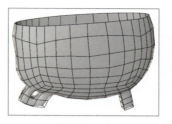
图 5-2-101

在开启细分曲面的状态下，选择多边形对象，切换到点模式。在视图空白处单击鼠标右键，选择"笔刷"选项。在属性窗口的"选项"属性中，设置笔刷的"强度"为50%，"半径"设为10 cm，"模式"选择平滑，如图5-2-102所示。"衰减"方式默认为铃状，在视图中按"Ctrl+A"组合键选中所有的点，按住鼠标左键用笔刷进行调整。目的是使得凸起处的过渡更加自然，如图5-2-103所示。

笔刷的类型由"模式"决定，还可以选择法线模式，使用笔刷时让点沿法线方向移动。当"强度"值为正时，朝法线正方向，笔刷可以起到使模型膨胀的效果；反之，当"强度"值为负时，笔刷可使模型产生收缩的效果。灵活调节笔刷的"强度"和"半径"，对模型进行更多的改造，如图5-2-104所示。当然，使用这类手动建模法更加考验设计者的操作经验，可能需要多次练习才能做出满意的效果。

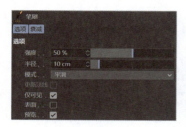
图 5-2-102

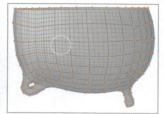
图 5-2-103

图 5-2-104

5.2.3 细菌

细菌根据形态的不同，可分为球菌、杆菌、螺旋菌等。细菌的基本结构包括细胞壁、细胞膜、细胞质和核质体等，有的细菌还有荚膜、鞭毛、菌毛等特殊结构。建模时同样注意要体现这些形态和结构特征。

5.2.3.1 毛发与细菌菌毛

本节以带菌毛的大肠杆菌为例，讲解C4D中毛发工具的用法。

首先创建一个胶囊作为大肠杆菌的主体，依次添加弯曲和置换变形器。胶囊对象的"半径"设为50 cm，"高度"设为300 cm。"高度分段""封顶分段"和"旋转分段"分别设为40，16和64。弯曲变形器的"对齐"方向与胶囊一致（Y+），单击"匹配到父级"按钮，"强度"设置为20°。置换变形器的"着色"属性中，"着色器"选择噪波。单击噪波贴图进入着色器属性，将"全局缩放"设为400%。结果如图5-2-105所示。

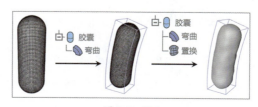
图 5-2-105

单击"创建"菜单下的"扩展"→"CHEEN-有机物"选项，双击材质球，打开"材质编辑器"窗口，按照如图5-2-106所示设置渐变和粗糙的属性。设置完成后渲染效果如图5-2-107所示。

选择胶囊对象，单击"模拟"菜单中的"毛发对象"→"添加毛发"选项。对象窗口自动多出"毛发"对象，材质窗口显示对应的毛发材质球。在毛发对象的"引导线"属性中，将引导线的发根"数量"设为500，"长度"设为25 cm，视图中的预览效果如图5-2-108所示。

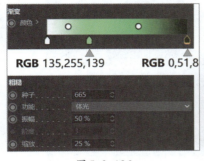
图5-2-106

图5-2-107

图5-2-108

引导线的数量并不代表毛发的数量，需要在"毛发"属性中设置"数量"的值。如图5-2-109所示是毛发数量为5000和500时的渲染效果对比，这里我们将毛发的"数量"设为800。

双击毛发材质球，打开"材质编辑器"窗口，如图5-2-110所示。毛发材质有近20个属性通道，可设置各种毛发的效果，默认选中的有"颜色""高光"和"粗细"。颜色渐变可设置为从褐色（R：51，G：35，B：30）到浅橙色（R：255，G：209，B：159），取消选中"高光"通道。"粗细"通道中，"发根"设为1 cm，"发梢"设为0 cm，"变化"设为0.1 cm，渲染结果如图5-2-111所示。

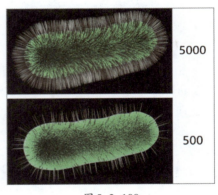
图5-2-109

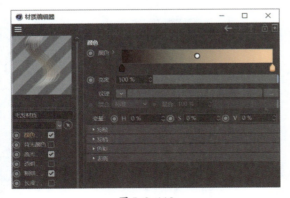
图5-2-110

图5-2-111

其余的属性通道多跟毛发的形态有关，如弯曲、纠结、集束等。参数多为度数或百分比的形式，且通常伴有百分比的"变化"参数，以获得更加随机的效果。如图5-2-112所示是几种典型的毛发效果及其参数设置。

当使用涉及毛发变形的属性通道时，毛发的"分段"（默认值为12）将影响其形态。若"分段"数只有1，毛发将无法变形。多个不同的通道可同时使用，如图5-2-113所示是添加了弯曲、卷发和纠结三种效果的情形。其百分比强度分别为45%、20%、5%,"变化"值分别为10%、10%、5%。

由于毛发不是实体对象,毛发的数量可以多至数百万。毛发数量越多,渲染时间相应越长。如图5-2-114所示是毛发"数量"设为50000的渲染结果。

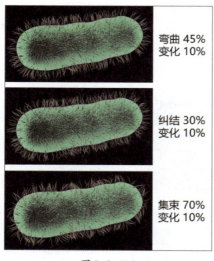

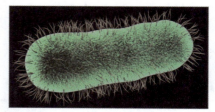

图5-2-113

图5-2-114

图5-2-112

如果毛发数量较少,三维效果不够真实,可以在"生成"属性中将"类型"改为样条,按快捷键"C"即可将毛发转为样条线,之后可用扫描生成器进行建模。

5.2.3.2 细菌剖面模型

本节我们将创建如图5-2-115所示的细菌剖面模型,整个细菌的结构从内到外包括拟核、核糖体、细胞膜、细胞壁、荚膜、菌毛和鞭毛等。其中,菌毛可以按照5.2.3.1节内容生成毛发样条来创建,拟核与鞭毛可以绘制样条线后进行扫描。剩下的就是胶囊状主体部分的建模。

建模之前先思考下各部分之间的关系,比如细胞膜、细胞壁和荚膜按由内到外的顺序尺寸渐增,

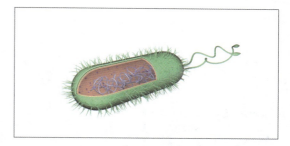

图5-2-115

类似于多层核壳结构的壳层部分;核糖体颗粒分布在胶囊状结构内部空腔中,克隆时可以选择体积填充的分布方式;毛发是分布在切口的胶囊面上,可以先用多边形编辑操作创建缺口等。

首先创建一个胶囊对象,"半径"设为50 cm,"高度"设为300 cm,"方向"为+Z。将"高度分段""封顶分段"和"旋转分段"分别设为8、4和16,然后按快捷键"C"转为可编辑多边形对象。切换到多边形模式下,选中如图5-2-116所示的多边形面,按"Delete"键删除,得到缺口的胶囊状模型,作为荚膜层。

删除面之后可见,"胶囊"模型是由没有厚度的多边形面片构成的,可用布料曲面对象创建厚度。布料曲面的"对象"属性中,"厚度"设为3 cm,"细分数"可设为1~2,结果如图5-2-117所示。若"厚度"值为正,往法线正方向(模型外部)增加厚度;反之,则往法线负方向(模型内部)增加厚度。

接下来创建细胞壁和细胞膜部分,思路和荚膜的创建一样。细胞壁和细胞膜使用的胶囊体半径略小,如果直接复制之前的胶囊对象进行缩放,会导致两端和侧面的缩放比例不一致,如图5-2-118所示。

图 5-2-116

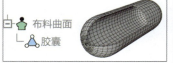
图 5-2-117

图 5-2-118

为简便起见，可直接复制之前的胶囊对象，为其添加置换变形器。在置换变形器的"着色"属性中，"着色器"选择颜色。默认为纯白色，效果为模型整体沿法线正方向挤压。这里可将置换"对象"属性中的"高度"改为 –1 cm，结果如图 5-2-119 所示。

添加布料曲面对象，"厚度"设为 –1.5 cm。细胞膜创建方法同上，置换的"高度"为 –3 cm，布料曲面的"厚度"为 –1.5 cm。分别添加绿色、黄色和橙色的简单材质，如图 5-2-120 所示。

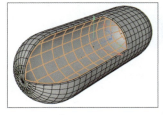
图 5-2-119

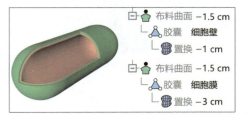
图 5-2-120

选择初始的缺口胶囊多边形对象，单击"模拟"菜单中的"毛发对象"→"添加毛发"选项。然后在毛发对象的"引导线"属性中，将发根"长度"设为 25 cm；"毛发"属性中，将毛发"数量"设为 500，视图显示和渲染效果如图 5-2-121 所示。

双击材质窗口的毛发材质球，在打开的"材质编辑器"窗口中，粗细通道中设置"发梢"为 0 cm。选中卷发和弯曲通道，将"卷发"和"弯曲"的比例值均设为 25%，渲染效果如图 5-2-122 所示。

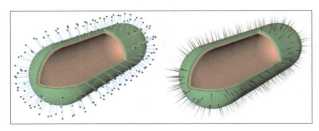
图 5-2-121　　　　　　　　　图 5-2-122

在毛发对象的"生成"属性中，将"类型"设置为样条，如图 5-2-123 所示。然后按快捷键"C"可将毛发对象转为可编辑样条线对象，结果如图 5-2-124 所示。

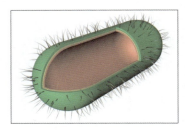
图 5-2-123

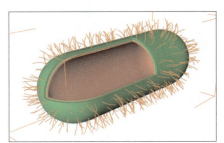
图 5-2-124

对"毛发"样条对象进行扫描，截面为多边形。注意控制路径和截面的分段数，"毛发"和多边形样条的"点插值方式"均选择统一,"数量"设为0,多边形的"侧边数"设为8,"半径"可设为1.2 cm。为了让毛发的"发梢"有尖细的效果,可在扫描的"对象"属性中,将"终点缩放"设为0%,结果(局部)如图5-2-125所示。

最后的拟核与鞭毛部分都是样条扫描得到,注意鞭毛的扫描中设置了"缩放"细节曲线,如图5-2-126所示,让鞭毛的尾端有一小段鼓起的结构。核糖体则是用对象模式的克隆得到,"分布"方式选择体积。其余如材质、灯光和渲染的设置参见案例文件"细菌剖面.c4d"。

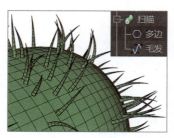
图 5-2-125

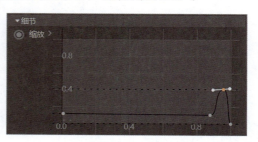
图 5-2-126

5.2.4 病毒

病毒通常是由一个核酸长链和蛋白质外壳构成,在科研绘图中,病毒模型一般有简化示意和精细结构呈现两种表现形式。特别对于后者,病毒的结构对称性关乎示意的准确度。本节将分别介绍C4D和ChimeraX软件中创建病毒模型的方法。

5.2.4.1 一般性病毒示意建模

本节以腺病毒和冠状病毒的简化模型为例,讲解C4D软件中病毒外壳模型的主要创建方法。

❶ 腺病毒

腺病毒是由252个衣壳粒构成的类二十面体结构,可以从正二十面体出发建模。首先,创建一个宝石体对象,"类型"为二十面,"分段"设为5。按快捷键"C"将其转为多边形对象,该对象共有252个顶点,对应每个顶点分布一个衣壳粒,所以可用对象克隆的方法。

将衣壳粒简化为球体模型,在上述多边形对象的顶点处克隆球体,很容易得到如图5-2-127所示的模型。克隆的"模式"选择对象,"分布"方式选择顶点。在252个衣壳粒中,有240个六邻体和12个五邻体。其中,12个五邻体位于二十面体的12个顶点上。

图 5-2-127

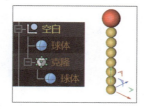
图 5-2-128

除了五邻体和六邻体,腺病毒还有12个与五邻体相连的纤突结构,同样可以用顶点克隆来创建。纤突的结构可用如图5-2-128所示的线性克隆球体来表示,顶端创建一个较大的球体,两者用空白对象组合起来。

选择"宝石体"多边形对象,在点模式下选中二十面体的12个顶点。单击"选择"菜单中的"设置选集"选项,可以将选中的12个点设为一个点选集,多边形对象后面多出一个点选集标签。然后在二十面体顶点处克隆"纤突"结构(空白对象组合),克隆"模式"和"分布"方式同上,然后在"选集"中拾取刚刚设置好的点选集标签。克隆的"变换"属性中需将"旋转.P"的值改为-90°,让"纤突"的长轴指向顶点法线方向,如图5-2-129所示。

分别给球体对象添加不同颜色的材质,然后在渲染设置中开启"环境吸收"效果,渲染结果如图5-2-130所示。

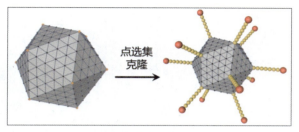
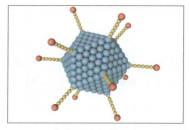

图 5-2-129　　　　　　　　　　　　　　　图 5-2-130

❷ 冠状病毒

冠状病毒在示意图中通常呈现为近似球状的模型，辅以不同表现形式的"冠"层来表示刺突蛋白。显然，表面克隆同样适用于这类模型的创建。结合随机效果器的使用，可让刺突蛋白的分布更具随机性。此外，冠状病毒还可以用多边形一体化建模来创建。这里介绍一种"运动挤压"法。

先创建一个宝石体对象，"类型"为二十面体。添加倒角变形器，倒角的"构成模式"选择点，"偏移模式"选择按比例，"偏移"值设为 33.333%，得到类似于足球的结构。然后在"运动图形"菜单中创建"运动挤压"对象，置于宝石对象的子层级，如图 5-2-131 所示。添加运动挤压后，每个面都向外挤出一定的厚度。

默认的运动挤压"对象"属性中，"挤出步幅"为 4，即沿法线方向重复挤出四次，每次挤出同样的高度。挤出的高度由"变换"属性中的"位置.Z"决定，默认值为 5 cm。由于运动挤压对象也是运动图形的一种，可以给其添加步幅效果器。在步幅效果器的"参数"变换属性中，将"缩放"值设为 -0.5（负值表示缩小），如图 5-2-132 所示。然后在"效果器"属性中，将"样条"设为预置中的"Gauss"类型，选择样条最左边的点移至最顶端，如图 5-2-133 所示。这里的样条影响的是步幅缩放效果，样条最顶端的值为 $Y = 1$，表示效果器强度为 100%，横坐标 $X = 0.0$ 对应运动挤压的根部。两者结合起来就是根部的缩放强度为 100%，即缩放 50%。到 $X = 1.0$ 位置处表示挤出末端，效果器强度降到 0%，意为没有缩放效果。最终得到的模型添加细分曲面后如图 5-2-134 所示（细分数设为 3）。

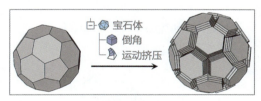

图 5-2-131　　　　　　　　　　　　　　　图 5-2-132

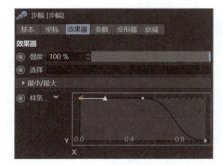
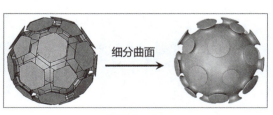

图 5-2-133　　　　　　　　　　　　　　　图 5-2-134

增加运动挤压对象"变换"属性中的"位置.Z"值，可以增加"冠"的高度，如改为 12 cm。然后将步幅效果器的"缩放"值进一步减小为 –0.8，得到的结果如图 5-2-135 所示。另外，增加运动挤压对象的"挤出步幅"，设置步幅效果器的"位置"变换属性，可以得到更丰富的效果，这里不做更多演示。材质参数设定请见参考文件。

图 5-2-135

5.2.4.2 病毒的立体对称性

病毒的立体对称性是一个有趣的生物学现象，值得绘图软件的开发者与生物学家们共同合作来寻求更科学的可视化方法。美国国立卫生研究院在这方面作出的努力是值得肯定和学习的。

早在 1956 年，人们就已经注意到大多数病毒要么是类二十面体（如腺病毒），要么是类似螺旋楼梯的螺旋体（如烟草花叶病毒）。关于病毒衣壳结构的对称性理论，最早是由两位生物物理学家 Donald Caspar 和 Aaron Klug 于 1962 年提出的，该理论认为衣壳体之间的相互作用是准等价的，也称为 Caspar-Klug 理论。尽管它无法描述所有的病毒衣壳结构，但对于三维设计无疑有重要的指导意义。

Caspar-Klug 理论通过将二十面体的 20 个三角形映射到二维六角形晶格上，列举了二十面体表面晶格的可能设计。在具体讲解 C4D 建模方法之前，我们先了解一个概念——戈德堡（Goldberg）多面体。戈德堡多面体是一类凸多面体的统称，由正五边形和六边形构成，其外形接近于一个球体。在戈德堡多面体中，正五边形的数量始终保持为 12 个，具有旋转二十面体的对称性。

设戈德堡多面体中六边形数量为 n，则其顶点、边和面的数量分别为：

$$V = 2n + 20$$
$$E = 3n + 30$$
$$F = n + 12$$

计算得 $V + F - E = 2n + 20 + n + 12 - (3n + 30) = 2$，符合欧拉定理。

在 C4D 中，二十面体类型的球体直接倒角即可得到戈德堡多面体，这也是最简单的一类戈德堡多面体，如图 5-2-136 所示。球体也可以由二十面体的宝石对象球化得到，倒角属性可参照 4.3.2.1 节。

戈德堡多面体的具体结构由 h 和 k 两个参数来描述，以如图 5-2-137 所示的球面为例，从 1 号正五边形出发，每步经过一个六边形。3 步之后左转 60°，再走 3 步到达 2 号正五边形。则该戈德堡多面体的 h 和 k 值均为 3，记为 GP(3, 3)。

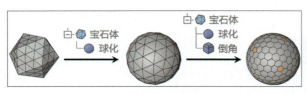

图 5-2-136

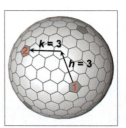

图 5-2-137

由参数 h 和 k 可以得到：$T = h^2 + hk + k^2$。进一步可求出戈德堡多面体的顶点、边和面的数量分别为：$V = 20T$，$E = 30T$，$F = 10T + 2$。当 $h \neq k$ 且不等于 0 时，戈德堡多面体的创建需要先构建出二十面体的每个大三角面。

以 GP(3, 2) 的创建为例，在如图 5-2-138 所示的等边三角形网格平面中，从一个顶点出发，先沿着一条边前进三格，左转60°后再前进两格，找到下一个顶点。连接这两个点作为等边三角形的一条边，再找到第三个顶点。实际操作可用一个"旋转分段"为6的圆盘对象，转为可编辑多边形后，按4.3.2.2节中的方法进行三角形细分。然后用多边形建模中的线性切割工具切出需要的等边三角形面，如图5-2-139所示，多余的面选中后按"Delete"键删除。

接下来在正二十面体每个面的中心克隆切割出等边三角形即可。由于等边三角形的轴心可能不在正中心，需要先用捕捉工具对齐。可以复制等边三角形对象，全选所有的点后，按快捷键"U~C"坍塌为一点，该点即是等边三角形的中心。按快捷键"Shift+S"启用捕捉，默认为顶点捕捉。选择原等边三角形对象后，按快捷键"L"启用轴心，移动至中心处捕捉到坍塌的顶点，如图5-2-140所示。再次按快捷键"L"和"Shift+S"，关闭轴心和捕捉。

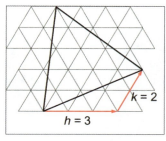
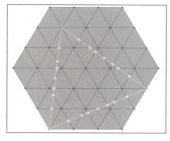
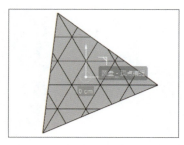

图5-2-138　　　　　　　　　　图5-2-139　　　　　　　　　　图5-2-140

克隆在正二十面体的表面进行，克隆"模式"为对象模式，"分布方式"选择多边形中心，并且将"变换"属性中的"旋转.P"设为90°。得到的结果如图5-2-141所示，每个三角形的大小和角度都需要调整。

给克隆对象添加简易效果器，设置合适的缩放和旋转变换参数，如图5-2-142所示。"缩放"选择等比缩放选项，"缩放"值为$a/b-1$，a和b分别为正二十面体和等边三角形的边长。旋转的"R.H"角度值为66.587°，具体为$\sqrt{3}n/(2h+k)$的反正切或反余切值，本例中为$\text{arccot}(\sqrt{3}/4)$。可以在"R.H"栏输入"atan(4/sqrt(3))"，然后按"Enter"键即可自动算出。

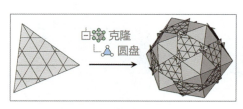
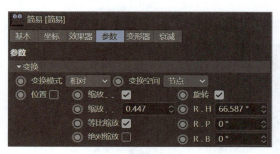

图5-2-141　　　　　　　　　　　　图5-2-142

克隆完成后整体合并为一个可编辑多边形对象（在对象窗口选中克隆对象及其子对象，单击右键选择"连接对象"或"连接对象+删除"），全选所有的点后，按快捷键"U~Shift+O"优化处理，"公差"设为5 cm，单击"确定"按钮。然后切换到边模式，单击"选择"菜单中的"选择平滑着色断开"选项，在属性窗口中将"平滑着色角度"设为40°，然后单击"全选"按钮，即可选中原先的二十面体边。按快捷键"M~N"消除，如图5-2-143所示。

100%球化处理后按照4.3.2.2节的步骤得到戈德堡多面体，如图5-2-144所示。由于克隆过程中可能造成面的反转，如果得到的是目标多面体的镜像结构，可以用对称生成器进行翻转。

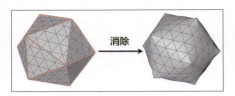
图 5-2-143

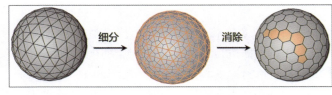
图 5-2-144

将该方法扩展到 $h = 12$，$k = 7$，创建 GP(12, 7)用到的三角形网格面划分，如图 5-2-145 所示。按照上述操作最终得到非洲猪瘟病毒的衣壳结构，如图 5-2-146 所示。

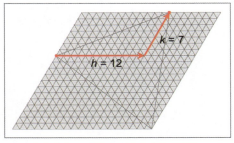
图 5-2-145

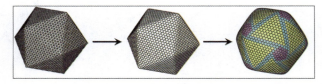
图 5-2-146

5.2.4.3　ChimeraX 创建病毒组装体

作为综合性的非生物类专业绘图软件，C4D 虽然可以创建出精确的病毒衣壳结构，但对用户的空间观察力和软件操作水平均有一定要求，实现起来较有难度。本节我们将使用专业的 ChimeraX 软件来绘制各种对称性的病毒结构。

以 Zika 病毒的衣壳结构为例，其蛋白的 PDB 号为 "5IRE"。在 ChimeraX 软件的命令行输入 "open 5ire" 并按 "Enter" 键，蛋白的结构如图 5-2-147 所示（原子模型）。输入 "set bgColor white"，可以将视窗背景设为白色。

在日志（Log）面板中显示 "5ire" 是对称性为二十面体类型的组装体，包括对称单元、五聚体和六聚体等都有对应的编号，如图 5-2-148 所示。单击相应的编号，即可显示单元或组装体的结构，如单击编号1，显示如图 5-2-149 所示的病毒组装体结构。

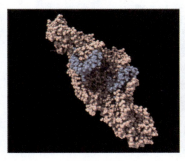
图 5-2-147

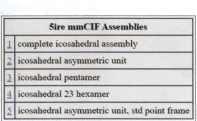
图 5-2-148

图 5-2-149

在命令行依次输入 "hide atoms"（隐藏原子模型）和 "show surface"（显示表面模型）命令，并按 "Enter" 键执行，得到如图 5-2-150 所示的结果。再执行 "surface resolution 15" 的命令，可以得到低分辨率的高斯表面模型，如图 5-2-151 所示，注意与 3.4.2 节中和溶剂排除表面模型的区别。resolution 后的数值越大，模型表面的分辨率越低。

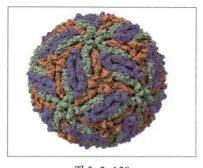
图 5-2-150

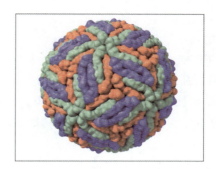
图 5-2-151

对于 mmCIF 文件中没有提供组装信息的病毒蛋白，也可以根据其实际对称性先创建出合适的笼型结构，然后在不同多边形网格中进行原子或表面模型的对称复制。ChimeraX 中创建笼型结构使用的是 Cage Builder 工具。单击 "Tools" 菜单下的 "Higher-Order Structure > Cage Builder" 选项，会在模型（Models）面板下方出现 Cage Builder 面板，如图 5-2-152 所示。

相比于旧版本的 UCSF Chimera，新版本的 ChimeraX 只提供了五边形和六边形。单击按钮 "5" 会自动生成一个五元环，然后单击按钮 "6" 会在选中的边上各生成一个六元环，如图 5-2-153 所示。

图 5-2-152

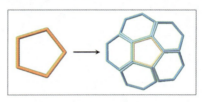
图 5-2-153

多边形的边可以按住 "Ctrl" 键后单击鼠标左键选择，同时按住 "Shift" 键可以加选。被选中的边会显示绿色的轮廓线。如图 5-2-154 所示，选中一圈六边形的其中五条边，单击按钮 "5"，在所选边的位置再次生成 5 个五元环。然后继续上述步骤，创建出如图 5-2-155 所示的笼型结构。

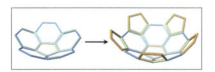
图 5-2-154

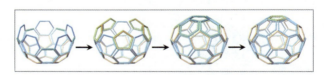
图 5-2-155

在创建结束后或创建的过程中，难免会遇到相邻边没有完全重合的现象。这时可单击 "Minimize" 按钮进行能量优化，得到最优结构。多次单击至最终结构不再变化，如图 5-2-156 所示。

得到笼型结构之后，可以在五元环或六元环上用对称复制的方法分别创建蛋白模型。例如，在命令行输入 "open 3p05"，按 "Enter" 键执行，可以创建 HIV-1 病毒的 CA 蛋白五聚体。在模型面板中可以看到 "Cage" 对应的 ID 为 1，"3p05" 对应的 ID 为 2，如图 5-2-157 所示。图标 👁 和 🖱 分别表示隐藏和选择，单击复选框即可实现相应功能。

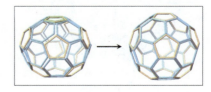
图 5-2-156

图 5-2-157

依次执行 "hide #2"（隐藏原子模型）和 "surface #2 resolution 10"（创建分辨率为 10 的高斯表面模型）命令。选中 "3p05" 模型后，使用工具栏 "Right Mouse" 菜单下的 "Move Model" ✥ 和 "Rotate

Model" ⚙ 工具进行移动和旋转，使其和一个五元环对齐，结果如图 5-2-158 所示。移动和旋转操作时使用的是鼠标右键。

接下来是关键的复制步骤，在命令行输入 "sym #2 #1,p5 surf true" 并按 "Enter" 键执行，得到如图 5-2-159 所示的结构。每个五元环上都成功复制了一个五聚体蛋白。该语句中 "sym" 表示对称的意思，#2 和 #1 代表被复制对象和参考对象，"p5" 意为只在五元环的位置复制。"surf true" 是 "surfaceOnly true" 的缩写，表示只显示复制结构的表面模型，可节约内存。若要去除复制结果，可执行 "sym clear" 命令。

再打开 HIV-1 病毒的 CA 蛋白六聚体（"open 3h47"），然后依次执行 "hide cartoons"（隐藏卡通模型）和 "surface #3 resolution 10" 命令。选中后同样用移动和旋转工具放置到合适的位置，如图 5-2-160 所示，为了与其他结构区分开来，可以更改其颜色（"color #3 steelblue"）。

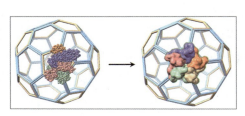
图 5-2-158

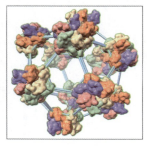
图 5-2-159

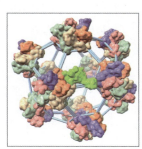
图 5-2-160

在命令行输入 "sym #3 #1,pn6 surf true" 并按 "Enter" 键执行，得到如图 5-2-161 所示的结构。"pn6" 表示在所有六元环上进行 C6 对称复制。需要清楚的是，ChimeraX 中目前尚无好的方法对分子位置作出改进，以使得分子间的界面达到物理精确的程度，相信这一问题会在之后的版本中得到解决或优化。

以上用的是最简单的 GP(1, 0) 多面体，若换成实际 HIV 病毒的笼型结构，按照上述复制操作将得到如图 5-2-162 所示的结果（见 "HIV cage.cxs" 参考文件）。

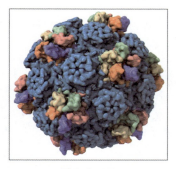
图 5-2-161

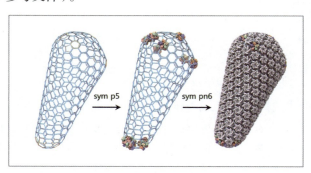
图 5-2-162

拓展 💡 *hkcage* 命令

关于二十面体对称性的衣壳结构，可以在 ChimeraX 中用 "hkcage" 命令直接得到。例如，在命令行输入 "hkcage 2 3" 后按 "Enter" 键，即可生成如图 5-2-163 所示的笼型结构。

这里的 2 和 3 分别对应 h 和 k 的值，它们决定了二十面体每个三角形面中六边形的数量及排列方式。二十面体的衣壳可以看作是在六聚体网络中的适当位置插入 12 个五聚体形成的闭合结构，纯的六聚体最终可平铺成平面的造型，五聚体为其引入了闭合所需的曲率。最终五聚体形成的五边形位于二十面体衣壳结构的 12 个顶点处。

如图 5-2-164 所示，设相邻六边形中心的距离为单位 1，利用 h 和 k 两个参数可以计算出五边形之间的距离平方为 $D^2 = h^2 + hk + k^2$，即三角剖分数 T（Triangulation Number）。二十面体每个等边三角形面的大小与 T 成正比。假设病毒颗粒由同种亚单位结构组成，每个颗粒将包含 $60T$ 个亚单元，共组成 12 个五聚体和 $10(T-1)$ 个六聚体。

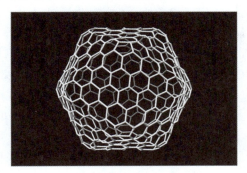

图 5-2-163

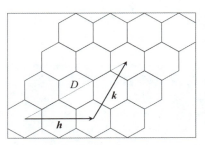

图 5-2-164

"hkcage h k" 后面还可以添加 "[radius *cage-radius*]" 设置笼子的尺寸大小，"[edgeRadius *stick-radius*]" 设置边的粗细等。默认笼子大小为 100.0，边的粗细为笼子大小的 1%。"[sphereFactor *f*]" 的值可以控制笼子的球化程度，如图 5-2-165 所示，0.0 表示没有球化，1.0 表示 100% 球化。若要导出网格模型，可以在

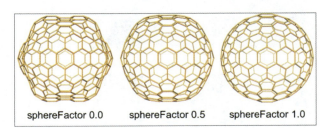

图 5-2-165

创建时于命令后面加上 "mesh true"，之后保存为 *.obj 或 *.stl 格式的文件。导出的模型以三角形亚单位为基本单元，对于 $h \neq k$ 且 $hk \neq 0$ 的情况模型下存在多余的结构线，在以后的 Chimera 版本中可能会有改进。

5.3 组织、器官和生物体

除了分子生物学和细胞生物学外，生物体的宏观结构可视化也是生命科学图像的重要组成部分。本节主要介绍这类图像的常用绘制或建模方法。

5.3.1 血管和肿瘤建模

在很多有关抗癌药物的输送体系的研究示意图中，血管和肿瘤是不可或缺的角色，关于这类结构的建模，也是很多绘图者关心的问题。本节将以两类模型表示为例，讲解一般性的建模方法，包括样条编辑、多边形建模和体积建模等。

❶ 肿瘤表面的血管

第一类模型侧重表现肿瘤表面的血管分布，通常将肿瘤画成一整个类球状结构，表面有块状凸起。可以创建一个球体对象，"半径" 设为 100 cm，"类型" 选择二十面体，"分段" 设为 120。然后给球体

添加置换变形器，在其"着色"属性中，单击"着色器"旁边的向下箭头，选择"噪波"贴图选项。单击噪波贴图进入着色器属性，将"噪波"类型改为"沃洛1"，"全局缩放"的值设为400%。此时球面上产生块状凹陷，若要形成凸起，只需将"颜色1"和"颜色2"黑白颠倒即可。或返回到置换的"对象"属性中，将"高度"值设为负值，这里可设为-7，结果如图5-3-1所示。

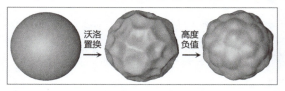

图5-3-1

由于C4D中没有直接在表面上绘制样条的工具，这里我们可以采用样条投射法。先切换到正视图（快捷键"F4"），沿着肿瘤模型的凸起边缘处绘制样条，如图5-3-2所示。肿瘤模型可以用光影着色的显示方式（快捷键"N~A"），并且在"基本"属性中选中"透显"选项。注意这里的"透显"只是让模型在视图中半透明显示，渲染时仍为不透明效果。

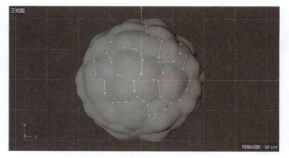

图5-3-2

切换回透视图（快捷键"F2"），在点模式下选中样条的所有点，沿Z轴方向移至肿瘤模型外部，并单击鼠标右键将所有点设为"柔性插值"。再次单击鼠标右键，选择"投射样条"选项。在属性窗口中，将投射样条的"模式"设为XY平面，然后单击"应用"按钮，得到的结果如图5-3-3所示。分叉处部分未"连接"上的点可用手动移动的方法使其"连接"上，使样条没有明显的断开。

图5-3-3

直接用体积建模的方法可以生成血管模型，体积生成的"对象"属性如图5-3-4所示。"体素类型"默认为SDF，"体素尺寸"设为1 cm。选择"对象"栏中的"样条"对象，设置下方的"半径"为5 cm，"密度"为20。添加"SDF平滑"，最终结果如图5-3-5所示。

图5-3-4

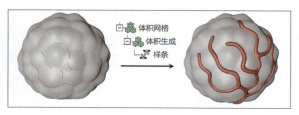

图5-3-5

更多细节，比如血管逐渐变细的效果可以用置换变形器结合球体域来实现。置换变形器的"着色器"选择颜色贴图（参照5.2.2.2节），然后在其"衰减"属性中添加球体域，并将球体域对象的中心移至血管"根部"，如图5-3-6所示。

球体域的"域"属性中，"半径"设为150 cm。然后在"重映射"属性中，将"内部偏移"值设为0%，如图5-3-7所示。

血管的粗细可以通过体积生成中的样条"半径"和置换对象的"高度"来调节。例如，样条"半径"和置换"高度"均设为 4 cm，得到的结果如图 5-3-8 所示。若置换"高度"为负值，可以在球体域的"重映射"属性中选中"反向"，同样可以实现从血管根部到末端逐渐变细的效果。另外，球体域的位置和重映射曲线也会影响血管粗细的变化。背面的血管用同样的方式创建得到。

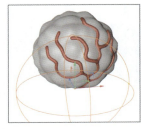

图 5-3-6

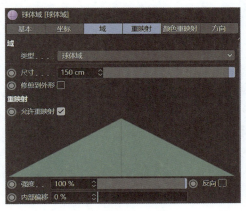

图 5-3-7

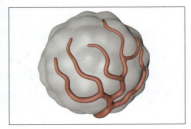

图 5-3-8

❷ 分叉血管及剖面

第二类模型涉及血管中药物及其他物质的输送，需要展现血管的细节，通常使用的是多边形建模法。

先用扫描法创建基本的血管造型，如图 5-3-9 所示。在顶视图绘制样条，扫描的截面使用的是正八边形，初始分段越简单越好。因为血管两端是非封闭的，所以在扫描的"封盖"属性中，取消选中"起点封盖"和"终点封盖"选项。视情况需要调节扫描对象的"终点缩放"值，由于后续可以用多边形建模来处理，这里保持默认的 100%。

选择扫描对象，按快捷键"C"或用"当前状态转对象"操作将其转为可编辑多边形对象，原扫描对象删除或隐藏。本例的多边形编辑中，最关键的步骤是实现分叉血管的衔接。由于分叉血管模型的侧边数为 8，需设法在主血管模型上构造与之边数对应的结构。可以在边模式下用"循环/路径切割"工具（快捷键"K~L"）切出如图 5-3-10 所示的边。

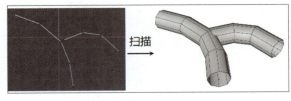

图 5-3-9

图 5-3-10

选择与分叉血管截面开口相对的四个多边形面，按"Delete"键删除，得到的孔洞开放边界刚好是八条边。在边模式下同时选中相对的开放边（各 8 条），使用"缝合"工具（快捷键"M~P"）进行连接，如图 5-3-11 所示。具体操作方式为按住"Shift"键，再按住鼠标左键从一侧边上的点拖曳至另一侧边上的点，注意拖曳时两侧点的位置要对应。血管连接完成后可用移动、缩放等工具调节局部结构线，得到如图 5-3-12 所示的形状。

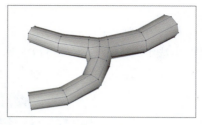

图 5-3-11　　　　　　　　　　　　　　　图 5-3-12

血管的切口直接通过删除面来得到，根据切口的大小可用"循环/路径切割"工具适当增加一些循环边。选择切口区域上半部分的面后按"Delete"键删除，然后依次添加布料曲面和细分曲面得到厚度和平滑效果，如图 5-3-13 所示。在细分曲面之前也可以对模型的边选择性作倒角处理，具体可参考"分叉血管剖面 .c4d"文件。此外，初始的样条还可以作为路径，利用对象模式的克隆沿样条克隆血红细胞模型，如图 5-3-14 所示。对克隆"对象"属性中"偏移"值进行关键帧的设置，很容易制作血红细胞在血管内流淌的动画。

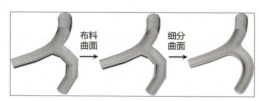
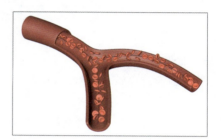

图 5-3-13　　　　　　　　　　　　　　　图 5-3-14

5.3.2 生物医学插画中的三维效果

在生物医学领域，三维软件的应用主要集中在分子生物学、细胞生物学及医疗器械的建模等方面。其他诸如解剖学、放射学和动植物插图的绘制则以平面插画为主。国外有些高校（如 Johns Hopkins University）专门开设了医学和生物插图相关的视觉传达课程，从课程教授到工作指导已形成全套的体系。

如图 5-3-15 和图 5-3-16 所示是生物医学中常见的插画风格，为了让数字插图表现不同程度的细节，资深的插画师会给简单的线条图增加颜色、深度、透明度、高光、阴影等越来越多的层数。和化学领域一样，生物医学绘图中内容的重叠也是不可避免的。虽然如此，插图最好在设计和风格上有所创新。最基础的学习手段是临摹已有的生物或医学图像，前提是不能侵犯其他作者的版权及病患的隐私。

Photoshop 软件是很多医学插画师青睐的软件之一，它允许设计者以图层叠加的方式来进行创作。相比于传统的绘图方式，Photoshop 中的设计是可逆的，包括各图层形状和效果的调节。画笔工具、填充工具（渐变和油漆桶）及钢笔工具是最常用的三个绘图工具，体现对象三维效果的轮廓和光影主要用这几个工具来实现，配

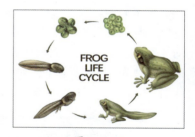

图 5-3-15

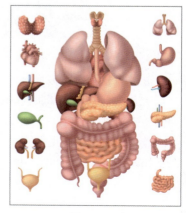

图 5-3-16

合选区及蒙版的使用，足以满足大部分的绘图需求。

在Photoshop的工具栏中，除了基本的钢笔工具外，还提供了自由钢笔工具、弯度钢笔工具、添加/删除锚点工具、转换点工具，如图5-3-17所示。绘制方式类似于C4D中的样条创建。单击鼠标左键或按住鼠标拖动，分别可以创建非平滑的和平滑的锚点。

锚点之间的连接线称为"路径"，如图5-3-18所示，即C4D中的贝塞尔曲线。选中的锚点显示为蓝色填充的方块状，未选中的锚点显示为空心方块。对于平滑的锚点，会有方向控制点和方向控制线。方向控制点显示为空心圆，移动控制点和控制线可以调节路径的形状。绘制完路径后，单击鼠标右键，有"填充（子）路径"和"描边（子）路径"选项。也可以通过路径建立选区，然后用填充工具来着色。

图5-3-17

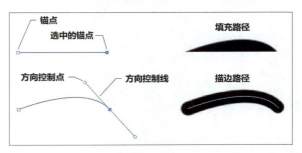

图5-3-18

画笔工具类似于传统绘画中的实体画笔，或者软笔刷。Photoshop中的标准笔刷是简单的实心圆形笔刷，选择画笔工具后在画布上方的选项栏中可以设置画笔的"大小"和"硬度"，如图5-3-19所示。将笔刷的"硬度"调整为100%将提供清晰的边缘，"硬度"调整为0%将使得边缘变软，产生模糊的渐变。此外，还可以设置画笔的"不透明度"。通常，低"不透明度"的软标准笔刷可用于添加平滑着色或高亮显示的区域。

当使用画笔工具添加高光和阴影时，首先必须确定灯光的入射方向，这将有助于在整个图中实现一致的照明。基本绘制手法和素描类似，首先绘制外形，然后根据灯光方向来添加高光和阴影。如图5-3-20所示，以最简单的球体为例。（a）在Photoshop中绘制四边形代表地面，圆形代表球体。圆形可以用椭圆工具绘制（按住"Shift"键），填充灰色。（b）根据光照方向（黄色箭头）绘制球面阴影和投射到地面上的阴影。使用软边缘的画笔，并将其"不透明度"调低。绘制球面阴影时可先选中圆形选区，保证阴影在圆形范围内。按住"Ctrl"键在"图层"面板单击椭圆矢量形状（圆形）的图层，可以快速创建该矢量形状的选区。（c）同样的方法，用画笔工具在球体的受光面绘制高光效果，画笔颜色调为白色。（d）球体背光面需要添加反光以显示轮廓，效果类似于三维软件中的轮廓光或间接照明。

图5-3-19

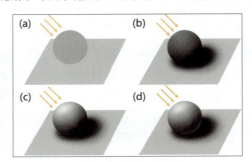

图5-3-20

注意每种效果应在不同的图层中绘制，以便于后期修改，如图5-3-21所示。高光和阴影的自然程度跟画笔的使用有关，建议在绘制时使用不同"大小""硬度"和"不透明度"的画笔组合。另外，素描作品中的阴影和高光可以简单将画笔设置为黑白颜色。对于有其他基础色的图形，应根据实际颜色来设置深浅色。

如图5-3-22所示的股骨头，第一步先用钢笔工具描出轮廓，填充茶色（R：228，G：220，B：183）。第二步绘制阴影，画笔颜色为深浅两种褐色，分别为（R：100，G：87，B：67）和（R：152，G：133，B：102）。第三步绘制高光，画笔颜色设为白色。若对生物结构有较高的熟悉度，将有助于绘制出更加真实的效果。至于金属、透明等材质的表现，则需要更深的美术基础，非本书讨论的内容。

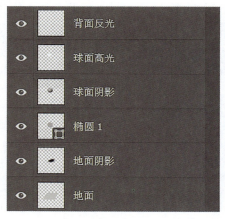

图5-3-21

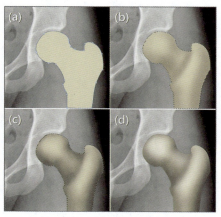

图5-3-22

对于一些简单的插画效果，根据4.4.3节的知识也可以用PPT来绘制。PPT中的三维效果可以由形状轮廓的透视勾勒及光影关系来表现，步骤同样是先由填充基本色的不同图层的形状叠加组合，在此基础上分别添加高光和阴影图层。明暗的过渡可以参考C4D中的素描卡通效果，如图5-3-23所示的小鼠示意图就是用多层阴影表现出光线的照明。具体绘制时可参考实物照片，或者根据绘制对象的形态特征推测可能的投影形状。为了加强整体的空间感，还可以加一些地面投影。如果需要色彩明暗自然过渡，也可以用形状的渐变填充或柔化边缘来实现，如图5-3-24所示。

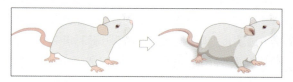

图5-3-23

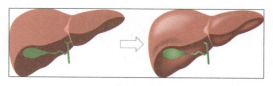

图5-3-24

拓展 8 手绘插画式封面设计

插画式风格并不局限于医学插图，在其他领域的相关图像设计中也可以使用。*Journal of Agricultural and Food Chemistry*期刊封面如图5-3-25所示，就是典型的插画式风格的应用展示。基本的步骤仍旧按照形状刻画、光影添加和细节打磨的顺序。研究内容是基于由羊驼产生的重链抗体的荧光免疫分析法来检测食品样本中的杀螟硫磷分子，目的是保证食品的健康。设计思路为羊驼手执盾牌，抵御杀螟硫磷分子对瓜果蔬菜的入侵。

创作可在Photoshop等软件中进行，首先根据设计需求收集一些参考素材，如羊驼和盾牌的图片。确定基本的构图并绘制线稿，如图5-3-26所示，绘制时将盾牌、羊驼和瓜果蔬菜分为三个图层分别绘制，以便于后期的修改（如相对位置调整）。专业的设计师会使用数位板之类的设备进行创作，可以提升绘图效率。线条的粗细和流畅性是决定线稿水平的关键，一般不宜过粗，必要时也可以使用形状工具和钢笔工具。色彩的填充可尽量遵循绘制对象的固有色，也可适当采用渐变色填充。颜色选取应以中间色值为主，避免过亮或过暗的颜色。

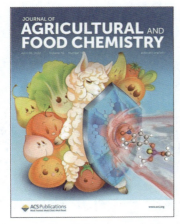

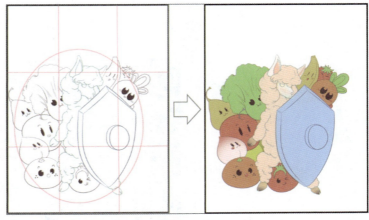

图 5-3-25　　　　　　　　　　　　图 5-3-26

接下来是阴影和高光的添加，目的是塑造对象的立体和空间感。注意整体主光源的入射方向必须保持一致，除了单个对象在光照下的明暗面分布，还要考虑对象之间的遮挡等交互关系。灵活使用图层叠加方式及虚化边缘的过渡，可以得到更真实的光影效果，如图 5-3-27 所示。

最后的细节刻画包括一些贴图添加或肌理的绘制，冲击波的效果，背景和整体画面颜色的调节等，如图 5-3-28 所示。

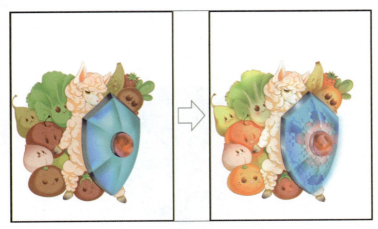

图 5-3-27　　　　　　　　　　　　　　　　图 5-3-28

5.3.3　模型的细节雕刻

在前面的章节中，我们所讲解的 3D 建模大体有较为规整的形状。虽然可以利用材质贴图或后期处理的方法来丰富效果，但和真实模型相比在细节的表现力方面仍存在一定的差距。特别是对于一些表面不规则的肿瘤、脂肪组织或肠壁褶皱等来说，如果使用第四章中介绍的 NURBS、多边形或体积建模等方法，实现起来都较有难度。这里我们介绍一种 3D 软件中经典的模型加工方法——雕刻，该方法允许设计者像雕刻师一样任意塑造原有的模型，以获得复杂而精细的结构效果。本节将以图 5-3-29

所示的胃内壁褶皱效果为例，讲解C4D软件中雕刻工具的使用。

首先打开"胃壁雕刻练习.c4d"文件，如图5-3-30所示。C4D专门设置了雕刻的工作界面，在软件右上角的界面下拉菜单中选择"Sculpt"选项，即可切换到雕刻工作界面。在雕刻工作界面中，对象窗口的右侧多出"雕刻层"的选项，并自动切换到雕刻层窗口。同时在视图窗口的右边出现雕刻工具列表，包含拉起、平滑、挤捏、铲平等一系列基础雕刻工具，如图5-3-31所示。

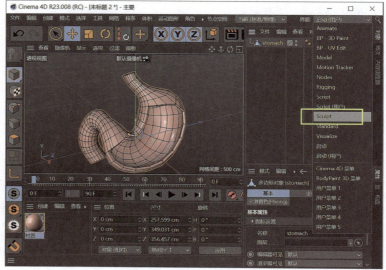

图5-3-29　　　　　　　　　　　　　　　图5-3-30

雕刻细节的前提是模型必须拥有足够的分段数，单击雕刻工具列表中的细分工具，可以在雕刻层窗口看到"级别"增加。单击4次得到"级别"为4的细分，同时可以在"模式"面板中看到"基础对象"，如图5-3-32所示。细分的级别可通过"级别"后面的数字设置，也可以用减少和增加工具来调节。最低细分"级别"为0，最高为初始设置值。

图5-3-31　　　　　　　　　　　　　　　图5-3-32

增加细分级别后，视图中的模型呈现出非常密集的结构线，可以按快捷键"N~A"改为"光影着色"显示模式，在雕刻时可以更清楚地看到细节变化，如图5-3-33所示。雕刻中的细分级别只是给模型添加了雕刻表达式标签，对模型原有的结构并无影响。

具体进行雕刻时，不建议直接在基础对象上操作。可以单击图标，或者在"模式"面板单击鼠标右键，选择"添加层"选项。双击新建的层名称，改为"褶皱"，如图5-3-34所示。注意，这里的雕刻都是在细分级别为4的基础对象上进行的，如果后面改变了细分级别，则原有的雕刻操作无法再进行编辑。

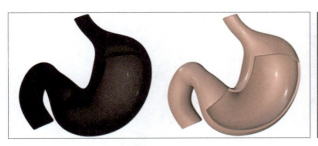
图5-3-33

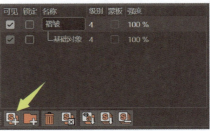
图5-3-34

选中"褶皱"层，单击雕刻工具中的"拉起"工具，在属性窗口可以设置其"尺寸"和"压力"值，如图5-3-35所示。前者影响的是雕刻笔刷的半径，后者影响的是雕刻的力度。当鼠标指针在模型表面移动时，会显示笔刷的符号，单击鼠标左键并移动即可实现雕刻操作，如图5-3-36所示。雕刻作用的"方向"设置为法线方向，移动雕刻笔刷时可以看到其始终垂直于模型表面变化。

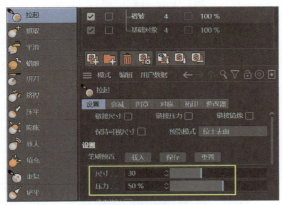
图5-3-35

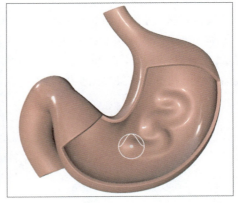
图5-3-36

默认的雕刻衰减曲线如图5-3-37所示，调解曲线可以改变雕刻笔刷的截面轮廓。当衰减曲线发生变化时，视图的笔刷符号中也会显示出变化后的曲线形状。此处保持默认，在"拉起"工具状态下的雕刻结果为中间最高，向四周逐渐按照曲线形状降至最低。

雕刻结果与鼠标或数控画笔的操作熟练度有关，雕刻过程中应经常旋转视角进行全方位的观察。错误的雕刻结果可以用"擦除"工具抹去，再重新进行雕刻。反复操作直至达到自己满意的效果。对于添加的层，可以在雕刻层窗口设置其"强度"值来控制层效果的作用程度，如图5-3-38所示是"强度"从100%到0%的雕刻效果变化。对于管道壁的褶皱，可以沿着管壁环绕的方向用"拉起"工具来回反复雕刻，如图5-3-39所示。注意"压力"值不要设置过大，适当使用"平滑"工具对雕刻结果进行优化。

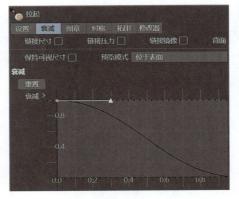
图5-3-37

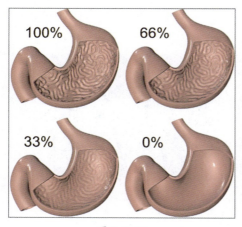

图 5-3-38

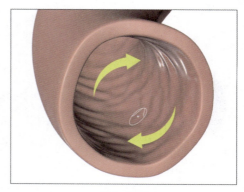

图 5-3-39

如果需要在选定的区域进行雕刻，可以使用"蒙版"工具先在模型表面刷选出想要执行雕刻的区域，然后长按"蒙版"工具，在右侧弹出的列表中选择"反转蒙版"即可。新建一个雕刻层，命名为"褶皱2"，并取消选中之前"褶皱"图层的"可见"选项。用"蒙版"工具刷选可见的"胃内壁"部分，然后执行"反转蒙版"操作，如图 5-3-40 所示。

然后同样使用"拉起"工具进行雕刻，除了默认的笔刷外，还可以使用一些贴图来作为笔刷的纹理。在属性窗口"图章"属性的"图像"选项中单击 按钮即可加载图像，如图 5-3-41 所示。加载的"noise"贴图和雕刻效果如图 5-3-42 所示。

图 5-3-40

图 5-3-41

多个雕刻图层可以设置不同的雕刻方式，按照不同的强度比例进行叠加来获得最终效果。如图 5-3-43 所示是叠加了两个褶皱雕刻图层的结果，图层 1 "强度"为 70%，图层 2 "强度"为 100%，具体参见"胃壁雕刻.c4d"文件。

图 5-3-42

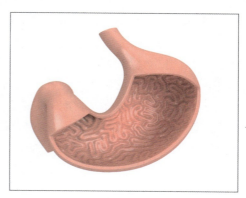

图 5-3-43

第六章 科研图像设计的基本法则

科学与艺术都是人类为理解和描述我们所处的世界做出的尝试。虽然有着不同的方法和传统，目标受众也不相同，但两者的动机和目标基本一致。科研图像作为一架沟通两者的桥梁，其根本目的是阐述研究内容和学术思想。在任何情况下，都应该将科学性放在第一位。尽管在一些概念性的效果图中会适当添加艺术化的处理，但不能包含明显的有悖于科学常识的存在。

很多时候，可视化技术的创作者不一定拥有良好的科学知识背景，也没能花足够的时间去理解他们试图表达的潜在科学。科学概念的构筑并非一朝一夕的事情，更不要说将这些概念图像化了。大多数情况下，这种知识上的不对等性只能靠经验和技术来弥补。一方面，可视化工作者需要跟研究人员进行反复沟通，以对自身在理解科学图像时产生的偏差不断作出修正。另一方面，对于特定模式的科学图像，借助某些计算或模拟的手段可以帮助设计人员减少不必要的错误。在正确表述的前提下，艺术创作才是我们接下来要考虑的事情。同一种事物可能有多种表达方式，何种表述是最简洁的或最吸引眼球的，则需要在具体的设计过程中加以权衡。本章即以此为出发点尝试对科研绘图中的常用技法进行一般性的概括与探讨。

6.1 配色、排版与构图

人类对视觉的认知主要是从色彩和形状开始。一般来说，色彩侧重表现效果，而形状侧重表现内容。很显然，大多数科研人员在这方面受到的训练是极其有限的，诸如色彩的搭配、图形的排列等。本节中，我们将介绍最基础的配色和构图方面的知识。

6.1.1 色彩的选择

在具体讲解色彩选择之前，我们先要了解一个概念——色相环。众所周知，彩虹的色彩是空气中的水滴对阳光进行折射后呈现的结果。不同波长的光最终分解为红、橙、黄、绿、蓝、靛、紫七种单色光，按照彩虹外圈到内圈的顺序排列。事实上，彩虹的颜色远不止这七种。色相环其实就是将彩虹色按照圆环方式排列的色相光谱，根据色彩细分程度的不同可分为6色相环、12色相环、24色相环等。

在一个色相环中，色相由原色、间色和复色构成。根据原色选取方式的不同，色相环又可以分为红黄蓝（RYB）色相环、红绿蓝（RGB）色相环和CMYK色相环。其中，RGB色相环和CMYK色相环分别用于计算机屏幕和印刷显示。这里我们主要讲解下RYB色相环，这也是美术中经常用到的色相环。

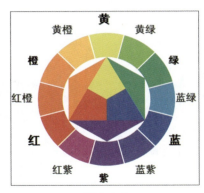

图 6-1-1

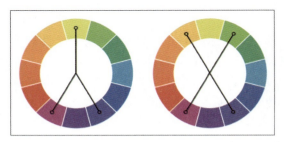

图 6-1-2

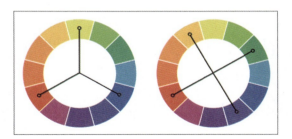

图 6-1-3

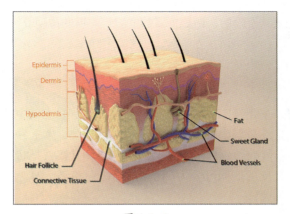

图 6-1-4

以如图 6-1-1 所示的色相环为例，这是一个典型的红黄蓝 12 色相环。在该色相环中，红色、黄色和蓝色构成三原色，三者所在的位置刚好形成一个等边三角形。三原色两两组合可以得到间色，也叫二次色，分别为橙色（红+黄）、绿色（黄+蓝）和紫色（红+蓝）。然后再将间色和相邻的原色组合，又可以得到六种不同的颜色，称为复色，也叫三次色。这里的六种复色分别为红橙色、黄橙色、黄绿色、蓝绿色、蓝紫色和红紫色。

在色相环中进行色彩的搭配只需要记住两个原则——邻近色和互补色。以黄色为例，黄色在色相环中的邻近色为黄橙色和黄绿色，互补色为紫色。互补的两种颜色在色相环中呈 180°角，一个 12 色相环拥有六对互补色。一般情况下，邻近色用于表示协调一致，例如，同一种材料的多级组分或变化过程。而互补色多在对比和衬托时使用，例如，白天和夜晚、冷和热、动脉和静脉等。

此外，邻近色和互补色混合使用还可以产生更多的变化。如图 6-1-2 所示的分割补色和双分割补色就是将一种或多种颜色再次分割得到的结果。分割意为取某种颜色的邻近色，这样得到的颜色分布可以呈三角状或四方状。如果色相跨度再大一些，色彩的分割还可以采取正三角形或正方形的分布形式，如图 6-1-3 所示。

下面用几个实际案例来帮助大家熟悉邻近色和互补色的具体使用场景与注意事项。如图 6-1-4 所示是人体皮肤的微观结构示意图，整体配色采用的是黄色到橙色之间的邻近色。从表皮层到真皮层，再到皮下组织，相近的配色不会给不同层之间带来割裂感。局部的配色则可以根据日常习惯或具体效果来选择，例如，毛发一般会使用黑色，而血管一般使用红色。这里为了区分动脉血管和静脉血管，分别使用了红色和蓝色这样一对分割补色来表示。通常，用红色表示动脉血管，蓝色表示静脉血管。

再来看如图 6-1-5 所示的 Accounts of Chemical Research 期刊封面，图像的主体部分是一棵树，左右两半部分内容分别表示的是异相催化和均相催化。整幅图的背景是白天与黑夜，采用的是橙色和蓝色这一对互补色，昼夜的对比因此而显得更加强烈。（最左侧约 1/4 的半透明阴影是期刊本身的封皮设计）

另外一个具有代表性的例子是如图6-1-6所示的Accounts of Materials Research期刊封面，该封面要阐述的是纳米材料在光、电、热、磁四个方面的特性。这本身是四个抽象的物理概念，结合具象化的高速列车设计可给人以视觉上的冲击感，同时使得构图上更有章法可循。为了区分四个基本物理概念，最简便的方法就是利用12色相环中的两对分割补色来表现，如红、黄、蓝、绿色。具体选择时可以稍有一些偏移调整，最终目的是使得四种不同的效果在画面中容易彼此区分、互相独立，最终的色彩搭配如图6-1-7所示。本例除了颜色外，还引入了形状区分的因素。结合所表现效果的具体的物理意义，可以添加不同的形状特效。具体地说，火焰对应热，光束对应光，流线对应磁，闪电对应电。列车头部的字母T、O、M、E分别是Thermal、Optics、Magnetism和Electricity的首字母，包括车头和车厢底部的图案同样用相应的颜色显示，和内容彼此呼应。在科研绘图中，色彩和形状的正确搭配使用往往会产生出乎意料的效果。

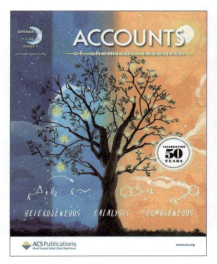
图 6-1-5

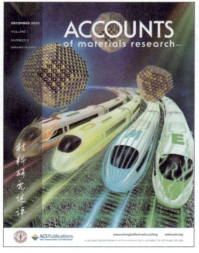
图 6-1-6

图 6-1-7

在实际设计过程中，不同的设计师往往会根据自身经验和感觉来进行色彩的搭配。例如，红色代表热烈奔放，蓝色代表宁静忧郁，这是大多数设计师的共识。能够在日常生活中找到色彩参考的对象不适宜过度发挥，比如人体血液、组织多偏向红色色相，海洋、天空等则多偏向蓝色色相。然而，和宏观世界呈现出的绚烂多彩不同，当物体尺寸小于200 nm时，传统的光学显微镜就很难识别。我们看到的电子显微镜下的图片多是灰度图，所以微纳米材料的色彩选择没有相对固定的标准。

有个特殊的例子是分子结构。由于分子结构的种类成千上万，为了能够快速通过分子结构图来识别其中的原子，在长期的图像化表达过程中形成了约定俗成的配色方案。通常，灰黑色表示碳原子，白色表示氢原子，红色表示氧原子，蓝色表示氮原子，黄色表示硫原子等，如图6-1-8所示的半胱氨酸分子球棍模型采用的就是这一标准。需要注意的是，该标准虽然适用于大多数情况，但对于具体图像还是应以图例中的标注为准。Pymol软件中的原子配色方案，如图6-1-9所示，可作为参考。

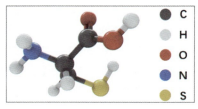
图 6-1-8

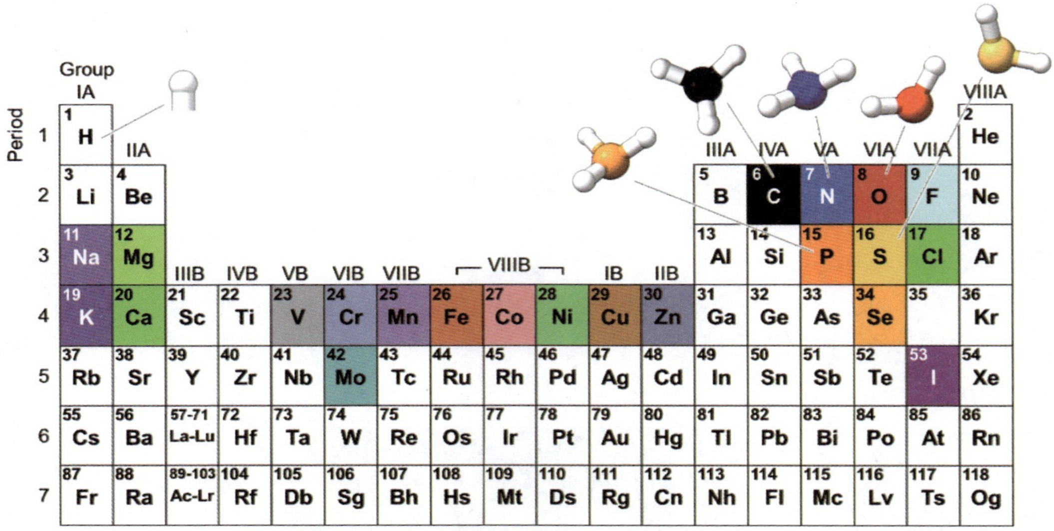

元素符号	颜色名称	RGB值	元素符号	颜色名称	RGB值	元素符号	颜色名称	RGB值
H	白色	255, 255, 255	C	黑色	0, 0, 0	N	蓝色	0, 105, 254
O	红色	228, 0, 50	F	天蓝	181, 255, 255	Na	淡紫	170, 91, 241
Mg	绿色	143, 255, 35	P	橙色	254, 129, 16	S	金色	255, 210, 48
Cl	绿色	51, 242, 47	K	紫色	143, 62, 211	Ca	绿色	74, 255, 35
V	灰色	166, 166, 171	Cr	海螺	139, 153, 200	Mn	淡紫	157, 123, 200
Fe	橙色	223, 105, 56	Co	玫瑰红	239, 144, 160	Ni	绿色	97, 210, 86
Cu	茶色	200, 129, 57	Zn	海螺	126, 128, 176	Se	橙色	254, 162, 20
Mo	青色	90, 183, 182	I	深紫	148, 0, 148			

图 6-1-9

6.1.2 图像的排版

和配色相比，科研图像的排版对设计本身的要求相对更低。但其重要性丝毫不次于绘图的其他环节，特别是在一些流程图的绘制中，合理的排版是有效表意和简洁美观的前提。

一般涉及图形绘制的软件都会提供对齐功能，这也是实现整齐排版的基础。例如，在PPT中，选中两个或两个以上的图形，就可以在"形状格式"菜单中使用"对齐"功能，可选择的对齐方式如图6-1-10所示。

根据对齐的方向不同，可以分为横向与纵向两种，其中横向对齐包括左对齐、水平居中和右对齐，纵向对齐包括顶端对齐、垂直居中和底端对齐。举个例子，有5个随机分布的矩形，根据这些矩形的边框形状可以分别画出水平和竖直的边界线与中线。选中这5个矩形后，单击"对齐"中的"左对齐"或"右对齐"，就会全部对齐到最左侧或最右侧的竖直边界线。如果单击"水平居中"选项，则会对齐到竖直的中线位置，如图6-1-11所示。纵向的对齐也是如此，只不过参考线变为水平的边界线或中线。

图 6-1-10

除了以上两类对齐方式外，PPT中还提供了"横向分布"和"纵向分布"两个选择。它可以让多个图形之间实现等距离分布，如图6-1-12所示。该功能适用于多图片的排版，如图6-1-8所示的原子标注就可以先后使用"水平居中"和"纵向分布"实现规整的排列。

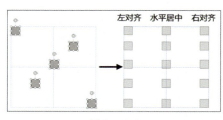
图 6-1-11

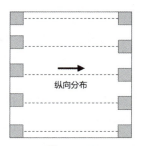
图 6-1-12

当然，借助某些插件可以实现更多的快捷对齐功能，如Onekey插件中的"对齐增强"。该功能位于"对齐递进"下拉列表中，如图6-1-13所示，主要有"瀑布流"和"弧形分布"两种排列方式。

"瀑布流"适用于多张相同尺寸数据图片的行列式排布，例如，有A、B、C、D四张等尺寸的电镜照片图，按A-D的顺序依次选中需要排列的图片（按住"Shift"键单击表示加选），然后根据需要设定行数或列数。对于四张照片可以选择2×2的排列方式，即两行两列。这里"指定列数"设为2，默认相邻行和列之间的"间隔"为0.3，单击"确定"按钮即可得到如图6-1-14所示的排版结果。

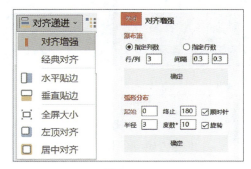
图 6-1-13

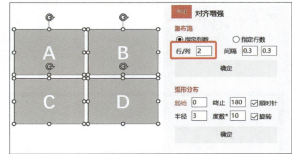
图 6-1-14

另外一种"弧形分布"适用于绘制一些环状排列的图案。可以设置"起始"和"终止"的角度，以及弧形的"半径"。如图6-1-15所示，选中六个文字A的图形，设置"起始"角度为0，"终止"角度为180，"半径"为3，单击"确定"按钮可得到半圆形的分布。如选中"旋转"选项，图形会从0到180度按等差数列的方式发生角度旋转。如果不选中"旋转"，则所有图形都会保持原来的角度。

此外还有一个"度数*"的选项，该功能只在选择一个图形进行复制时有效。例如，选择一个文字A的图形，"度数*"设为30，并选中"旋转"。单击"确定"按钮即可复制出一个新的图形，同时旋转30度并按照弧形的方式进行排布。不断单击"确定"按钮（共复制11次）就能得到如图6-1-16所示的环形分布的图案。

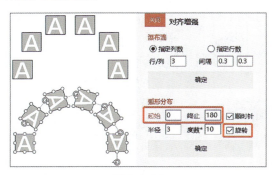
图 6-1-15

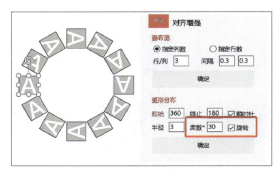
图 6-1-16

若要所有图案的方向都沿半径方向向外,只需选中所有图形,逆时针旋转90度即可,如图6-1-17所示。注意,在PPT中旋转图形时可按住"Shift"键,这样每转动一次角度变化为15度,很容易实现15的整数倍角度的精确旋转。这一点与C4D软件中的旋转类似,但C4D软件中可以设置更精确的单次旋转角度。

除PPT外,其他的设计类软件如Photoshop、Adobe Illustrator等,都有图形排版相关的功能。以Photoshop为例,选择画布中两个以上图形,画布上方会出现"对齐"工具选项,单击▦图标可显示如图6-1-18所示的内容。其"对齐"和"分布"方式与PPT中类似,此处不再重复介绍。

Photoshop中的"对齐"参考给出了两种选择:选区和画布,如图6-1-19所示。选区指的是以图形的边界框为对齐参考,画布则是以整个画布的边界作为对齐参考。一般默认使用"选区"的参考方式。

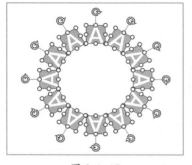

图6-1-17

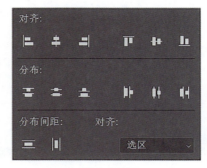

图6-1-18

图6-1-19

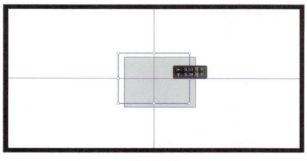

图6-1-20

另外,Photoshop中还提供了对齐参考线的功能。在"视图"菜单中选择"显示"→"智能参考线"选项,移动图形时会有横向或纵向的辅助线作为对齐参考,如图6-1-20所示。选择移动工具后,按住鼠标左键拖动可以移动图形的位置。当图形处于某种形式的对齐状态下(如居中对齐)时,画布中的鼠标指针会有明显的停顿感。

在主体图形对齐的前提下,还需要考虑文字、箭头、图例等元素的位置分布。排版时重点考虑以下几个因素:第一,主要排版方式或主体脉络清晰;第二,画面的比重不能失衡;第三,文字和图像细节的清晰程度足够。如图6-1-21所示是典型的多元素示意图的排列示例,为了保证单个三维模型图的角度和尺寸都一

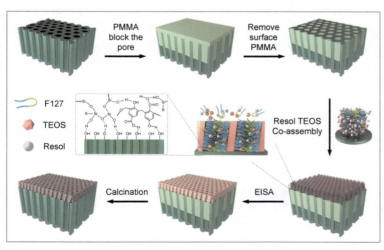

图6-1-21

致，在三维软件中可以固定摄像机的角度进行渲染，具体参考 4.4.1 节的内容。如果单行排列，会导致图片宽度过大，可考虑 U 字形排布方式，其他元素放在中间空白处。

6.1.3 构图的技巧

在掌握了配色和基础的图像排版后，更高级的设计方成为可能。在设计时，合理的构图将是第一步需要考虑的事情。对科研绘图而言，它主要体现在图形摘要和期刊封面的设计中。本节将结合具体的封面或摘要图案例，讲述几种常见的构图方法。

6.1.3.1 中心构图法

构图其实是几何美学的一种展现，最简单的构图不需要任何设计，直接将要展现的内容放在画面的中心位置即可，也称为中心构图法。这种构图方法使得主体内容较为突出，给人以开门见山的感觉。如图 6-1-22 所示的 *Science* 文章概念图，展示的是二维纳米片交错构成的范德华薄膜。以皮肤表面作为背景，薄膜材料位于画面的中央区域，材质上的差异会吸引观众的目光聚焦在核心内容上。中心构图一般采用平视或近 45°的俯视视角，展示的主体内容以

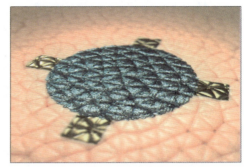

图 6-1-22

具有一定程度的对称性（包括轴对称、中心对称等）为宜。背景尽量避免过多的干扰元素，单色系渐变填充、场景平面及虚化的背景是较为常见的几种选择。

如图 6-1-23 所示的 *Angewandte Chemie* 期刊封面，该封面本身以圆形作为图像展示的窗口。虽然圆形的位置稍微左偏，但结合期刊名称和期刊号的文字排版设计达到一种整体的平衡感。在此基础上，将内容的主体结构放置于圆形的正中心，产生一种类似于镜头聚焦观察的效果，兼有探索科学奥秘的寓意在其中。延伸到复杂的场景，中心构图法同样奏效。只需将核心对象放在画面中央最显眼的位置，然后选择合适的视角即可。如图 6-1-24 所示的 *JACS* 封面，表达内容为"冰与火的平衡"。画面主体为激流中堆垒而起且保持平衡的石头，读者可第一眼看出图像背后表达的含义。场景选取的是平视的角度，在展示平衡的同时还兼顾了画面的纵深感。同样，背景画面添加了景深模糊效果，避免干扰前景的核心画面内容。

图 6-1-23

图 6-1-24

中心构图法虽然简单，但只适合表达主体内容简单明确的场景。对于多元素或多线程的设计，这一构图法将不再适用。

6.1.3.2 等分线法

除了中心构图法外，其他的构图通常需要借助辅助线来完成。很容易想到的是将画布进行横向或纵向的均分，即等分线法。

常见的分割方式有二等分、三等分和四等分，如图6-1-25所示就是典型的横向和纵向二等分构图。这里等分线起到的作用是分割或对比，可以是内容上的，也可以是表达形式上的。分割线的形式同样没有固定的要求，直接借助于场景中的"线条"也是一种明智的选择，如地平线、轮廓线等。分割线甚至还可以是曲线，如太极中的S形分割线。

关于等分线法有一点需要说明的是，并不是每块分割区域内都要填充有切实的内容，特别体现在前景和背景的分割情形中。例如，在三分法构图中，将画面分成1∶2两部分是非常常见的选择。如图6-1-26所示的 *Nano Letters* 封面，画面上部约2/3作为虚化的背景，只在前景中适当放几个细胞模型作为点缀，这一创作方式与中国画中的留白有异曲同工之妙。Jan Tschichold曾说道："留白应该被视为一种主动元素，而不是被动的背景。"很多场景类封面设计都可以借鉴这一方法。

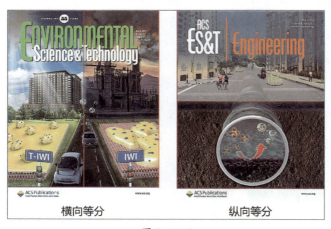
图 6-1-25

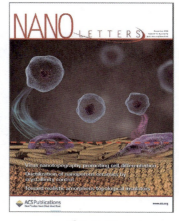
图 6-1-26

6.1.3.3 对角线法

另外一种常见的构图辅助线是对角线。从几何角度来讲，对角线是在一块矩形画布中能画出的长度最长的直线段。所以对角线法在展现内容的信息量多寡方面具有天生的优势。而且，相比于横平竖直的排版，对角线构图能给人带来更强的视觉冲击效果。

如图6-1-27所示是木材微结构的多级放大效果示意图，整幅图从左上角至右下角采用由远到近的视角，结构上呈现逐级发散的特点。该图整体采用对角线构图法，将不同尺度的结构融合在同一个场景中而不显突兀。木质素（lignin）、半纤维素（hemicellulose）和纤维素（cellulose）三种物质均得到了很好的呈现。

封面设计中，对角线构图也是一种常见的构图方法。特别是对于一些长径比较大或拆分式的结构，对角线构图往往能展现更丰富的内容。构图前设计者首先需要明确的一点是，构图的对角

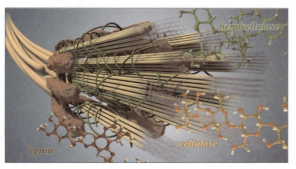
图 6-1-27

线在实际的图像内容中可以是平面的对角线（矩形对角线），也可以是空间的对角线（长方体对角线）。如图 6-1-28 所示，*Analytical Chemistry* 封面中对角线上的内容都比较重要，均需突出展示，那么平面型对角线可兼顾整体的均衡性。如果是像 *Advanced Energy Materials* 封面中，同样是对角线构图，但在结构的细节或内容的重要性等方面有一定的倾向性，则空间型对角线更能表现出画面的层次感或张力。

在实际创作中，对角线构图还可以与中心构图法或等分线法相结合来使用，得到更多的构图方式。如图 6-1-29 所示是实际的封面设计案例，背景使用等分线法，前景主要内容沿对角线放置，这种布局方式使得整个画面不容易重心失衡。整个构图介于平面对角线和立体对角线之间，侧重点是右下方的蛋白和材料表面之间的作用。如果是中心构图加上对角线的元素，可以体现为模型的角度变化，也可以是背景或其他元素的对角线设定，如图 6-1-30 所示。该封面采用的是双对角线的设计，使得主体结构和四面发散的内容合理排布，这一构图方式能够让整个画面空间得到最有效的利用。需要注意的是，不要为了凑对角线而打破画面的平衡，创作中可选择合适的视角，或者在后期图像处理时加以调整。

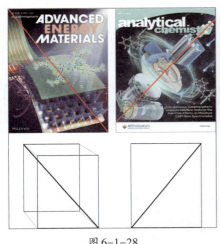 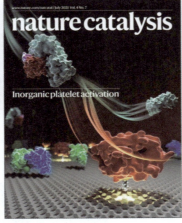 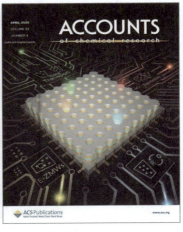

图 6-1-28　　　　　　　　　图 6-1-29　　　　　　　　　图 6-1-30

以上介绍的是三类常用的构图法，实际创作中会有更多的变化和选择。根据期刊封面设计版式的不同，也须做出适当的调整。

拓展 8　C4D 软件中的摄像机辅助构图

在 C4D 软件中，摄像机对象的"合成"属性菜单里提供了多种构图辅助线，如图 6-1-31 所示。包括网格、对角线、三角形、黄金分割、黄金螺旋线、十字标等选项，每个选项都有对应的控制参数，如"单元"数、"镜像"和"迭代"次数等。

例如，在宽 8.5 英寸、高 11 英寸的画面中，设置不同的摄像机辅助线类型，如图 6-1-32 所示。辅助线需要在摄像机视图中方可显示，可同时启用多种类型的辅助线。

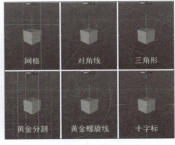

图 6-1-31　　　　　　　　　图 6-1-32

6.2 如何在画面中突出重点

对图像创作者而言,如何将观众的视线引导到最重要的或最想突出表现的区域上是设计时应重点考虑的问题。这一区域往往称为图像的"焦点",也是"视觉权重"最大的区域。所谓"视觉权重",衡量的是某一元素吸引眼球的力量。虽然它目前无法进行量化,但在实际设计过程中却有一定的经验和规则可循。本节主要讲解科研期刊封面图或示意图中的一些基础且实用的表现手法。

6.2.1 位置和视角

设计可以看作是形状和空间的排列。在一幅画面中,视觉的"焦点"可能是某个点,也可能是某片区域或元素的组合。如何突出显示目标内容,从几何角度来说,首先与对象摆放的位置和观察的视角有关。若呈现的是单个元素,最常见的是将目标对象放在画面的中心处,即中心构图法。这种设计方式需要处理好对象和背景之间的关系,一般可通过色彩或明暗的对比将目标主体从背景画面中分离出来。若呈现的是多个元素,则需要考虑元素之间的相对位置关系。因为多元素的画面容易造成视线的分散,这时画面的中心往往不是最吸引注意的地方。将主体对象放置在何处才能获得最有效的表达,成为设计者关心的问题。

在分割法构图中,三等分线的交点通常被认为是画面的焦点,如图6-2-1所示。特别是在一些风景摄影图片中,树木、房屋等放置在红圈处更能抓住人们的眼球。这种简单的构图方式为设计者提供了一种快捷有效的设计方案,在没有详细思路的情况下可以作为切入点。当然,除了等分法外,切割的方式也可以适当作变形处理。例如,按照黄金比例$(\sqrt{5}-1)/2$的分割线交点,以及角点到对角线的垂足等,都是适合作为"焦点"的选项,如图6-2-2所示。

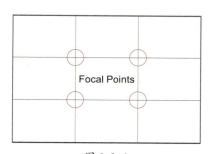

图 6-2-1

图 6-2-2

另外一个能够帮助突出重点的空间因素是视角的选择。当一幅图像的主体表达内容确定后,视角的选择往往是多样的。相对于全景或鸟瞰的呈现方式,一些近距离或剖面视角更能阐释要表达的结构和过程。常见的剖面视角案例有细胞膜跨膜过程、液相反应体系及地壳土壤相关研究等。如图6-2-3所示就是典型的借助剖面展示跨膜蛋白结构和功能的例子,此外,该案例中还利用色彩和绘制类型的差异增强了对象之间的主次对比。

直接将镜头推到物体表面也可以起到强调细节的作用。特别是在一些大面积的或二维多层材料中,广角镜头或短镜头的应用可以显著增强画面的纵深感。如图6-2-4所示的双层掺杂石墨烯材料,为了表现掺杂原子的轨道对于材料层间距的影响,选用的就是层间观察视角。在使用广角镜头时,近距离的景物容易因透视变形而过度拉伸，这是设计过程中应尽量避免的问题。

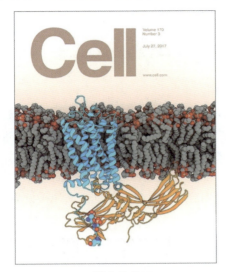

图 6-2-3

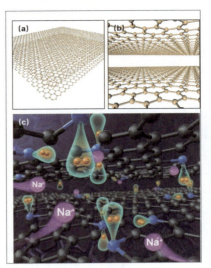

图 6-2-4

还有一些设计选择在画面中构造趋势线来引导观察者的视线，同样也可以达到塑造视觉"焦点"的目的。如图 6-2-5 所示的两幅封面，分别采用单点透视和螺旋递进的方式将人的视线往"焦点"处汇聚。在这类设计中，"焦点"和趋势线都可以作为承载表达主体的选择。某些借助实景道路或路线式的设计（如传输带）与此类似。

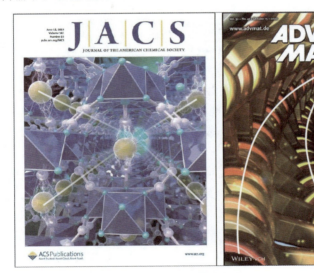

图 6-2-5

6.2.2 对比和强调

空间构图并不是影响"视觉权重"的唯一因素，更多情形下，它将受到设计方法和感知方式的支配。所有的设计在开始前都要对元素的排列及表现手法进行思考，简言之，要让不同元素之间产生主次和层级关系。切忌同时强调所有的元素，为了让设计中的一些元素脱颖而出，其他元素必须淡出画面。而塑造视觉"焦点"最根本的思路就在于，让其和周围区域产生对比。

根据Gestalt设计原则，元素之间的相邻性、相似性、连续性、封闭性等是平面设计中影响视觉感知的几个主要因素。在三维图像设计中，这些概念同样可以发挥作用。元素间的对比主要可体现在尺寸、形状、颜色、纹理、密度、取向等方面的差异上，如图6-2-6所示。人类的视觉倾向于追寻一些与众不同的事物。用更一般性的设计术语描述，这些差异具体表现为色彩的冷暖、光线的明暗、距离的远近、形状的虚实及物理的比重等。

在实际创作中，用于产生对比的手段通常不会单独使用。如图6-2-7所示的猪笼草捕获并还原二氧化碳的过程，设计时利用红绿两种色调来突出主体和背景的差异。色相环中的位置相隔越远，两种颜色的色相差异也就越大。通常，暖色调比冷色调更会加吸引眼球。幸运的是，猪笼草和叶子的颜色刚好符合这一视觉特征。为了避免对整个过程的描述产生不必要的干扰，背景采取了模糊虚化的处理。落实到具体的软件技术上，背景虚化效果可以用C4D中的摄像机景深或Photoshop中的高斯模糊来实现。在色调和虚实的双重对比之下，图像的主体内容得到大幅度的加强，使得读者能够在第一时间捕获到图像所传达的信息。

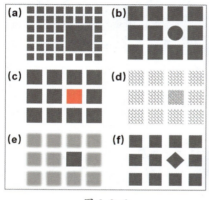

图6-2-6

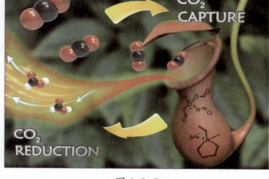

图6-2-7

如图6-2-8所示的*Science*封面，整个场景通过由明到暗的过渡及地面的网格线走向营造出空间感。画面中对比最为强烈的是右下角发光的RNA和其他结构之间的差异，凸显这种差异的方式是使用更强的饱和度及类似点光源的发光效果。这样的处理方式不仅大大增加了分子结构的"视觉权重"，也和封面的主题"人工智能筛选RNA结构"相契合。

可见对比关系并非仅存在于前景和背景之间，主体元素之间也会存在排斥和竞争的关系。尤其对于一些铺满式的图像而言，主体部分的确认和凸显需要依具体内容而定。如图6-2-9所示的*Nature Sustainability*期刊封面，原子轨道形状的排列充斥了整个画面，背景几乎可以忽略不计。画面中互为对比关系的是两种不同取向的轨道模型，这种对比主要是通过相同取向的轨道模型形成的封闭区域来体现，相邻封闭区域的交界处可以看出明显的差异。蓝紫两种颜色是对两块区域的进一步修饰，在转为灰度图显示或黑白打印的情况下，封闭图形的区域性差异仍有相当的辨识度。

最后，除了对比和衬托外，还可以引入一些易于识别或联想的符号来引起读者的兴趣。这种符号可以单纯是形状上的，也可以带有特定的文化特征。例如，有很多中国学者喜欢用阴阳太极来表示二元的关系，很多封面案例中都可以见到该文化元素的存在。在科研图像中，起到指示性的符号通常有文字、箭头、标靶、放大镜等。如图6-2-10所示的*Nature*封面，用箭矢射中肿瘤细胞具有明显的指向性作用，同时借助材质细节的差异和镜头的聚焦效果，使得画面中心的肿瘤成为唯一的视觉"焦点"。

图 6-2-8　　　　　　　　　　图 6-2-9　　　　　　　　　　图 6-2-10

以上所述内容是对一些常见设计理念的半经验式归纳，仅供读者参考。设计本身是一项富于创造力的工作，如何在现有的设计基础上做出更多突破才是设计师应该关心的事情。在 6.3 节中，我们将对科研绘图中的常用元素进行概括性的介绍。

6.3 常用元素的绘制理念

图像语言和文字描述不同，偏重的是短时间内的信息输出。能否用精简的图像效果来表现长篇大段的文字内容，一定程度上决定了设计的难易和结果的好坏。绝大多数的研究内容都可以转化为相应的图像描述，这也是科学可视化得以迅速发展的前提。本节从普适性角度出发，为大家整理归纳了科研绘图中一些常用元素的使用场景及其绘制技巧，具体可分为表现结构、表现性质、表现过程和表现细节四类。使用的软件以 Photoshop 为主，侧重于绘图思路的讲解。

6.3.1 表现结构

分子、材料或器件的结构在绝大多数科研图像中都是作为最基础的元素存在，之前的章节中或多或少已有相关的描述。在某些学科如建筑学中，结构是设计的关键要素。基于科学可视化探索和揭示的本质，结构的表现主要集中于局部或内部结构的展示。正如绘画中的素描可分为明暗素描和结构素描两类，轮廓描绘和光影调节也是三维软件中表现结构的主要手段，4.4 节的内容对此已有基本的描述。这里仅举一些具体的案例加以说明。

由于三维软件中的光影效果均是基于算法实现的，无论是灯光投影还是全局照明，都有一些预设的参数可供参考。同样，基本的透视关系也可直接通过调节摄像机视角得到，这在很大程度上解决了那些缺乏美术功底的使用者的困扰。如图 6-3-1 所示的光影效果足以在科研绘图中将问题描述清楚，软件使用者仅需掌握一些特定的表现手法即可，诸如剖面展示、结构拆分、轮廓线透视等。

剖面主要用于展示对象的内部或层状结构，常见的例子有核壳颗粒、多层电极、细胞膜截面等，如图 6-3-2 所示。剖面的方式可以是半剖（1/2），也可以是 1/4 或 1/8 剖面，分别对应 1~3 个互为正交关系的剖面。简单的剖面结构可直接使用布尔差集运算来创建，如核壳颗粒示意图。如果是类似细胞膜这种复杂的剖面，一般先用多边形建模法创建出基本形体，再进行剖面细节的塑造。

图 6-3-1

图 6-3-2

至于结构拆分法，主要应用在产品或器件的结构展示中。这类对象的特征一般体现为由众多零件组装而成，拆分法有利于展示和描述单独各部分的结构及名称，如图 6-3-3 所示。具体呈现时，可结合轮廓线勾勒或实际材质渲染的方法，并且尽量选择避免各部件之间有过多遮挡的视角，体现出组装的层次感。大多数情况下，拆分可沿着组装的逆方向展开。

以上两种结构展示方法均建立在"破坏"主体结构的基础上，如果既要保证主体结构的完整性，又要呈现内部的元素，那么透视法将是最好的选择。具体绘制时，次要的结构以轮廓线表示，主体部分用实体展现加以突出。轮廓线可以采用多图层叠加的方式，以便于后期调整效果。如图 6-3-4 所示，汽车的外部轮廓线和内部轮廓线分别进行渲染，深色背景加亮蓝色的轮廓线是一种常见的视觉优化选择。后期合成中，轮廓线的颜色、亮度、透明度及叠加方式都是可调节的选项。对于图层中全黑的区域，可采用滤色的叠加方式除去。

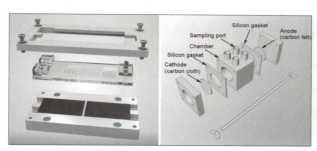
图 6-3-3

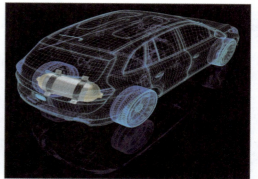
图 6-3-4

6.3.2 表现性质

科研成果在图像化表达时，如何清楚呈现所研究对象的特殊性质是研究者最关心的问题之一。特别是基于材料的研究中，材料的物理性能、化学性能、力学性能等往往是以抽象的性能指标来展现。性能的体现大多是动态的过程，如材料的可燃性、疏水性、渗透性、导电性、柔韧性、可变形性等。如果用完整的动画来实现无疑是复杂且难度较高的。在一般的静态图像中，少部分属性可直接通过物质的结构或形态来表现，如膜的柔性、多孔性、液体的黏性等。其他的属性则可以利用一些简单的元素来表示，本节主要讲解这类元素的绘制方法。

用于表现性质的绘图元素通常与人类的视觉经验有关，常见的如用闪电符号来表示电流或电荷转移，用烟雾表示水汽的蒸发，用蓝色到红色的渐变表示冷热的变化等。虽然这些元素在画面中仅起到点缀作用，但用于表示特定的属性或现象时往往能收获意想不到的效果。如图 6-3-5 所示的反应示意图，即用闪电来表示电子从 Mo 原子传递给活性基团的过程，通过颜色和形状上的差异使其在画面中突出显示。在平面设计类软件如Photoshop中，闪电可以用专门的画笔来绘制；也可以用自由钢笔工具绘制路径，配合画笔渐隐绘制闪电的外形。然后依次添加外发光和内发光效果，使闪电更具有层次感，如图6-3-6所示。

这种虚实渐变的效果还可以用在光斑、光束或光波等元素的绘制中。例如，在绘制光束时，可以用虚化的边缘来模拟光晕的效果。Photoshop软件除了内/外发光能实现该效果外，也可以用"滤镜"菜单中的"高斯模糊"来实现。或给选区设置一定的"羽化"值，然后填充相应的颜色即可。如图6-3-7所示，分别绘制蓝、绿、白三道粗细不同的"光束"，简单的图层叠加后即可得到炫目的光效（必要时图层的叠加类型可选择滤色或变亮）。

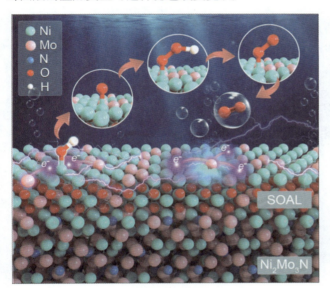

图6-3-5

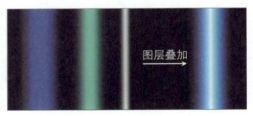

图6-3-6

图6-3-7

更多的跟材料性质有关的效果，还可以通过一款Photoshop的滤镜插件 *Alien Skin (Eye Candy) 7* 来制作。如图6-3-8所示，该插件提供了诸如燃烧、融化、发光、生锈、烟雾等多种效果，每种效果都提供了不同的参数加以控制。应用效果之后会生成新的图层，对于某些滤镜功能，设置合适的图层叠加方式可得到更真实的效果。如图6-3-9所示，对于表示发光发热性质的Corona、Smoke等滤镜，可以添加线性光叠加模式的颜色图层；而对于表面覆盖锈斑杂质的Rust滤镜，则可以采用正片叠底的叠加方式来增强其阴影效果。

图6-3-8

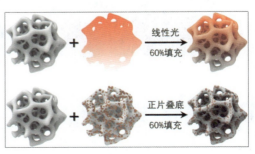

图6-3-9

拓展 8　Photoshop 绘制闪电

Photoshop 中闪电的绘制方法有很多，这里讲解的仅是其中一种——渐隐画笔描边法。

第一步，在"窗口"菜单中打开"画笔设置"，左侧工具栏切换到画笔工具后，可以在"画笔设置"选项卡中设置"画笔笔尖形状"。选中"形状动态"选项，将"控制"方式改为渐隐，并设置其数值，如图 6-3-10 所示。

第二步是设置画笔的一般属性，选择画笔工具后在上方的选项栏设置画笔的"大小"为 10 像素，"硬度"为 100%。画笔的大小设置请参考画布大小，本例使用的画布大小为 1000 像素 × 1000 像素。

第三步是用自由钢笔工具绘制路径，绘制前可在画布上方的选项栏中单击图标，在弹出的选项卡中将"曲线拟合"设为 1 像素，如图 6-3-11 所示。然后在画布中任意绘制路径，单击鼠标右键，选择"描边路径"即可（注意描边需要在新建图层中进行，颜色即画笔颜色）。

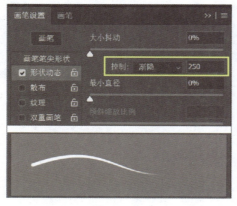
图 6-3-10

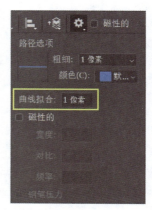
图 6-3-11

描边结果取决于画笔的大小、路径的长短及渐隐参数的设置，如图 6-3-12 所示。保持画笔的"大小"为 10 像素不变，在路径长度允许的范围内，渐隐参数的值越大，路径描边越长。绘制闪电的主路径可设置较大的渐隐参数值，绘制闪电分叉时设置较小的渐隐参数值。

如图 6-3-13 所示的四条路径对应的渐隐参数值和画笔大小分别为：①650，10 像素；②450，8 像素；③250，4 像素；④250，3 像素。路径描边完成后可以合并图层，参照如图 6-3-6 所示的步骤添加内/外发光效果。

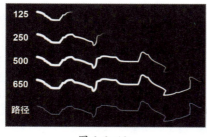
图 6-3-12

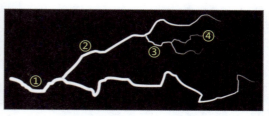
图 6-3-13

6.3.3　表现过程

过程是事情行进或事物发展的经过，表现的是同一时空中的不同元素，或同一元素在不同时空中的相互关系。科研图像中涉及的过程一般指的是动态过程，它主要体现在两个地方：一是时间或步骤上的串联，多为流程图；二是元素的运动状态，如电荷、离子的迁移等。用静态图像来表达动态过程，通常采用的是拆分式的组合成像法或叠加式的连续成像法，如C4D中的摄像机运动模糊就是一种典型的叠加式效果。

在组合成像法中，最常用的表现过程的元素就是箭头，这也是科研图像中使用最多的符号。包括化学反应方程式、制备工艺流程图、细胞信号通路图等在内，箭头起到指明进程方向的作用。此外，箭头还可以用于内容的指示说明等。很多软件中都提供了箭头绘制的功能，使用比较多的有PowerPoint（PPT）和Adobe Illustrator（AI）。以PPT软件为例，箭头的绘制有线条生成和形状编辑两种方法。箭头的风格也可进行多样化的设置，如图6-3-14所示。对于线条图案，可以在"形状选项"中设置开始或结尾的"箭头类型"及"箭头粗细"，还可以将线条改为"渐变线"设置颜色和透明度的变化。对于形状箭头，可以通过"编辑顶点"改变其形状。"渐变填充"和"三维格式"等还提供了更多变化的可能，具体编辑方式请参考4.4.3节内容。

相比于PPT，AI软件中的箭头绘制功能更加灵活。用钢笔工具在画布中绘制曲线，单击属性面板中的"描边"选项，弹出如图6-3-15所示的设置选项卡。其中，可以设置线条的粗细、端点、对齐描边、虚线及箭头的形式等。根据所绘曲线的像素尺寸设置合适的粗细值（如50 pt），然后在"箭头"选项中选择箭头类型（39种），并设置其"缩放"比例和"对齐"方式。之后还可选择线条宽度"配置文件"赋予箭头尾部更多变化，常用的是"宽度配置文件4"。箭头绘制完成后，可以单击"对象"菜单中的"扩展外观"选项，将初始线条转为箭头形状。然后即可给形状填充渐变颜色，如图6-3-16所示。AI绘制的箭头为矢量格式，可存为*.SVG格式的文件，导入PPT或Photoshop中使用。

图6-3-14　　　　　　　　　　图6-3-15　　　　　　　　　　图6-3-16

在连续成像法中，通常使用残影来表示物体的运动轨迹，由此产生的动态视感更加明显。残影可以是时间序列图像中的连续或非连续帧，也可以由软件中特殊的动态效果呈现。如图6-3-17所示的牛顿摆，就是在一个摆动周期的动画序列中选取了六张静态图像，设置不同的图层透明度后叠加而成。从当前帧往前计算，间隔的帧数越多，图层透明度越高，留下的残影也就越淡，从而产生虚拟的动态效果。

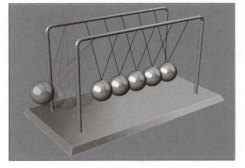

图6-3-17

另一种类型的残影是科研绘图中常见的动态模糊效果，可由Photoshop软件绘制。单击"滤镜"菜单中的"模糊"→"动感模糊"选项，可对当前图层进行线性虚化处理。可设置的参数主要有"角度"和"距离",如图6-3-18所示。其中,"角度"控制的是模糊的方向,"距离"控制的是模糊的程度,单位为像素。"距离"值越大,模糊程度越高,按快捷键"Ctrl+Alt+F"可重复上一次滤镜操作,重复多次可得如图6-3-19所示的效果。

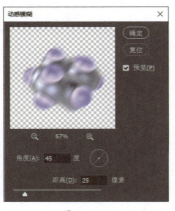

图6-3-18

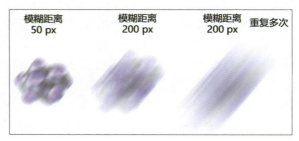

图6-3-19

接下来将原图层置于上方,模糊后的图层置于下方,并且用"编辑"菜单中的"变换"→"变形"工具对模糊图层的形状加以编辑,得到流线更自然的虚影效果,如图6-3-20所示。按快捷键"Ctrl+M"可以调节图层的"曲线",增加拖尾的亮度和色彩对比度。调整后的"环己烷"分子拖尾效果如图6-3-21所示。

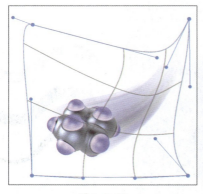

图6-3-20

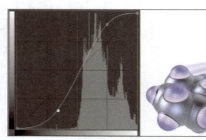

图6-3-21

6.3.4 表现细节

最后一类科研绘图中的常见元素是放大效果,主要用于表现研究对象的局部特征。简单的放大符号如图6-3-22所示,可以用大小两种尺寸的矩形或圆形来表达,多用在简单的示意图或流程图中。

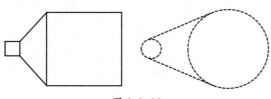

图6-3-22

图形之间用线条连接,线条和图形边框的线型可以是实线,也可以是虚线。如果连接的是方形,一般连接相近的角点;如果连接的是圆形,一般采用外公切线作为连接线。

如果这类放大符号是用在效果图中,有场景图片作为背景时,纯粹的线条可能略显单调且不够突出。通常的做法是给图形填充半透明或内发光的效果，如图6-3-23所示。在Photoshop软件中，可以用"椭圆工具"绘制大小两个圆形（按住"Shift"键可绘制正圆形）。在图层面板将"填充"设为0%，然后在图层名称上单击鼠标右键，选择"混合选项"，图层样式选中"内发光"。一般只需设置"不透明度""颜色"和图素"大小"这几个选项，如图6-3-24所示，设置完成后单击"确定"按钮。

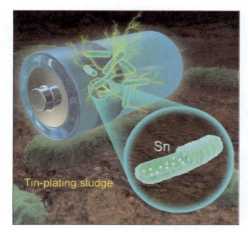

图6-3-23

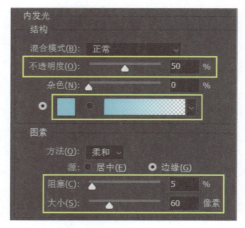

图6-3-24

Photoshop绘制放大效果时还涉及图层蒙版的使用，适用于图像范围超出了放大图形边界的情形。如图6-3-25所示，放大的图像是方形，而选框是一个圆形。若要让图像填满圆形选框，四个角肯定有溢出的部分。这时需要选择方形图像所在的图层，在图层面板的底部单击"添加图层蒙版"图标，在图层后面添加蒙版。图层蒙版是利用颜色来对图案进行选择性遮挡的工具，黑色表示完全遮挡，白色表示完全不遮挡。和直接用橡皮擦擦除相比，蒙版保留了原来的图案，便于修改。

放大效果中间的连接部分可以绘制一个等腰梯形，"填充"度设为0，同样添加"内发光"效果。栅格化图层或添加为组合后再添加图层蒙版，直接利用大圆和小圆的区域选区给蒙版相应区域填充黑色，遮住圆内部的区域。最终结果如图6-3-26所示，具体可参考文件"图层蒙版.psd"。连接部分也可以采用一些弧线的形状，以及更多的设计可能性。

当涉及逐级放大时，还需要考虑图像整体排版的美观。如图6-3-27所示的从宏观的蜘蛛经过多级放大到微观原子的过程，使用的是连续的锥状放大符号。四个圆圈内的图案在设计上彼此独立，仅需注意图案尺寸和间隔的一致性，就能收获不错的视觉效果。

最后，图像设计师应当牢记一点，设计虽然有某些定式可循，但绝非不可打破。如图6-3-28所示是直径仅有2 nm的DNA经过逐级压缩形成微米级染色体的过程，或者说是染色体到DNA的逐

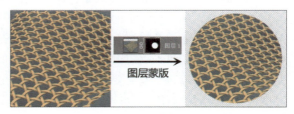

图6-3-25

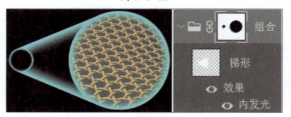

图6-3-26

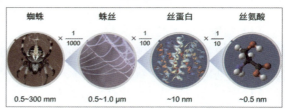

图6-3-27

级放大过程。该图采用的是一体式构图法，以避免破坏整个DNA压缩过程的连贯性。很显然，这种图像表达方式有着更高的设计难度，需要考虑各级图像之间的衔接。随之带来的好处是整个变化过程表现得更加直观，画面变得更加紧凑且更有设计感。由此可见，在掌握了基本的设计手法后，灵活使用和适当的发挥创造有助于在设计上做出更多的突破。

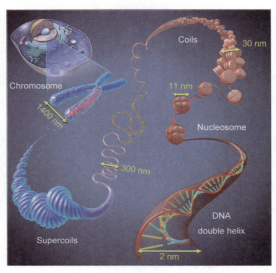

图 6-3-28

拓展 8 Photoshop中的图层混合模式

Photoshop中的图层混合模式是指原始图层（下方）和叠加图层（上方）的像素按照特定的计算方式得到新的值，从而产生不同的图像效果。按照功能的不同可分为六类，分别是标准、加深、减淡、对比、差值和色彩混合模式。在计算时，像素的亮度值会被换算成0~1之间的标准值，白色为1，黑色为0。大多数设计师在使用图层混合模式时采取的是逐个尝试的方法，缺乏有效的指导准则，了解基本的叠加计算原理是有必要的。为方便叙述，用 a 和 b 分别表示原始图层和叠加图层中某像素点的亮度值，混合后的值用 $f(a, b)$ 表示。

❶ 标准混合模式

主要有两类：标准和溶解。默认的标准模式效果为直接覆盖下方的图层，区别是标准模式是完全覆盖，溶解模式是随机像素点覆盖。覆盖的程度与不透明度（或填充度）有关，当不透明度为0%时，只显示原始图层；当不透明度为100%时，只显示叠加图层。若不透明度为0%~100%的中间值，标准模式呈现半透明覆盖效果，而溶解模式呈现的是随机区域覆盖效果，如图6-3-29所示（上层为黑色字母，下层为黄色色块）。用公式表示为 $f(a, b) = alpha(b, a)$，$alpha$ 为不透明度值。

图 6-3-29

❷ 加深 / 减淡混合模式

加深模式有五类：变暗、正片叠底、颜色加深、线性加深和深色。减淡模式同样有五类：变亮、滤色、颜色减淡、线性减淡和浅色。从名称可以看出，这两种模式是一一对应的，效果正好相反。

最为常用的两组是正片叠底和滤色，例如，将一张白底黑字图片叠加到背景图层上，正片叠底模式会在白色区域显示背景，滤色则是在黑色区域显示背景，如图6-3-30所示。正片叠底效果可用

公式表示为 $f(a, b) = a*b$，由于叠加层中白色像素的值为1，相乘之后即为a的值（背景层）；黑色像素的值为0，相乘之后仍为0（黑色）。滤镜效果的计算公式为 $f(a, b) = 1-[(1-a)*(1-b)]$，易知$b = 0$时，$f(a, b) = a$，$b = 1$时，$f(a, b) = 1$。

如果是相同的图片叠加，加深模式可以让暗部更暗，不受白色像素影响；减淡模式可以让亮部更亮，而不受黑色像素影响，如图6-3-31所示是两种模式多次叠加的结果。正片叠底和滤色分别是用来加深阴影和增强高光的首选模式，其他如线性/颜色加深或线性/颜色减淡可以得到更强的效果。变亮和变暗模式则是简单基于叠加图层和原始图层的像素亮度值大小的比较，变亮效果可表示为 $f(a, b) = \max(a, b)$，即取两者间的最大亮度值；变暗效果可表示为 $f(a, b) = \min(a, b)$，即取两者间的最小亮度值。另外深色和浅色两种模式不常用，此处不做介绍。

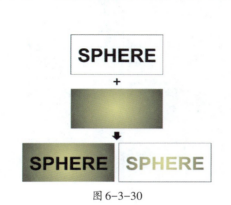

图 6-3-30

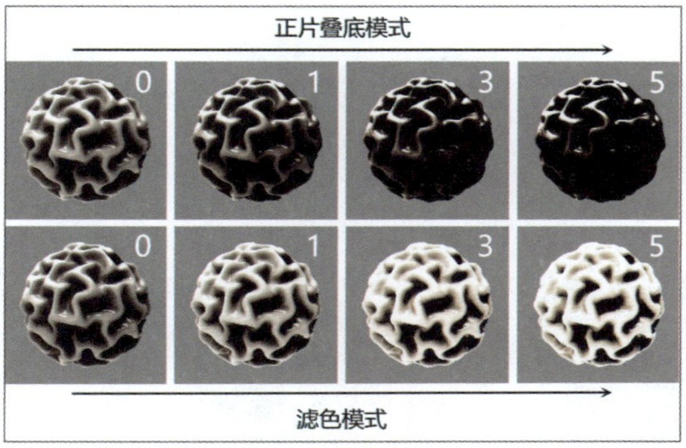

图 6-3-31

❸ 对比模式

该模式可以看作是加深和减淡两种模式的组合，有叠加、柔光、强光、亮光、线性光、点光和实色混合七种。其中，最常用的对比模式是叠加和柔光模式。

叠加模式的效果可用公式表示为：

$$f(a,b) = \begin{cases} 2ab & (a < 0.5) \\ 1 - 2[(1-a) \times (1-b)] & (a \geq 0.5) \end{cases}$$

和其他对比模式不同的是，叠加模式是基于原始图层的亮度值进行计算，而别的模式都是基于叠加图层的亮度值计算的结果。如柔光效果的公式可写为：

$$f(a,b) = \begin{cases} 2ab + a^2(1-2b) & (b < 0.5) \\ \sqrt{a}(2b-1) \times 2a(1-b) & (b \geq 0.5) \end{cases}$$

如图6-3-32所示分别是原始图层用叠加模式和柔光模式添加颜色的结果，可以看出柔光模式下可以得到更加柔和的混合效果。如果是在叠加模式下，适当降低叠加图层的透明度，也可以得到类似效果。

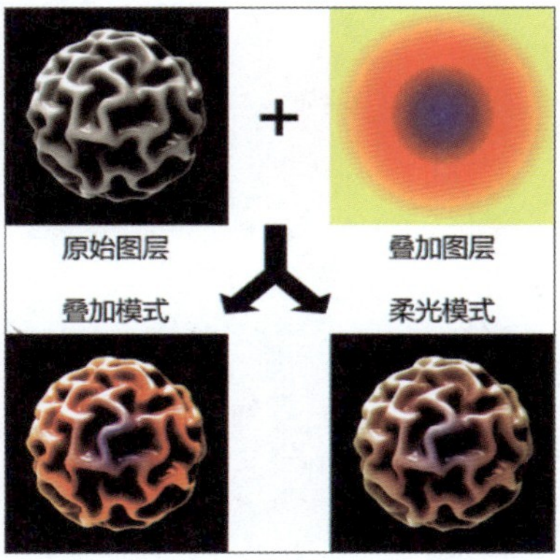

❹ 差值和色彩混合模式

差值模式主要有四类：差值、排除、减去和划分。色彩混合模式同样有四类：色相、饱和度、颜色和明度。差值模式一般用于制作反相效果，其公式写作 $f(a, b) = |a - b|$，即取两个图层像素的亮度值之差的绝对值。与之类似的减去模式则直接采用 $f(a, b) = a - b$ 的值，即原始图层减去叠加图层。根据

图 6-3-32

这一性质，很容易实现互补色的着色，如图 6-3-33 所示的红色与青色就是一对互补色。当原始图层像素的亮度值小于叠加图层，即 $a < b$ 时，$f(a, b)$ 取值为 0，所以减去模式的叠加图层通常设置较小的亮度值。另外，排除和划分模式的表达式分别为 $f(a, b) = a + b - 2ab$ 和 $f(a, b) = a/b$。

色彩模式允许单独编辑色相、饱和度和明度的通道效果，例如，色相模式指的是保留原始图层的明度和饱和度，同时采用叠加图层的色相。饱和度模式和明度模式同理。颜色模式和色相模式稍有差异，它是保留了原始图层的色相和饱和度，并且采用两个图层像素的较低明度值，然后和叠加图层的颜色混合的效果。如图 6-3-34 所示分别是（a）原始图层；（b）色相混合模式；（c）饱和度混合模式和（d）明度混合模式的结果。色相模式和颜色模式类似，只在明度上有差异。

图 6-3-33

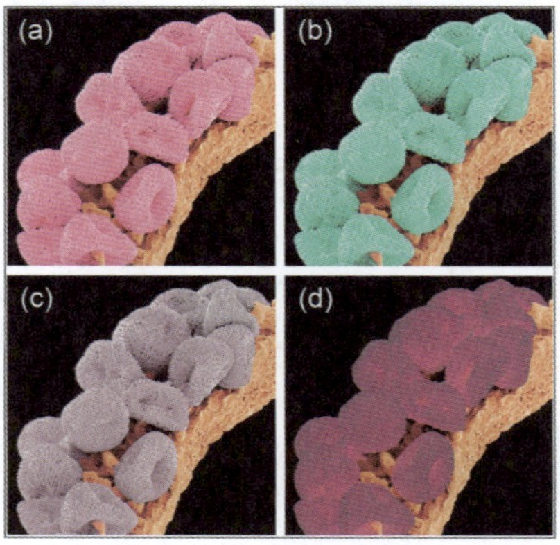

图 6-3-34

07 第七章
科研绘图中的参数化设计

对于使用计算机软件来进行艺术创作的设计师来说，他们必须清楚的一点是自身所从事的工作本质上属于计算机图形学的一部分。数字艺术最大的特点在于所有的操作都是可数字化的，它体现在创作过程中的方方面面。例如，贝塞尔曲线的绘制、RGB颜色的设置、粒子运动的方式等，无一不可归结为某种数学形式来表示。简单的数字修改将直接影响到终端设计，或者说核心设计效果可由参数来控制，这就是"参数化设计"的本质。

7.1 什么是参数化设计？

参数化设计可以定义为用程序化的步骤来实现完整设计流程的设计方式。如同计算机编程一样，输入初始条件即可得到最终结果。唯一的区别是这里的结果是一种图像化的语言。在计算机科研绘图中，很多作品并不是一气呵成的，需要反复地修改和打磨。而且某些特殊结构的形成往往需要符合特定的科学原理，可能可以用某个数学公式来表达，也可能借助计算机模拟才能实现。针对此类艺术创作，参数化设计无疑是最好的选择。

有这样一个故事，说的是一名雕刻墓碑的工匠，他在给Jakob Bernoulli（雅各布·伯努利）的墓碑雕刻墓志铭时，将等角螺线刻成了阿基米德螺旋，两者的差别如图7-1-1所示。很多科学家都有将生平最得意的发现刻在墓碑上的习惯，伯努利也不例外。他生前曾对等角螺线进行过深入的研究，很是为其无限放大而形状不变的性质而着迷。如果雕刻师使用的是参数化的数字雕刻，那么伯努利只需要告诉其等角螺线的方程 $r = a \cdot be^{\theta}$，便可避免这种低级失误。只不过，他再也没有机会让犯错的雕刻师进行"返稿重修"了。

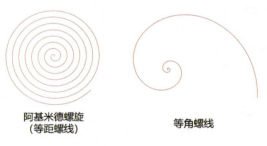

图 7-1-1

参数化设计的核心特点是，设计过程可以分割为节点式的操作，且每个节点都可由特定的参数来控制。目前主流的三维软件都加快了节点式编辑的开发进程，例如C4D软件中的场景节点（Scene Nodes）、3ds Max软件中的Max Creation Graph（MCG）节点编辑器等，可见参数化设计正日益向传统的设计方式发起挑战。举个具体的参数化建模的例子，在4.3.2.2节中我们曾讲解过多孔球壳的创建步骤（见图4-3-60）。之前使用的是多边形建模法，属于一次成型。如果再想改变孔的数量或大小，则需要从头开始建模。这显然不是智能的建模方式，修改起来极其不便。如果孔的数量或大小能转化为某一特定的参数,就可用参数化设计方式来完成该模型的创建。

打开"参数化多孔球壳.c4d"案例文件,这是一个可用参数控制的多孔球壳模型。如果说C4D中的球体、圆柱体等是最简单的参数化对象,可以用半径、高度等参数来控制。那这个多孔球壳便是基于基础参数化对象和参数化操作得到的高级参数对象,其控制参数可能是基础对象的某属性,也可能是某个操作对象的参数。在不同的例子中其实际物理意义也可能不同。本例中主要可调节的参数有球体的半径和分段、倒角比例、布料曲面厚度等。

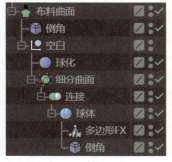

图 7-1-2

在对象窗口可以看到整个建模步骤如图7-1-2所示,根据图标颜色可以将对象分为三类(颜色判断法可参考4.2.3.4节):第一类是基础对象,包括球体和空白;第二类是生成器对象,包括布料曲面、细分曲面和连接;第三类是变形器或运动图形,包括球化、多边形FX、倒角。这些对象记录了从初始球体创建得到最终的多孔球壳的每一个步骤,任何设计师按照同样的步骤操作,并设置同样的参数都将得到相同的结果。

其实,这里的建模思路和4.3.2.2节中的多边形建模并无差异,只是具体使用的工具发生了变化。例如,顶点的"断开连接"和"优化"焊接,原本都是多边形建模中的操作,这里分别用多边形FX和连接对象来替代。在多边形FX的"变换"属性中,将"缩放.Z"的值减小至0.98,即可实现断开边的效果,直接体现在球面平滑显示的变化上。然后添加倒角变形器可得到开口的孔洞,倒角的"构成模式"选择点,"偏移模式"选择按比例,"偏移"值设为33.333%。还有一点要注意的是多边形FX和倒角对象均作为球体对象的子层级,两者的排列顺序决定了操作执行顺序。

得到开口孔洞后,再使用连接生成器将断开的点和边重新焊接,然后添加细分曲面对象。受到开口孔洞的影响,细分后的球面并不是完美的球状,需要添加球化变形器进行调整,球化的"强度"设为100%。之后添加布料曲面,布料曲面的"细分数"设为0,"厚度"即球壳的厚度。最后的倒角是对孔洞转角边作圆滑处理,因而"构成模式"选择边。添加倒角后孔洞的边缘更加清晰,模型变得更有质感。整个流程如图7-1-3所示,每一步操作都有自身对应的参数可调。

如图7-1-4所示,如果将初始的球体"分段"改为24,可以增加孔洞的数量(a)。如果改变第一步倒角的"偏移"比例为45%,将扩大孔洞的孔径(b)。如果连接之后不添加细分曲面,那么得到的孔洞将是多边形形状(c)。

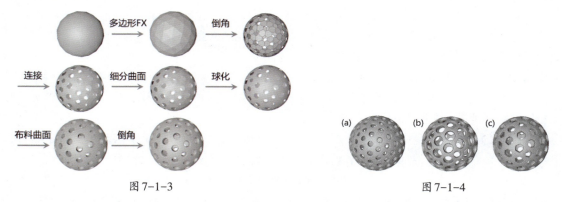

图 7-1-3 图 7-1-4

这个例子中参数控制的属性都比较直观,如孔洞数量、孔径等。但在有些参数化设计中,参数和最终效果之间的对应关系并不那么直接,可能要经过多步计算转换。例如,在一块可变形材料中,有两种不同的形状，如图7-1-5所示。单独每种形状形成阵列图案都很容易。假设形状1是材料初始的形状单元，对应的变形程度为0；形状2是变形后的形状单元，对应的变形程度为100%。在材料阵列中，变形从中心往外逐步发生。即距离中心越近，变形程度越大，变形程度和距中心距离呈现如图7-1-6所示的曲线关系。

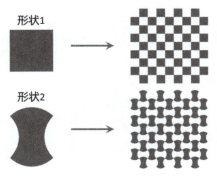

图7-1-5

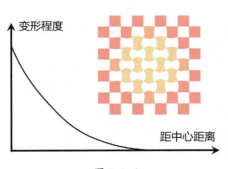

图7-1-6

在该案例中，最具特征性的效果是从形状1到形状2的转变，转变程度由参数"距中心距离"来控制，这一效果在C4D软件中可用域对象来实现。具体对应的是球体域对象的"尺寸"（半径），球体域作用范围可影响变形效果器的强度，从中心往外效果器强度从100%线性降低至0%，如图7-1-7所示。给球体域的"尺寸"设置动画关键帧可以很方便地得到材料由中心往外扩散变形的动画。

以上所举的两个例子使用的是非节点式设计，主要目的是帮助大家了解参数化在设计中起到的作用。它不仅让设计流程变得更加可控，设计结果也变得更加多样。在不同的软件中，参数化设计的方式或许有差异，但其本质都是让设计变得更加智能化和程序化。有一些参数化操作甚至可以像编程一样进行模块化处理，让不同工程间的相互调用成为可能。

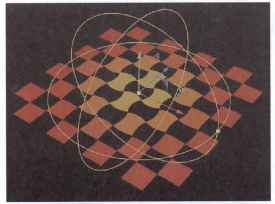

图7-1-7

7.2 参数化让绘图更科学

如何更好地理解参数化在科研绘图中所起的作用，更多的案例说明是必不可少的。虽然参数化的实现本身并不要求设计师对软件有相当深入的理解，但从某种程度上来说，驾驭软件的熟练度和数学思维能力确实决定了参数化设计的水平。因为本书的受众大多未受过该方面的专业训练，所以在软件和示例的选择上将对其易读性和可操作性加以综合的考量，内容上更加偏重思路和方法。本节将以C4D软件中的XPresso和Rhino软件中的Grasshopper为介绍对象，结合具体的科研绘图案例讲解参数化的应用。

7.2.1 XPresso 与自定义参数

XPresso 是 C4D 软件提供的节点式编辑器,它是一种基于节点的可视脚本语言,让不懂代码语言的用户也能进行类似编程的操作。如果将设计过程比喻成写一篇中文文章,那么 C4D 软件中的各类基础对象相当于是汉字和词语,我们学习的各种操作相当于遣词造句的语法。而 XPresso 扮演的角色则是构成汉字的偏旁部首,它不仅可以构建已有的字词,用户还可以根据自身需求对汉字加以改造,甚至创造新的字为自己所用。本节先用一个参数化碳纳米管的案例帮助大家熟悉 XPresso 的功能。

7.2.1.1 参数化碳纳米管

碳纳米管是由呈六边形排列的碳原子构成的一维管状纳米材料,在科研绘图中非常具有代表性,建模方法也因人而异。根据碳六元环沿轴向排列的不同取向可以分为锯齿型(Zig-zag form)、扶手椅型(Arm-chair form)和螺旋型(Chiral form)三种,其中,螺旋型的碳纳米管是具有手性的。但是在一般的科研绘图中,设计师通常画的都是非手性的碳纳米管结构。为了精确描述碳纳米管的手性,可以用螺旋指数 m 和 n 来表示。

如图 7-2-1 所示,a_1 和 a_2 是六边形中的两个基本向量。分别乘以系数 n 和 m 后再相加,即得到碳纳米管原子排列方向的矢量 $C_h = na_1 + ma_2$。与矢量垂直的蓝色箭头表示碳纳米管的长轴方向,实际建模思路就是将平面的石墨烯以长轴方向为卷曲轴,卷曲后首尾相连形成管状结构。由图可知,当 $m = 0$ 时,得到的是 Zig-zag 型碳纳米管;当 $m = n \neq 0$ 时,得到的是 Arm-chair 型碳纳米管;当 $n \neq m$ 且 $mn \neq 0$ 时,得到的是 Chiral 型碳纳米管。

打开"参数化碳纳米管.c4d"文件,如图 7-2-2 所示。对象窗口中的"CNT"空白对象后面的 即 XPresso 表达式标签,其作用是将 C4D 自身对象的属性和碳纳米管模型的参数用节点的方法联系起来。从属性窗口中可知,本案例中的"CNT"模型设置有螺旋指数 m、螺旋指数 n、碳管长度、碳原子半径、键粗细等参数。很显然,这些参数都不是 C4D 软件中原有的。如何用这些自定义的参数来影响碳纳米管模型的构造是 XPresso 需要解决的问题。

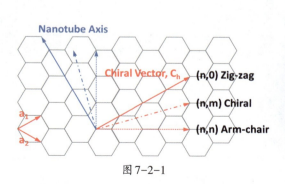

图 7-2-1

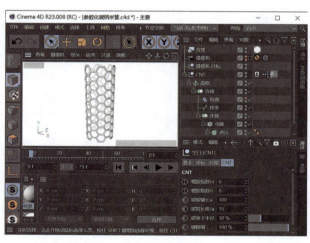

图 7-2-2

双击 XPresso 表达式标签可以打开 XPresso 编辑器窗口,如图 7-2-3 所示。窗口中的每个方块表示一个节点,常用的 XPresso 节点类型有常规、适配、布尔、计算、脚本、逻辑、迭代器等。除了 XPresso 节点外,还有毛发、运动图形、动力学、Thinking Particles 等节点。每个节点都可以有输入端和输出端,分别用蓝色和红色表示。且端口的数量没有限制,可任意增删。两个端口之间可以连线,表示数据信息的传输。数据传输时唯一要注意的问题就是数据类型应保持一致。比如输出端口的数据为整数类型，而输入端口的数据为对象类型，那么两个端口之间无法用线连接，表示这两个端口的数据无法传输。例外的情形是，当输出端的数据类型经转化后可与输入端的数据类型相匹配，那么数据的传输仍可以进行。这种转化是由软件自动判断执行的。比如整数类型的数据"1"可以输出为布尔类型的数据"TRUE"，也可以输出为矢量类型的数据"(1; 1; 1)"。具体的创建和设置方式将在7.2.1.2 节中通过更简单的案例来讲解。

保持文件中其余参数的设置不变，我们主要改变螺旋指数 m 和 n 观察碳纳米管的变化。由于 $m < n$ 和 $m > n$ 属于对称的手性关系，这里通过 Python 节点设定了 $m \leq n$ 的关系。当设定的 m 值超过 n 值时，n 会自动增加与 m 保持大小一致。如图 7-2-4 所示是三种不同类型的碳纳米管，当 $m = n = 6$ 时，碳纳米管为 Arm-chair 类型，末端六边形的边处于平齐状态；当 $m = 4$，$n = 8$ 时，碳纳米管为 Chiral 类型，六边形发生一定角度的倾斜；当 $m = 0$，$n = 10$ 时，碳纳米管为 Zig-zag 类型，末端六边形的边呈锯齿状。如果从长轴方向观察其透视效果，随着螺旋指数的改动，将会看到明显的螺旋变化。

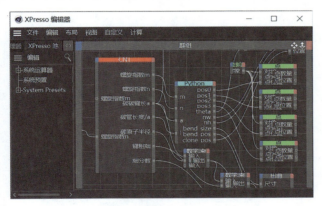

图 7-2-3

m = 6, n = 6　　m = 4, n = 8　　m = 0, n = 10

图 7-2-4

7.2.1.2 黄金分割角与向日葵

自然界中有很多图案都符合某种数学规律，例如，在向日葵的花盘中可以看到两组方向相反的螺旋线，这两组螺旋线的数目对应于斐波那契数列（$F_{n+2} = F_{n+1} + F_n$，$F_1 = 0$，$F_2 = 1$）中两个相邻的数字，如 5 和 8、13 和 21、34 和 55 等。如图 7-2-5 所示，红色逆时针螺旋线有 21 条，蓝色顺时针螺旋线有 34 条。

图 7-2-5

绘制这种排列图案涉及黄金分割角的概念，在几何学中，黄金分割角是根据黄金分割比例将圆的周长分割所形成的两段弧中较短的弧对应的角。如图 7-2-6 所示，将一个圆周分为长度为 a 和 b（$a > b$）的两段弧，使其满足 $(a + b)/a = a/b$ 的关系，可以求得 $\theta = 4\pi/(3 + \sqrt{5}) \approx 137.508°$。向日葵花盘的种子从内往外生长，每一颗新种子与前一颗之间的夹角均为 137.5°。有一种假说认为，植物采取这种螺旋排列方式是为了减少器官之间的彼此遮挡，最大限度地利用太阳光的能量。

在C4D中创建这种形式的排列可用到克隆工具，例如，对半径20 cm的球体对象进行克隆，克隆"模式"选择放射。在"对象"属性中，默认的克隆"数量"为5，"半径"为50 cm，"平面"选择XZ，得到的结果如图7-2-7所示（顶视图）。

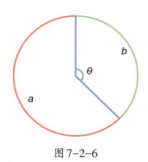

图7-2-6

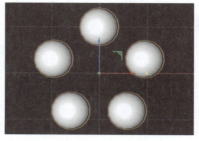

图7-2-7

若要在克隆的同时有逐步往外发散的效果，需要给克隆对象添加步幅效果器。步幅效果器"参数"变换属性中，默认选中的是"缩放"，这里改为选中"位置"选项，并将"P.Z"的值设为100 cm。为了效果更明显，将克隆的"数量"增加至10，结果如图7-2-8所示。

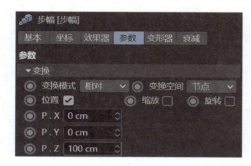

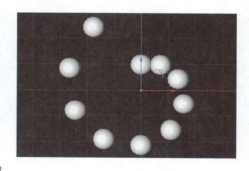

图7-2-8

由于克隆的"结束角度"默认为360°，所以螺旋绕一周就结束。为了得到斐波那契螺旋排列的效果，可将"结束角度"设为 $n \times 137.51°$，n 为克隆的数量。例如，克隆"数量"设为50，"结束角度"设为6875.5°（50×137.51°），另外分别将"结束角度"设为6850°（50×137°）和6900°（50×138°），得到的结果如图7-2-9所示。

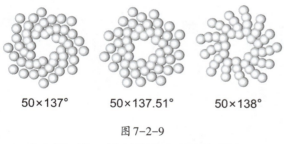

50×137°　　50×137.51°　　50×138°

图7-2-9

由上图可知，该图案最主要的参数有两个：一是数量，二是角度。在使用XPresso自定义参数时可按照如下步骤进行。首先创建一个空白对象，在属性窗口的"用户数据"菜单下单击"增加用户数据"选项，打开如图7-2-10所示的"编辑用户数据"窗口。选择"数据"，在右侧的"属性"中设置其"名称"为"数量"，"数据类型"选择整数，"步幅"默认为1。此外还可以设置数值的范围，"最小"和"最大"值分别设为0和1000，"默认值"设为50。设置好后单击左上角"添加数据"按钮，第二个数据的"名称"设为"发散角"，"数据类型"选择浮点，"用户界面"选择浮点滑块，"单位"选择实数。"最小"和"最大"值分别设为0和180，"默认值"设为137.5。最后单击"OK"按钮。设置完成后，可在空白对象属性窗口中看到"用户数据"属性菜单，包含"数量"和"发散角"两个属性参数，如

图 7-2-11 所示。

图 7-2-10

图 7-2-11

选择空白对象，单击"标签"菜单下的"编程标签"→"XPresso"选项，会在对象后面添加 XPresso 表达式标签 ，如图 7-2-12 所示。

双击 XPresso 标签可打开"XPresso 编辑器"窗口。将空白对象拖入编辑器窗口中可自动生成对象节点，蓝色为输入端，红色为输出端。单击红色的输出端弹出如图 7-2-13 所示的下拉列表，显示可以添加的端口属性，这里依次选择"用户数据"中的"数量"和"发散角"，即可给空白对象节点添加两个端口。

图 7-2-12　　　　　　　　　　　　　图 7-2-13

由于这两个端口参数需要控制的是克隆对象中的"数量"和"结束角度"，用同样的方法给克隆对象节点的输入端添加两个端口，并将两个"数量"端口用线连接起来，如图 7-2-14 所示。两个端口关联之后，现在克隆的"数量"无法单独修改，只能通过空白对象"用户数据"中的"数量"来设置。

图 7-2-14

第二个"结束角度"的值等于"数量×发散角"，乘法可以用"数学"节点。在"XPresso 编辑器"窗口右击，选择"新建节点"→"XPresso"→"计算"→"数学"，如图 7-2-15 所示。单击"数学"节点，在属性窗口可以看到数学运算器"节点"属性,将"功能"设为乘,如图 7-2-16 所示。然后将"数量"和"发散角"分别连接到"数学"节点的两个输入端口,"结束角度"连接到"数学"节点的输出端口。

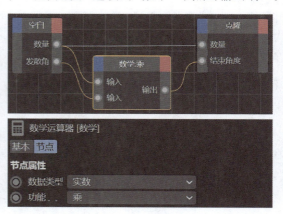

图 7-2-15　　　　　　　　　　　　　　　图 7-2-16

这里要注意克隆对象节点中的"结束角度"值是弧度制,所以需要对计算得到的角度进行转换。使用的是"XPresso"→"计算"→"角度"节点,在"节点"属性中,将"功能"设为"度数到弧度"即可。节点的连接方式如图 7-2-17 所示。

另外还可以将"数量"和步幅效果器位置变换的"P.Z"值关联起来,然后将克隆的"半径"设为 0 cm。改变自定义参数"数量"和"发散角"的值,观察图形的变化,如图 7-2-18 所示。这里所有的克隆对象大小一致,若需要做出从内到外逐渐放大的效果,可以设置步幅效果器的"缩放"变换参数。

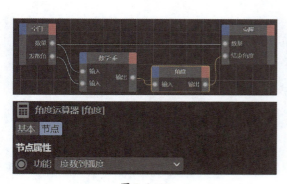

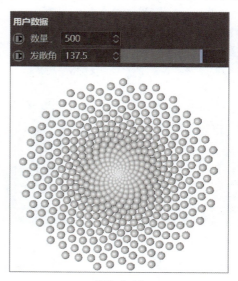

图 7-2-17　　　　　　　　　　　　　　　图 7-2-18

7.2.2 Grasshopper 简介

Grasshopper 是基于 Rhinoceros 3D 软件平台运行的一款可视化编程语言,目前主要应用于建筑设计领域。程序提供了大量的图形生成算法、数理计算和分析工具,在材料学、环境学、光学、流体力学、弹性力学、生物学等领域均有相应的工具可以使用,甚至还可以进行有限元分析、集群行为模拟、遗传算法、神经网络学习等。由于 Rhinoceros_Grasshopper 的软件架构开放程度非常高,其他个人或公司均可自由开发插件，使得其功能得到大幅度扩展。本节将简单介绍 Grasshopper 的基本用法及其在参数化设计中的应用。

7.2.2.1 电荷矢量场绘制示例

打开 Rhinoceros 软件后，单击标准工具栏中的 图标按钮，或者在指令栏输入 "grasshopper" 后按 "Enter" 键，即可打开 "Grasshopper" 窗口。如图 7-2-19 所示，"Grasshopper" 窗口是一个独立的窗口，包括标题栏、菜单栏和画布区域。

Grasshopper 中提供的基础工具有 Params（参数）、Maths（数学）、Sets（设置）、Vector（矢量）、Curve（曲线）、Surface（表面）、Intersect（相交）和 Transform（变换）等八类，也可以根据需要下载安装工具插件。单击 "File" 菜单的 "Special Folders" → "Components Folder" 选项可打开插件文件夹，下载的插件放置于文件夹中即可。工具栏中的每个组件直接拖到画布区域可以创建相应节点，如图 7-2-20 所示。也可以在画布区域双击鼠标左键，通过输入节点名称的方式来创建。由于节点的输入和输出端口是两个半圆形凸起，所以也被形象地称为 "电池"（本书中创建的 Grasshopper 组件节点统一使用这一称呼）。

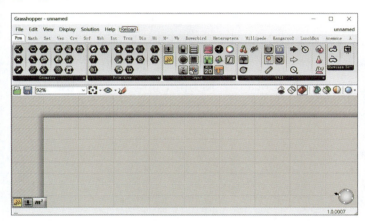

图 7-2-19

图 7-2-20

电池的显示有四种方式，如图 7-2-21 所示，可通过 "Display" 菜单中的 "Draw Icons" 和 "Draw Full Names" 选项来设置。例如，创建 "Construct Point" 电池（Vector 工具列表中），使用 "Draw Full Names" 端口可显示完整的名称，否则将显示缩写。使用 "Draw Icons" 电池名称将用图标符号显示，用户可根据习惯选择任一方式。建议初学者显示全称，熟悉之后再用缩写表示。

电池的状态有五种，如图 7-2-22 所示。浅灰色为正常的状态，深灰色表示该电池对应的对象处于隐藏状态，绿色表示该电池处于选中状态，橙色表示电池输入端缺少数据输入，红色表示电池出错。

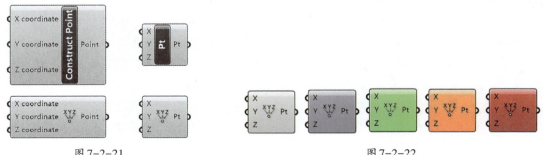

图 7-2-21　　　　　　　　　　　　图 7-2-22

按照如图7-2-23所示创建相应的电池，并连接对应的端口，可在Rhinoceros 3D软件的顶视图窗口看到如图7-2-24所示的效果。显示电场箭头的电池是"Tensor Display"，该电池有三个输入端口，分别为Field、Section和Samples，分别表示场、范围和采样数。有些端口有默认的参数设定，如Samples默认设置为1000，这里"Panel"电池设为250。"Tensor Display"电池需要设置Field和Sections两个端口的属性才生效，否则会显示橙色。Field由"Point Charge"电池提供，即单位1的点电荷。Section由"Rectangle"电池提供，此处设为范围在-20到20的矩形。

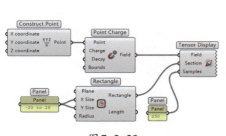

图7-2-23　　　　　　　　　　　　　　图7-2-24

如果有两个点电荷，可以用"Merge Fields"电池将两个电场进行矢量相加，如图7-2-25所示。两个Field端口分别连接到Fields端口时要按住"Shift"键，否则只能连接一个。取消端口的连接可按住"Ctrl"键进行。最终两个点电荷的电场分布如图7-2-26所示，左图为两个正电荷，右图电荷为一正一负。

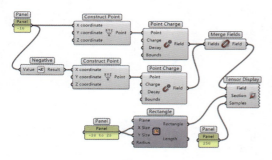 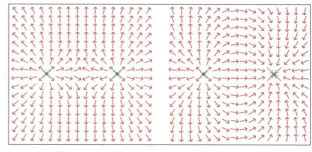

图7-2-25　　　　　　　　　　　　　　图7-2-26

7.2.2.2　数据结构和石墨烯能带曲面

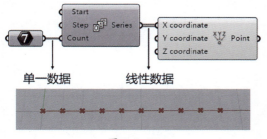

图7-2-27

在Grasshopper中，数据结构有三种类型：单一数据、线性数据和树形数据。正确使用数据结构是合理设计的前提。数据的结构类型可以从连线的样式看出来，由单根实线连接的是单一数据，由双根实线连接的是线性数据。如图7-2-27所示，"Series"电池的Count端口连接的是"Integer"电池，默认值为10，是单一数据。"Series"电池的作用是生成一个等差数列，默认起始值为0，步长为1，输出值为"0、1、2、3、4、5、6、7、8、9"十个数字，Series端口输出的是线性数据。将其输入"Construct Point"电池的X coordinate端口，可以创建十个点对象。

如果在X coordinate和Y coordinate两个端口都连接上"Series"电池生成的等差数列，将得到如

图7-2-28所示的结果。X和Y两个方向上的数值同步变化,得到的点坐标分别为(0,0,0)、(1,1,0)、(2,2,0)……(9,9,0)。

下面在第二个Series端口右击,选择"Graft"选项,如图7-2-29所示。

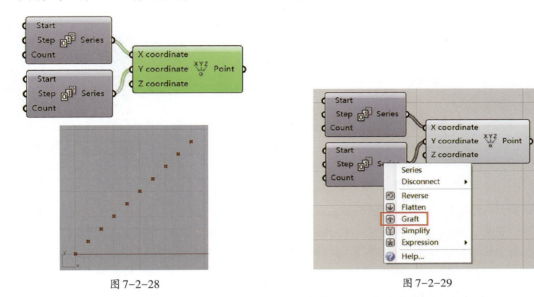

图7-2-28　　　　　　　　　　　图7-2-29

可以看到Series端口后面多出一个向上的箭头符号⬆,同时数据的连接线变成空心的虚线,表示该数据结构为树形数据,如图7-2-30所示。此时每个X坐标会和每个Y坐标生成坐标点,得到如图7-2-31所示的10×10的点阵。

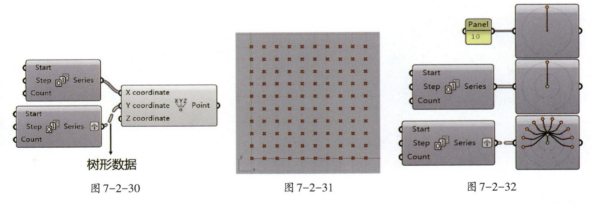

图7-2-30　　　　　　图7-2-31　　　　　　图7-2-32

使用"Param Viewer"电池可以查看数据的结构,在电池上右击选择"Draw Tree"选项,可以看到如图7-2-32所示的结果。简单来说,线性数据相当于把多个数据分在一个组,而树形数据相当于将数据分为多个组,每组存放一个数据。

举个具体的例子,我们知道石墨烯的电子能带结构可以用如下方程来表示:

$$E(\boldsymbol{k}) = \pm \gamma_0 \sqrt{1 + 4\cos^2 \frac{a}{2}k_x + 4\cos \frac{a}{2}k_x \cdot \cos \frac{\sqrt{3}a}{2}k_y}$$

其中,γ_0是最近邻(π轨道)跳跃能量,约为2.8 eV;a为晶格常数,约2.46 Å。k_x和k_y可以看作x和y方向上的单位向量。将"Series"电池的输入参数Start设为-2,Step设为0.1,Count设为40,得到从-2到2之间均匀分布的点。将Series端口输出的数据分别连接到两个"Number"电池,并在其中一个上右击选择"Graft"选项,将其改为树形数据。z方向上的数值可用"Expression"表达式电池来计算,注意输入端变量名称要与公式中的变量一致,如图7-2-33所示,计算得到的结果仍为树形数据。将三组数据分别连接到"Construct Point"电池的X、Y、Z coordinate三个输入端,得到如图7-2-34所示的点阵。

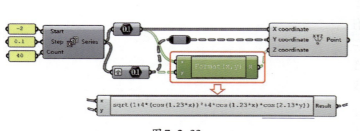
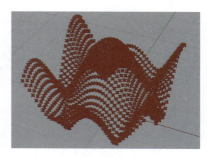

图7-2-33　　　　　　　　　　　　图7-2-34

最后将Point端口的数据输出到"Delaunay Mesh"电池的Points端口,连接之前要将原本的树形数据转为线性数据,在端口处右击选择"Flatten"选项即可。得到的曲面如图7-2-35所示。

初始的坐标点分布越密,得到的曲面结构也就越精细。此外还可以根据坐标值来设定颜色的渐变,如图7-2-36所示,随着z方向数值增加,颜色由绿到红发生变化。具体的电池组合参照提供的参考文件"Electronic Bond Structure.gh"。

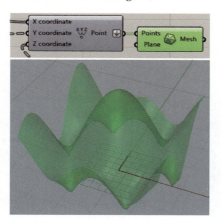
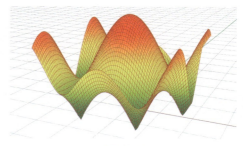

图7-2-35　　　　　　　　　　　　图7-2-36

7.3 设计中的数值计算和模拟

在很多3D软件中,通过计算和模拟来实现一些特殊的效果是常见的选择。本节仍旧以C4D和Grasshopper为讲解对象,带大家体会如何通过制订规则让软件自行完成设计的过程。

7.3.1 公式与函数

本节主要介绍现有的公式或函数如何在三维软件中使用的案例,主要体现在曲面造型的构造方面。

7.3.1.1 C4D中公式的用法

C4D中涉及公式的主要有样条公式对象、公式变形器、公式效果器和公式域对象。例如,创建一个平面对象,"宽度分段"和"高度分段"均设为100。然后添加公式变形器,变形器的"尺寸"设为400 cm × 100 cm × 400 cm,"d(u,v,x,y,z,t)"一栏输入"sin((u+t)*5.0*PI)*0.2",得到的结果如图7-3-1所示。这是一个涟漪状的变形,单击动画栏的播放按钮还会产生波动动画。而所有这些效果仅用一个简单的公式就可以完成。

实际上,C4D中只要能接受值的任何位置都可键入公式。熟练使用公式可以显著提高工作效率,轻松实现一些复杂的效果。比如创建一块平面的碳布编织结构,可以用波浪线作为基本单元通过克隆实现。但如果碳布是非平面甚至褶皱状的,一般有以下两种建模思路:(1)创建平面碳布模型,再利用变形器或动力学实现复杂形状效果;(2)先实现一个平面对象的特殊变形,然后基于模型的结构线做出编织效果。

第一种思路看似较简单,但变形时容易出现模型的穿插,如果用动力学模拟,计算量大的同时还容易出错。而第二种思路的关键在于如何从模型结构线得到编织的线条。如果是一条等分的直线段,只需要将间隔点偏移得到锯齿状造型即可。如果是UV方向的网格线,则需要在u和v两个方向都做出间隔的偏移效果,如图7-3-2所示。

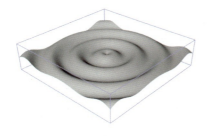

图 7-3-1

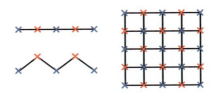

图 7-3-2

具体步骤如下,先创建一个平面对象,参数保持默认,按快捷键"C"将其转为可编辑多边形对象。给平面添加简易效果器,虽然效果器一般是作用于运动图形,但是可以在简易效果器对象的"变形器"属性中,将"变形"方式改为点,如图7-3-3所示,并且在"参数"属性中,将位置变换的"P.Z"值设为50 cm(这里的x、y、z分别对应于u、v、N方向)。可以看到平面的所有点朝法线方向偏移了50 cm,如图7-3-4所示。

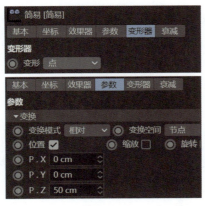

图 7-3-3

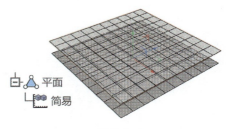

图 7-3-4

这里不需要所有的点都发生偏移,在构造窗口中可以看到所有的点都有对应的编号(id),如

图 7-3-5 所示，只需要编号为奇数或偶数的点同时偏移即可。

在简易效果器的"衰减"属性中添加公式域，如图 7-3-6 所示。效果器的强度会按照公式域进行重新分布，默认的"公式"为"0.5 + sin((subfields + (id / count) + d) * f * 360) * 0.5"，对应的效果如图 7-3-7 所示。

图 7-3-5

图 7-3-6

如果要让公式域选中所有的奇数点，只需要在域对象的"公式"栏输入"mod(id;2)=1"即可。这里的 id 表示点的编号，mod 表示求余。得到的结果如图 7-3-8 所示，然后再次转为可编辑多边形对象，利用提取样条工具得到所有 u 方向的边。另外 v 方向的边也是同样的提取步骤，只不过要将"公式"改为"mod(id;2)=0"，以获取所有的偶数点。最终提取的样条顶点改为柔性插值（点模式下右击选择"柔性插值"选项），得到交错的编织结构，如图 7-3-9 所示。

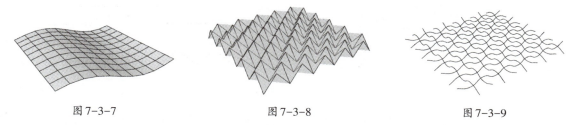

图 7-3-7　　　　　　　　　图 7-3-8　　　　　　　　　图 7-3-9

扩展到变形或褶皱的平面，可以先给平面多边形对象设置好 u 方向和 v 方向的边选集，然后再对平面进行变形。设置边选集时在边模式下选中同方向的边（边缘可取消选择），单击"选择"菜单下的"设置选集"选项即可。选集的设置也可以用公式域来完成，设置完成后会在对象的标签栏看到边选集标签的图标。在标签的基本属性中可以将"名称"分别改为"选集u"和"选集v"。变形后，多边形对象仍会保留选集标签的信息，如图 7-3-10 所示。

按照上述步骤进行奇（偶）数点的法线偏移和提取样条操作，得到编织结构。然后以多边形或圆形为截面扫描得到如图 7-3-11 所示的结果。注意设置截面和路径样条的点插值方式，尽量让分段数较低。如路径的"点插值方式"可选择统一，"数量"设为8；截面的"点插值方式"选择统一，"数量"设为1。

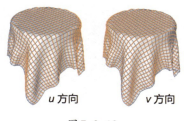

图 7-3-10

图 7-3-11

注意C4D的公式中"id"和"2"两个数值参数之间要使用分号";",小括号"( )"也可以换成中括号"[ ]",但必须保证使用的是英文输入法。更多的公式表达式写法如表7-1所示。

表7-1　C4D常见公式表达式写法

符号	含义	举例	符号	含义	举例	符号	含义	举例
数学运算符			函数			逻辑运算符		
+	加	144+14=158	cosh(a)	双曲余弦		=	等于	
-	减	144-14=130	sinh(a)	双曲正弦		==	相等比较	
*	乘	144*2=288	tanh(a)	双曲正切		>	大于	
/	除	144/12=12	floor(a)	向下取整	floor(11.8)=11	<	小于	
(	左括号	(3+4)*2=14	ceil(a)	向上取整	ceil(11.2)=12	>=	大于等于	
)	右括号		round(a)	四舍五入	round(11.8)=12	<=	小于等于	
单位			abs(a)	取绝对值	abs(-11)=11	!=	不等于	
km	千米	1km=1000m	sqr(a)	平方运算	sqr(5)=25	!	非	
m	米	1m=1m	sqrt(a)	平方根	sqrt(49)=7	||或者or	或	
cm	厘米	1cm=0.01m	exp(a)	指数函数	exp(5)=148.41	&&或者and	与	
mm	毫米	1mm=0.001m	log10(a)	常用对数	log10(100)=2	&	按位与	
um	微米	1um=0.00001m	log(a)	自然对数	log(e)=1	|	按位或	
nm	纳米	1nm=0.000000001m	trunc(a)	截取数字	trunc(-11.8987)=-11	^	按位异或	
mi	英里	1mi=1609.344m	rnd(a{;b})	0~a之间随机值,b为种子数		~	按位非	
yd	码	1yd=0.914m	pow(a;b)	幂运算	pow(2;3)=8	?(a;b)	条件取值	(3>4)?(10;20)=20
ft	英尺	1ft=0.305m	mod(a;b)	求余	mod(10;4)=2	常数		
in	英寸	1in=0.025m	clamp(a;b;c)	数值约束	clamp(2;6;10)=6	e	2.71828	
B	帧数		min(a;b)	最小值	min(4;7)=4	pi	3.14159	
函数			max(a;b)	最大值	max(4;7)=7	pi05	Pi/2	
sin(a)	正弦	sin(90)=1	(a)<<(b)	左移运算	1<<4=16	pi2	2*Pi	
cos(a)	余弦	cos(90)=0	(a)shl(b)	"	"	piinv	1/Pi	
acos(a)	反余弦	acos(0)=90	(a)>>(b)	右移运算	1000>>4=16	pi05inv	1/(Pi/2)	
asin(a)	反正弦	asin(1)=90	(a)shr(b)	"	"	pi2inv	1/(2*Pi)	
tan(a)	正切	tan(45)=1	len(a;b{;...})	矢量长度	len(1;1)=1.414			
atan(a)	反正切	atan(1)=45	花括号{ }表示可选值,可以不加					

7.3.1.2　极小曲面的公式建模

极小曲面在数学中定义为平均曲率为零的曲面。给定一条闭曲线,蒙在这条闭曲线上的所有曲面中有一个面积最小的曲面,该曲面即极小曲面。比如将线框浸入肥皂溶液中拿出后形成的薄膜。典型的极小曲面的例子包括Schwarz系列极小曲面、Gyroid极小曲面、Lidinoid极小曲面等。很多此类结构在自然系统中都有发现,如海胆、生物立方膜、蝴蝶翅膀及甲虫外骨骼等。人工体系中极小曲面同样具有重要的研究意义,如沸石结构、溶致和热致液晶、嵌段共聚物自组装体系等。

通常,这类结构都需要专业计算类软件才能绘制。以Gyroid为例,这是一种无限连通的三重周期极小曲面结构,具有三重旋转对称性。有意思的是,和其他三重周期极小曲面一样,Gyroid可以用一个简短的方程式表达为:

$$\sin x \cos y + \sin y \cos z + \sin z \cos x = 0$$

本节我们借助Grasshopper来创建该模型。

由于Grasshopper的软件架构是对外开放的,其插件的数量多达上千种,常见的如LunchBox、Kangaroo2、Axolotl等。这里我们用到的是一款叫作Millipede的插件,按照7.2.2节的描述,单击"File"菜单的"Special Folders"→"Components Folder"选项打开插件文件夹,将解压后的插件放入文件夹中,重启软件即可使用。

这里用到的是Millipede电池组件中的"Iso surface"电池,其主要功能为利用空间数值分布绘制等值面。该电池最核心的输入端口是Values和IsoValue,Values用于空间数值的输入,IsoValue为等值设定,默认为0。如图7-3-12所示,根据表达式"sin(x)*cos(y)+sin(y)*cos(z)+sin(z)*cos(x)"计算得到空间的数值分布,默认得到的是数值为0的等值面。

数值输入使用的是"Evaluate"电池,这是Math电池列表中的变量表达式电池,默认有Variable x和Variable y两个变量。在变量名称上右击可更改变量名,滑动滚轮放大显示电池后会出现⊕和⊖的符号,可增加或删减变量。三维空间需要x、y、z三个变量,如图7-3-13所示,电池颜色为橙色表明端口需要有数据输入。

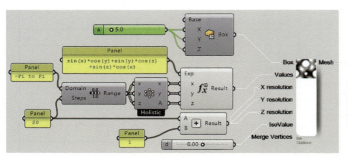

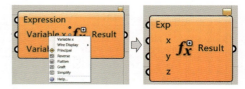

图7-3-12　　　　　　　　　　　　　　图7-3-13

Expression端口直接用"Panel"电池输入表达式,x、y、z三个端口输入的是三维空间点坐标。先用"Range"电池设置每个坐标轴方向上的取值范围和步数,Domain端口输入的是"-Pi to Pi"表示空间取值范围在$-\pi$到π之间,Steps端口输入的是20,表示将2π的长度等分成20段。每个方向得到21个点坐标后,用"Cross Reference"电池将其交叉扩展为空间的21×21×21个点坐标,端口的增加和名称修改同上。

"Iso surface"电池的Box端口表示等值面的生成范围,这里直接用"Center Box"电池来确定。X/Y/Z resolution端口表示的是等值面的分辨率,需要与空间坐标点的数目相对应。每边是21个(Steps+1)点,使用"Addition"电池完成。"Merge Vertices"端口的功能是对模型的点进行优化,数据类型为布尔,默认是False。可以用"Boolean Toggle"电池与之相连接,双击该电池可以切换布尔值。最后在"Iso surface"电池上右击,选择"Bake"选项,可以将得到的对象烘焙成网格模型进行上色渲染,结果如图7-3-14所示。在该案例中,Steps数值控制的是等值面模型的分辨率,数值越高相当于细分越多,计算时间也会越长。Domain控制的是坐标范围,例如,改为"-2*Pi to 2*Pi",结果如图7-3-15所示。另外,改变IsoValue的值可以让等值面产生法线方向上的偏移,例如,分别输入值-1.2和1.2,得到如图7-3-16所示的Double Gyroid骨架结构。

 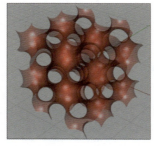 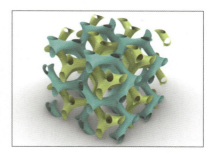

图7-3-14　　　　　　　　　　图7-3-15　　　　　　　　　　图7-3-16

其他类型的极小曲面只需要更换表达式即可自动生成，例如，Schwartz Primitive 极小曲面，对应的方程为 cos$x$ + cos$y$ + cos$z$ = 0；Schwartz Diamond 极小曲面，对应的方程为 cos$x$ + cos$y$ + cos$z$ − sin$x$ sin$y$ sin$z$ = 0。代入后计算得到的结果如图 7-3-17 所示。

除了 Millipede 插件的"Iso surface"电池外，Axolotl（蝾螈）插件也可以生成 Gyroid 极小曲面。这是为 Grasshopper 提供的一款体积建模插件，是根据有符号距离场 SDF（见 4.3.3 节）来创建等值面模型的方法。在 Axolotl 提供的电池组件中有

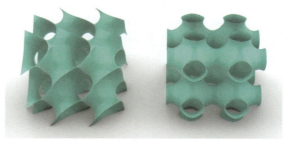

图 7-3-17

一组 Lattice 电池，提供了各种常用的曲面，其中就包括生成 Gyroid 极小曲面的电池"TPMS"（Triply Periodic Minimal Surface），如图 7-3-18 所示。具体的操作极其简单，仅需将"TPMS"电池的 Distance Object 端口连接到"Isosurface Distancefunction"电池的 Distance Object 端口即可，如图 7-3-19 所示。

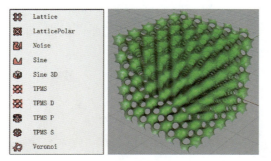

图 7-3-18

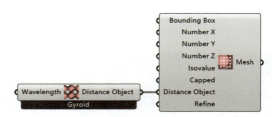

图 7-3-19

Distance Object 类似于 C4D 中的体素对象，参照 C4D 体积建模的思路，SDF 体素之间可以进行布尔运算。这里对 Gyroid 和球形的 Distance Object 求交集，最终可得到球形的 Gyroid 结构，如图 7-3-20 所示。具体参考本书提供的"gyroid ball.gh"文件。

在"TPMS"电池图标上右击，还可以切换多种极小曲面的选项，包括 SchwartzP、Diamond、Lidinoid、Neovious 等，最终得到的结果如图 7-3-21 所示。

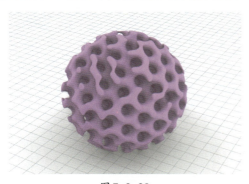

图 7-3-20

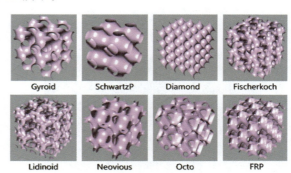

图 7-3-21

7.3.2 力学模拟

力学模拟是三维软件的重要功能之一，借助于近似真实物理场景中的解算，可以让对象的动力

学过程更加逼真。通过合理的模型化处理，对象的刚体或柔体性质也能够得到很好的体现。

7.3.2.1　C4D中的碰撞动力学

如果说利用公式或函数直接生成三维结构是静态的建模方法，那么力学模拟可以看作是动态的建模过程。本节通过对C4D中有关碰撞动力学的介绍（包括碰撞变形器、推散效果器、刚体碰撞和柔体碰撞、布料碰撞等），帮助大家了解三维软件中力学模拟可实现的效果。

❶ 碰撞变形器

碰撞变形器一般用于模拟刚性物体和柔软表面的碰撞效果，实现方法比较简单。碰撞需要在两个网格模型间发生，其中需要变形的对象添加碰撞变形器。例如，创建一个标准球体对象，"半径"设为50 cm，"分段"设为32，作为施加碰撞的主体。再创建一个平面对象，"宽度分段"和"高度分段"均设为50，作为碰撞的受体。给平面对象添加碰撞变形器，作为其子对象。然后在"碰撞器"属性中，将球体对象添加到"对象"栏中，如图7-3-22所示。

默认的碰撞"解析器"为交错类型，选择球体对象沿Y轴方向上下移动，可以看到球体与平面发生碰撞。如图7-3-23所示，当球体与平面作用距离超过某一临界值时，碰撞的方向发生翻转。

若需要平面有很大的拉伸强度，可以将"解析器"类型改为内部（强度），再次移动球体时效果如图7-3-24所示。这里的"内部"指的是法线反方向，即平面下方。若将平面的"方向"设为-Y，则平面上方表示"内部"。

图7-3-22　　　　　　　　图7-3-23　　　　　　　　图7-3-24

碰撞变形器还有一个功能是可以通过曲线来控制碰撞的衰减变形，这里将"解析器"改为外部，然后在"对象"属性中将"衰减"改为碰撞器，如图7-3-25所示。默认的曲线为强度值为0的水平线，按住"Ctrl"键在曲线上单击可添加点，移动点可改变曲线的形状。将曲线改成0.0~0.5呈现峰状突起的形状，对应的碰撞效果如图7-3-26所示，类似于4.3.3节中颗粒嵌入的效果。通过调节"距离"和"强度"的值，可以分别改变碰撞效果在UV方向和法线方向上的作用范围或强度。

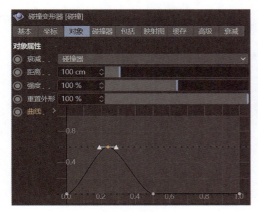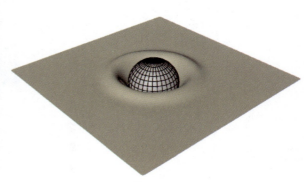

图7-3-25　　　　　　　　　　　　　　　图7-3-26

❷ 推散效果器

推散效果器的作用是使彼此靠近的对象互相拉开距离，通常用于表面克隆数较多时对象之间互有穿插的情形，如图 7-3-27 所示。

虽然推散效果器的参数比较简单，却能实现很多有意思的效果。例如，直接给一个球体对象添加推散效果器，球体的"半径"设为 100 cm，"分段"设为 32，"类型"为二十面体。推散效果器置于子层级，并将其"变形器"属性中的"变形"方式改为"点"。"效果器"属性中默认的推散"模式"为"推离"，设置"半径"值可得到不同的变形效果。如图 7-3-28 所示是推离"半径"分别为 10 cm、16 cm 和 21 cm 时的效果。

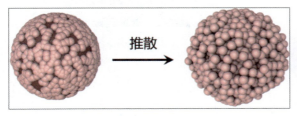

图 7-3-27

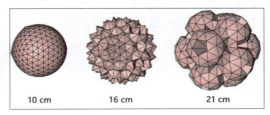

图 7-3-28

在本书提供的"扩散花纹.c4d"文件中，巧妙使用推散效果器还能得到类似于反应扩散花纹的图案。具体思路如图 7-3-29 所示：第一步，在任意形状的初始样条上克隆小球，设置步幅值使得克隆对象之间互相有穿插；第二步，添加推散效果器，设置推离半径让克隆对象互相之间稍有分离；第三步，连接克隆对象的轴心形成新的样条；第四步，在新的样条上克隆小球，重复以上步骤。

为了方便起见案例文件中用矩阵对象代替克隆对象，矩阵也是运动图形对象的一种，其模式和克隆对象完全一样。这里选择六边形作为初始样条，"半径"设为 50 cm。矩阵对象的"模式"选择"对象"，"分布"方式选择步幅，"步幅"大小设为 8 cm，如图 7-3-30 所示。图中的红色小方块并非实体对象，只是矩阵的示意，不可渲染。

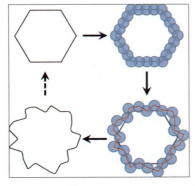

图 7-3-29

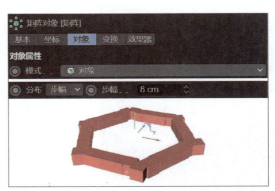

图 7-3-30

连接小方块轴心使用的是追踪对象，这同样是一个运动图形。在"对象属性"中，"追踪链接"一栏拾取"矩阵"对象，"追踪模式"改为"连接所有对象"。连接得到的样条"类型"设为立方，"点插值方式"选择自然，"数量"设为 4，如图 7-3-31 所示。

循环的实现可以在矩阵对象的"对象"一栏设置动画，在第 0 帧时"对象"栏选择六边形并设置关键帧，设置方法为单击"对象"前面的圆形按钮，使其变成红色，如图 7-3-32 所示。然后在动画编辑栏将关键帧滑块移到第一帧的位置，"对象"栏选择追踪对象，再次设置关键帧。这样之后的矩阵参考对象都是最新生成的样条。

图 7-3-31　　　　　　　　　　　图 7-3-32

图7-3-33所示是样条形状的变化，第0帧是六边形对象，之后都是（样条）追踪对象。单位F是Frame（帧）的首字母。由于初始的六边形是平面图形，添加推散效果器后所有的作用力都在XY平面上，没有平面外的分力，所以整个变化过程都在XY平面内进行。如果将初始样条换成一小段螺旋线，得到的线条图案将是三维空间的，如图7-3-34所示。

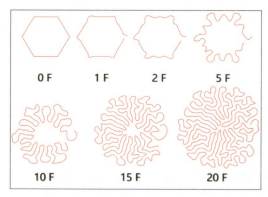

图 7-3-33

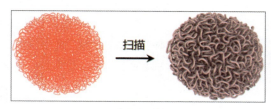

图 7-3-34

❸ 刚体碰撞和柔体碰撞

上述的碰撞变形器和推散效果器虽然能实现某些特定的效果，但C4D中主要的碰撞模拟还得靠

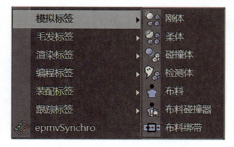

图 7-3-35

图 7-3-36

模拟标签来完成。常用的模拟标签有刚体、柔体、碰撞体、布料、布料碰撞器等，如图7-3-35所示。

创建一个平面对象，为其添加碰撞体标签。然后创建运动图形中的文本对象，为其添加刚体标签。在文本的"对象"属性中将"高度"和"深度"分别设为30 cm和3 cm，"对齐"方式选择中对齐。"封盖"属性中的"倒角外形"选择圆角，"尺寸"设为0.8 cm。文本的内容为"3D科研绘图从入门到精通"，空格和换行如图7-3-36所示。

这里的刚体标签和碰撞体标签同属于力学体标签，添加完标签后刚体会在默认的重力作用下下落，与碰撞体发生碰撞。将文本对象的位置移到平面正上方，单击动画编辑栏的向前播放按钮（快捷键"F8"）可以播放文本下落与平面碰撞的动画，再次按"F8"可暂停，按"Shift+F"回到第0帧。单击文本对象后的刚体标签，在其"碰撞"属性的"独立元素"参数中可以看到四个选项，分别为关闭、顶层、第二阶段和全部。如果选择关闭，所有文字作为一个整体作为碰撞单元；如果选择顶层，文字的每一行作为一个碰撞单元；如果选择第二阶段，每个单词作为一个碰撞单元；如果选择全部，则每个字作为独立的碰撞单元，如图7-3-37所示。

此外，碰撞体的对象外形也会影响碰撞的结果。例如，用一个陀螺模型作为碰撞体，在碰撞体标签的"碰撞"属性中，将"外形"分别设为方盒、椭圆体、静态网格和关闭，得到的结果如图7-3-38所示。当"外形"为方盒或椭圆体时，碰撞在模型的方形或椭球形边界框处发生；当"外形"关闭时，不发生碰撞。只有当"外形"为静态网格时，得到的才是理想的碰撞效果。显然，静态网格外形需要计算模型所有的表面，结果更精确的同时计算量也更大。

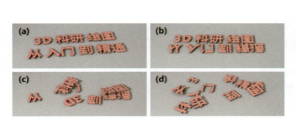

图7-3-37

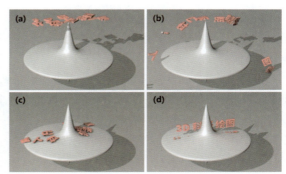

图7-3-38

与刚体碰撞对应的是柔体碰撞，刚体是将整个模型作为硬多边形，而柔体则可以看作是由弹簧连接的质点组成。当作用力施加到柔体对象上时，其影响将从局部碰撞点扩散到周围其他点，产生力的扩散效应。设置柔体标签只需要将力学体标签"柔体"属性中的"柔体"选项改为"由多边形/线构成"即可，如图7-3-39所示。

每个质点连接的弹簧种类可分为三种，在"弹簧"属性中分别称为"构造""斜切"和"弯曲"。这三种弹簧对质点的束缚作用如图7-3-40所示，构造弹簧的主要功能是支撑柔体的外部形状。

图7-3-39

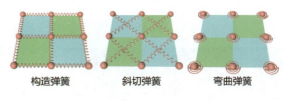

图7-3-40

例如，给一个平面对象（"宽度分段"和"高度分段"均设为40）添加柔体标签，球体对象添加碰撞体标签，让平面对象自由落到球体表面模拟布料覆盖的造型。改变三类"弹簧"的作用，比较模拟结果的变化。

在"柔体"属性中，默认的"构造"值100是一个比较合适的值。如图7-3-41所示是"构造"值从25到150的模拟结果变化，"斜切"值保持为50不变，"弯曲"值为0。可见当"构造"值较小时，"布料"受到明显的重力拉扯。

然后将"构造"值设为100保持不变，"弯曲"值仍为0，"斜切"值由20增加到100，模拟结果的变化如图7-3-42所示。增加"斜切"值后，四边形面对角被拉长的现象有效得到缓解，相当于增加了质点间"斜切"弹簧的弹性系数。当"斜切"值为50时，可得到较好的布料模拟效果。

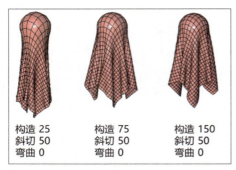

图 7-3-41

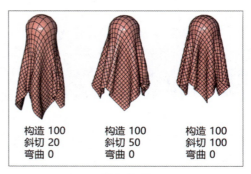

图 7-3-42

最后设定"构造"值为100，"斜切"值为50，"弯曲"值从1增加到10，模拟结果如图7-3-43所示。"弯曲"值对模拟结果的影响很明显，增加"弯曲"值可显著减少"布料"的褶皱，类似于增加了布料材质的硬度。

每种"弹簧"都设置了"阻尼"值，表示对抗变化的强度。"阻尼"值越大，体系越容易达到平衡。默认的"阻尼"值为20%，通常情况下无须改变。此外"柔体"属性中还有"保持外形"和"压力"两类参数，可以实现封闭模型的膨胀或压缩效果。例如，创建一个球体对象，"类型"选择六面体，"分段"设为64。为了使得球面的结构线尽可能均匀，减小在模拟过程中因受力分布不均导致的倾向性变化，可以给球体添加重构网格生成器，如图7-3-44所示。

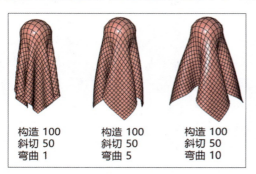

图 7-3-43

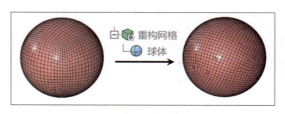

图 7-3-44

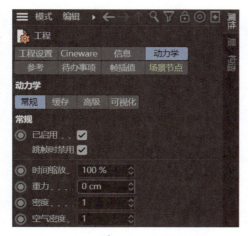

图 7-3-45

给重构网格对象添加柔体标签，直接模拟的话球体会在重力作用下下落。需要在属性窗口的"模式"菜单下选择"工程"选项，"动力学"属性中设置"重力"值为0 cm，如图7-3-45所示。

在标签的"柔体"属性中，"构造""斜切"和"弯曲"弹簧的值分别为100、50和50。设置"压力"值为-30，"保持体积"值为100。压力为正值模型体积会膨胀，为负值则会收缩。按快捷键"F8"播放，模拟结果如图7-3-46所示，到第9帧时模型结构破坏。解决这一问题有两个办法，一是增加"保持体积"的数值，二是增加"硬度"的值，如图7-3-47所示。这两种方法本质上都是增加模型结构对压力的抵抗，此处我们选择将"硬度"的值增加到3。

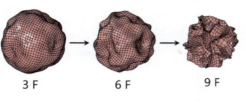

图 7-3-46　　　　　　　　　　图 7-3-47

在此基础上，改变"弯曲"值可以塑造不同的褶皱效果，如图 7-3-48 所示。"弯曲"值越大，褶皱越不容易发生。

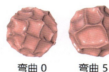

图 7-3-48

❹ 布料碰撞

虽然柔体也能模拟布料的效果，但C4D还是单独设置了布料标签和布料碰撞器标签。一方面是标签的功能更有针对性，另一方面则是因为解算方法的性能差异。布料标签的属性中有"硬度""弯曲"和"橡皮"参数，与柔体中的"弹簧"类似，控制网格的拉伸与弯曲。

C4D中布料标签需要添加给多边形对象才起作用。以风吹旗帜的效果为例，创建一个平面对象，设置平面的"宽度"和"高度"分别为300 cm和400 cm，"宽度分段"和"高度分段"分别为30和40，"方向"改为+X。按快捷键"C"将其转为可编辑多边形对象，然后添加布料标签。在布料标签的"影响"属性中可以设置"重力""风力方向"和"风力强度"等，如图 7-3-49 所示。

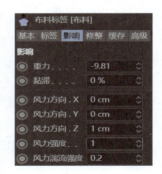

如果直接模拟，整块平面多边形对象都会被"吹走"，一般需要将一侧的顶点固定。方法是在点模式下选中一侧的顶点，然后在布料标签的"修整"属性中单击"固定点"后面的"设置"按钮，如图 7-3-50 和图 7-3-51 所示。

图 7-3-49

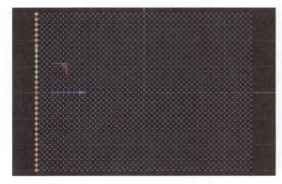
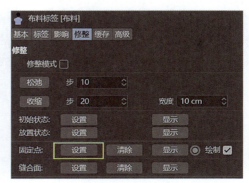

图 7-3-50　　　　　　　　　　图 7-3-51

在布料标签的"高级"属性中选中"本体碰撞"和"全局交叉分析",并将"影响"属性中重力的"黏滞"设为20%(类似"阻尼")。然后更改"风力强度"的值分别为0、5和10,模拟得到的结果如图7-3-52所示。

图 7-3-52

以上就是C4D中有关碰撞动力学方面的主要内容,关于三维软件中力学模拟更基础的知识将在7.3.2.2节中详细介绍。

7.3.2.2 基于物理的图像创建

在计算机图形学领域,基于物理的技术促进了可自动生成复杂形状和真实运动的模型的创建,且为图形对象增加了新的表现层次。除了几何外,力、扭矩、速度、加速度、动能和势能、热量及其他物理量都能被用来控制模型的创建和演化。物理定律控制着模型的行为,包括模型之间的交互及和模拟的物理世界之间的响应。常见的物理模拟体系包括质点、刚体、柔体、碰撞检测与响应、铰链系统及约束、流体动力学等,这些模拟通常表现为用高性能计算求解微分方程组的过程,最终呈现为图像化的语言。本节我们尝试用最简单的例子帮助大家理解基于物理的图像创建是如何进行的。

质点是目前最容易模拟的对象。它可以定义为具有质量、位置和速度,并且对力有反应,但没有空间范围的物体。尽管质点很简单,但它们可以表现出许多有趣的行为。例如,通过在质点间连接简单的阻尼弹簧可以构建各种非刚性结构。材料的宏观特性,如在弯曲、剪切和扭转中的行为,都可以看作是质点之间的简单相互作用在分子水平上的体现。虽然实际模拟所用到的质点数远比现实世界中物体的粒子数量要少,但合理的质点分布(位置和质量等)允许我们用离散的方式来获得很好的真实物理行为的近似。相比于复杂的连续模型,这种概念上的简单性更易于设计师理解。

根据牛顿第一和第二运动定律可知:1.物体在不受外力的作用下将保持静止或匀速直线运动的状态;2.作用在物体上的力可使物体产生加速度 a,并满足 $F = ma$(m 为物体的质量)的关系。在质点模拟中,体系会将作用在每个质点上的所有力进行矢量相加,得到每个质点的总力 F,求出加速度 a 后再对运动微分方程进行数值积分来获得所有质点的新的位置。

具体到数学中,速度可定义为位置随时间的变化速率:

$$v = \frac{dx}{dt}$$

加速度可定义为速度随时间的变化速率:

$$a = \frac{dv}{dt} = \frac{d^2v}{dt^2}$$

表示成积分形式就是,速度是加速度对时间的积分,位置是速度对时间的积分:

$$v = \int a dt$$

$$x = \int v dt$$

数学中的积分运算是比较容易的，但在计算机模拟中，我们几乎不可能使用微积分原理来计算这些数值。常用的方法是数值积分技术，通过设置合适的步长和步数来不断逼近实际值。

假设质点的初始位置是x_0，初始速度是v_0，利用积分知识很容易计算出其在任意时刻t的位置和速度，分别为：

$$v = \int a dt = v_0 + at$$

$$x = \int v dt = x_0 + v_0 t + \frac{1}{2} at^2$$

但在数值积分技术中，根据欧拉方法需要设置一个时间步长 Δt 来进行渐进式求解，具体可写成如下形式：

$$v_{i+1} = v_i + \frac{F_i}{m} \Delta t$$

$$x_{i+1} = x_i + v_i \Delta t$$

其中，F_i表示物体在第i步运算时所受到的合力。可见 Δt 的值越小，数值积分的结果就越精确，但同时也意味着计算步长会更长。为了使得模拟结果更加精确，通常会对算法进行优化，常见的有Runge-Kutta methods（龙格－库塔法）、中值积分法等，这里不做详细介绍。

质点模拟体系中最常见的力是重力，它是方向竖直向下的恒定力。一个静止的质点在重力的作用下会做自由落体运动。如图7-3-53所示，将一条线段等分成若干小段，并将两端固定住。每个✖号表示一个质点，在重力作用下，可以模拟绳子悬挂的效果。除了重力外，"绳子"上的质点还受到来自两个端点的拉力，在中间点成为最低点时整体达到平衡。和初始的线段相比，相邻质点间的距离有一定程度的拉长。拉长的程度可以体现材料的物理特性，通过控制长度的可拉伸性来模拟"缆绳"或"挂面"的悬挂效果。

将其扩展到二维和三维的曲面，可以用一组带有柔性连接的网格节点来逼近对象。比较简单的连接方式是弹簧连接，类似于C4D中的柔体碰撞模拟。由此可以模拟包括重力、风力、体积膨胀力等在内的作用力下的效果，例如，飘舞的旗帜、下坠的帐篷、瘪掉的橡皮球等。质点间连线的长度变化类似于弹簧的伸缩，在偏离平衡位置时会产生回复力，可以理解为长度上的限制。给这种长度限制一个最小值，若质点间距超过该值时无相互作用，若质点间距小于等于该值时表现出强烈的排斥，即可模拟两个质点间的碰撞效果，如图7-3-54所示。

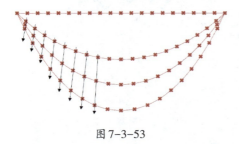

图 7-3-53

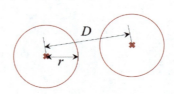

图 7-3-54

除了长度的限制外，角度的限制同样可以给模拟对象的性质带来更多的变化。如将相邻线段的夹角限制在接近180°的范围内变动，模拟过程中则表现为明显的抗弯折能力。简单的限制条件组合往往能得到特殊的结果。例如，一个节点（质点）连接方式确定的网格平面，线段的长度可任意变化但不能破坏整体的拓扑结构，如图 7-3-55 所示。将每条线段分为两段，并限制两段之间的夹角始终为 180°，然后让与同一个质点相连的所有线段保持长度一致。经过形状调整达到平衡状态之后，可得到圆相切填充（Circle packing）图案。由于节点的网络连接数各不相同，最后得到的圆半径也大小不一。该方法也可以拓展到三维的曲面上，只需要给所有节点添加附着于原曲率曲面上的作用力即可。又如图 7-3-56 所示的图案，节点之间设置了碰撞限制，改变相邻线段的夹角设定（0°~90°），在曲线生长过程中可以得到从平滑到锯齿状的不同效果。

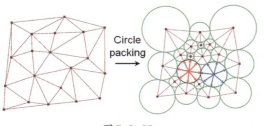

图 7-3-55

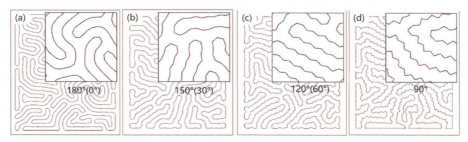

图 7-3-56

在科研绘图中，适当的限制条件有利于获得更接近真实物理环境下的结果。但大多数设计软件中的限制条件需要自行设置，只有极少数软件专门为此提供了集成化的节点或嵌入式的功能，如 Grasshopper 中的 Kangaroo 插件、cellPAINT 软件等。以 cellPAINT 软件为例，这是美国国立卫生研究院专门为非专业设计人士开发的一款交互式数字绘图工具，它可以帮助用户快速创建诸如细胞和病毒分子结构的插图。如图 7-3-57 所示是 cellPAINT 的软件界面，左侧是提供的可绘制元素，右侧是绘制工具，中间是绘图区。

图 7-3-57

在使用cellPAINT绘图时，为了体现场景的深度，采用的是一个前景层和两个背景层混合组成的2.5D模式。每个绘图元素以2D形式展现，且只能在所在的平面中旋转。越靠底层的元素颜色的明暗度越低。2.0版的cellPAINT软件还允许用户自定义绘图元素，使用已有的图片（PNG格式）或用PDB ID号生成皆可。该软件最大的优势在于场景中所有的绘图元素都遵循最基本的热力学和动力学设定，主要表现在刚体碰撞、铰链约束及扩散动力学等方面。

❶ 刚体碰撞

cellPAINT中的绘图元素根据其类型（可溶、膜结合、纤维状）不同，可被定义为含有一个或多个碰撞标记的刚体。用户可以在设置中选中碰撞发生的选项，包括蛋白-蛋白碰撞、纤维-蛋白碰撞、纤维-纤维碰撞及膜-膜碰撞。根据元素形状的外轮廓顶点协方差矩阵求出两个本征值，当其比值小于临界值（1.15）时碰撞标记定义为圆形，否则定义为矩形，如图7-3-58所示。

比较特殊的是与膜结合的蛋白质分子，这些分子既要体现出和其他元素间的碰撞行为，同时运动范围又只能限制在膜上。为解决这一问题，软件采取的是分开计算的策略。在与其他蛋白或纤维碰撞时，膜上的蛋白作为一个整体进行计算。与所在的膜发生碰撞时，则采用多种碰撞标记的组合。如图7-3-59所示，将膜看作是"铁轨"，蛋白则像是沿着"铁轨"滑动的"火车车厢"。膜的内外两侧均有圆形碰撞标记，如同"轮子"将蛋白固定在膜上。

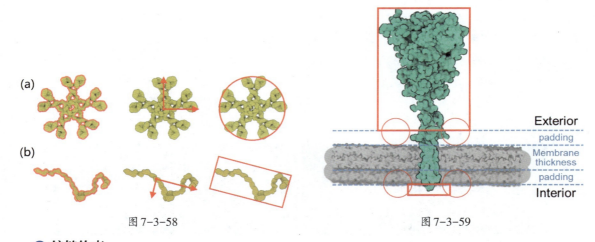

图 7-3-58　　　　　　　　　图 7-3-59

❷ 铰链约束

对于纤维状的绘制元素（如DNA、RNA等），除了主体碰撞标记外，在中心周围指定距离处还有两个额外的圆形碰撞标记。这些圆形碰撞标记一方面可提供碰撞判断，另一方面还用作铰链连接的锚点。如图7-3-60所示，红色的点表示锚点，蓝色的点表示图形中心，蓝点之间用弹簧连接来调节纤维的持续长度。

不同类型的分子添加的弹簧连接数也不相同，如刚性较强的DNA链使用了10个弹簧，高度柔性的RNA链则没有添加，介于两者之间的膜（截面）使用了3个弹簧。目前版本的cellPAINT软件在用户自定义纤维类型的绘图元素时，无法设置与持续长度相关的参数（默认使用3个弹簧）。

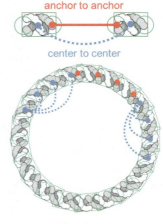

图 7-3-60

❸ 扩散动力学

粒子在介质中的扩散受到粒子尺寸、系统温度、介质黏度等诸多因素的影响，其扩散系数可通过Stokes-Einstein方程来表达：

$$D_t = \frac{k_B T}{6\pi \eta R}$$

其中，k_B是玻尔兹曼常数，T是绝对温度，η是介质黏度，R是粒子半径。根据三维随机行走模型可求得粒子在时间t内的平均位移值为：

$$\langle \Delta r \rangle = 6 D_t t$$

考虑cellPAINT中的绘制对象多为非球形，所以同时还采用了一种基于最大和最小维度平均值的简化方法来计算旋转扩散的平均角位移：

$$\langle \Delta \theta \rangle = 2 D_r t$$

$$D_r = \frac{k_B T}{8\pi \eta R^3}$$

其中，D_r为旋转扩散系数。

通过软件界面的右下角的"温度计"设置温度可以调节分子运动的快慢。此外，绘图工具中提供了移动工具，使用者可以给图形元素施加拖曳力。图钉工具允许用户将图形元素固定在场景画布中。如图7-3-61所示是在封闭的细胞膜内部绘制了两种蛋白质分子，将温度设为最高值，经过一段时间的扩散运动后，两种蛋白质分子逐渐趋向均匀分布。由于分子行走的方向是随机的，膜受到来自内部各个方向上的碰撞力都是平均化的。在这些力的综合作用下，可以看到膜的包裹形状从最初的椭圆形逐渐变为最终的圆形。

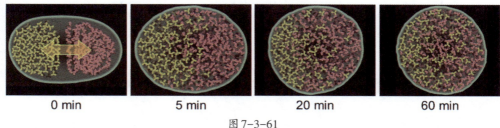

图 7-3-61

从各类软件提供的关于符合物理规律的图形创建方法来看，本质上还是用一些具有实际物理意义的数学公式作为指导或限制条件。单纯在设计创作时，算法设定的自由度可以更高。下节中我们将介绍几种经典的计算机图形算法，通过对算法的学习和优化，我们也可以对图形背后的形成原理有更深层次的认识。

7.4 计算机图形的算法实现

算法是软件将数据转化为图像的基础，在之前章节的学习中，很多地方都可以看到算法对于计算机图形可视化所起的作用。例如，医学影像三维重构中的Marching Cubes（立方体行进）和Ray-casting（光线投射）算法、蛋白质等值面模型的SES（溶剂排除表面）和GS（高斯表面）算法、Catmull-Clark

细分曲面算法、三维软件渲染时的全局照明算法及其他各种基于物理的解算等。算法可以将复杂的问题用简化的语言来描述，基于算法的图像创建过程往往能用参数可控的方式来实现。特别是在创建不规则图形时，理想的算法能够极大地提升制作效率和结果准确度。由于不同软件中的编辑操作差异较大，具体操作步骤较多，本节内容以算法原理的讲解为主。

7.4.1 分形与迭代

分形（Fractal）一词是由数学家 Benoît Mandelbrot 于1975年创造的，意为破碎的、分数的。分形对象有两个基本特征：①每点上具有无限的细节；②对象局部和整体之间的自相似性。现有的研究表明，分形方法在模拟自然界中的不规则形状时可发挥重要的作用，如海岸线、植物、云等。

以确定性（非随机）自相似分形几何构造为例，给定一个初始的几何形状（初始元）和用来代替初始形状的图形（生成元），不断重复替代步骤即可得到分形图案。这套指令是由生物学家 Lindenmayer 于1968年提出的一个数学模型，被广泛应用于植物生长过程的研究，简称L-系统（L-systems）。初始元和生成元是L-systems中两个关键的概念，并且有一套自定义的书写规则来实现。最简单的指令诸如F（前进一格）、+（左转）、-（右转）等，不同软件可能略有差异。在计算机图形学中利用该方法绘制的图形也称为海龟图形（Turtle Graphics）。

利用C4D软件中的运动样条对象可以简单实现这一功能。将运动样条的对象"模式"改为Turtle，在"Turtle"属性中可设置"前提"和"规则"，即定义初始元和生成元。比如，在"前提"中输入"+(90)F--F--F"，可以得到一个正三角形（C4D中"F"默认方向朝+Z方向）。+(90)表示顺时针（顶视图方向观察，后同）转90°，F表示前进一个单位，单位距离由"数值"属性中的"默认移动"参数决定，默认值为 10 cm。"-"号表示逆时针旋转一个单位，"--"则表示逆时针旋转两个单位。单位角度由"数值"属性中的"默认角度"参数决定，这里设为60°。"规则"一栏则输入"F=F+--F+F"得到生成元图形，如图7-4-1所示。

图 7-4-1

在"数值"属性中设置"生长"值为1~4，可得到如图7-4-2所示的雪花形状，也称作Koch曲线。这是一种典型的分形曲线，每一步"生长"由原来的一条线段变成4段，每条线段的长度缩减为原来的1/3，由此可计算出该图案的分形维数。

设置不同的"前提"和"规则"可以得到更多种类的分形曲线，如图7-4-3所示（a）Koch曲线；（b）Dragon曲线；（c）Sierpinski垫片；（d）Hilbert曲线。对应的参数如表7-2所示，具体推导可参考Lindermayer的 *The algorithmic beauty of plants*。

图 7-4-2

(a) 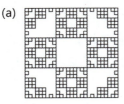 (b)  (c) 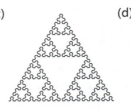 (d)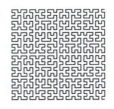

图 7-4-3

表7-2 分形曲线的L-systems规则

曲线名称	前提	规则	默认角度/°
Koch curve	F-F-F-F	F=FF-F-F-F-FF	90
Dragon curve	FA	A=A+BF+ B=-FA-B	90
Sierpinski gasket	BF	A=BF+AF+B B=AF-BF-A	60
Hilbert curve	A	A=-BF+AFA+FB- B=+AF-BFB-FA+	90

以上图形绘制过程体现了迭代的基本思想，即将某一指令重复性代入进行循环计算的过程。在编程类语言中，迭代一般可用循环语句来实现。算法相当于是规则的设计，不同的规则和初始条件可以导致不同的迭代结果。例如规定这样一种算法，如图7-4-4所示。在一段弧线上随机分布点，点的数量与弧线长度成正比。然后将弧线半径扩大得到新的弧线，再随机分布新的点。在原来弧线上的所有点中，找到距离每个新的点最近的点，并且连线。重复以上步骤，最终可得到如图7-4-5所示的扇形"珊瑚树"图案。如果将初始的弧线改为圆环，并在每一步迭代过程中增加高度上的变化，即可得到喇叭状或锥状曲面上的"珊瑚树"分叉图案，如图7-4-6所示。

图7-4-4

图7-4-5

图7-4-6

类似的例子还有很多，这类算法需要注意的是迭代的判断条件的设置。可以设定有限的循环步数，也可以设定循环终止的条件，以避免陷入死循环。

7.4.2 反应扩散图案

1952年，英国数学家Alan Turing（艾伦·图灵）发表了一篇题为"The Chemical Basis of Morphogensis"的论文。该论文描述了自然界中的图案如条纹、斑点等，是如何在均匀的初始状态下自发形成的。为此，图灵提出了一个模型，体系中有两种均匀分布的物质（P和S）相互作用。其中，P物质能够促进P物质和S物质的产生，但S物质却又抑制了P物质的产生。由此造成的扩散速率差异使得两种物质从混沌状态趋向于最终的稳定分布，如果赋予其不同的颜色，则会呈现出有序的花纹，即反应扩散图案（Reaction-Diffusion Pattern）。

假设两种物质的浓度分别用u和v来表示，反应扩散的过程可写成如下的偏微分方程形式：

$$\frac{\partial u}{\partial t} = D_u \nabla^2 u(x,y) + f(u,v)$$

$$\frac{\partial v}{\partial t} = D_v \nabla^2 v(x,y) + g(u,v)$$

方程的结果和浓度分布、扩散系数及物质的生成和消耗方式有关,在此基础上的相关研究已获得了丰富多样的结果。

利用设计类软件创建反应扩散图案并不一定非得借助于可编程模块,例如,在Photoshop中,可以用图像的模糊滤镜来模拟不同灰度值的像素间的扩散,高反差滤镜结合阈值设置可以模拟"消耗"过程,两者组合起来可看作是反应扩散过程中的一个步骤单元。重复以上动作就可以获得反应扩散图案,如图7-4-7所示。

具体地,可以在Photoshop的动作窗口(快捷键"Alt+F9")中记录如图7-4-8所示的动作,依次为"高斯模糊""高反差保留"和"阈值","高斯模糊"和"高反差保留"的半径均设为25像素,"阈值"的色阶设为128。

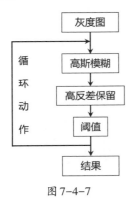

图 7-4-7

图 7-4-8

对于任意灰度图,单击动作窗口的"播放选定的动作"按钮▶,执行设定的"Reaction-Diffusion"动作。如图7-4-9所示是单次循环内的图像变化,每执行一次,图像都会经历"高斯模糊""高反差保留"和"阈值"设定三个步骤,直接显示的是最后一步结果。重复单击▶按钮循环执行"Reaction-Diffusion"动作,即可获得如图7-4-10所示的最终图案。

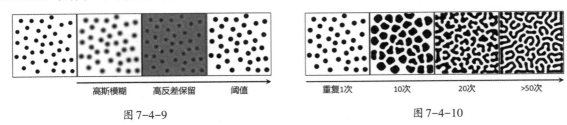

图 7-4-9   图 7-4-10

"高斯模糊"和"高反差保留"的半径值决定了扩散和消耗的速度,而"阈值"影响的是平衡的倾向。如图7-4-11所示,当"高斯模糊"和"高反差保留"的半径值越小,得到的扩散花纹越精细,但对应的图案扩展速度也就越慢,需要执行的动作循环次数增多。从图中还可以看出,最终的反应扩散图案受到初始图像的影响,使用已有的图片或文字很容易得到一些有意思的花纹。另外,如果在动作循环过程中改变"阈值"的色阶,可以控制图案从条纹向斑点的转变。128是0~255色阶的中间值,增加或减小色阶可以调节图案朝黑白两端的发展倾向,如图7-4-12所示。

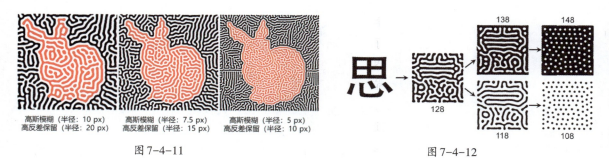

图 7-4-11　　　　　　　　　　　　　　　图 7-4-12

类似的原理在C4D等三维软件中也可以实现，如图7-4-13所示，利用域对象对顶点贴图的调控可获得类似的效果。域对象的层控制中可以使用"冻结"来调节域的范围变化，"冻结"的层"模式"可改为平均，并选中"自动更新"选项。混合方式"添加"表示扩散，"减去"表示抑制。另外还可以添加曲线调节两者的变化速率，扩散占优势时倾向于得到条纹图案，抑制占优势时倾向于得到斑点图案。顶点贴图还可以添加到材质的着色器纹理中，赋予对象颜色和凹凸等效果，如图7-4-14所示。

图 7-4-13　　　　　　　　　　　　　　　图 7-4-14

7.4.3　扩散限制凝聚

扩散限制凝聚（Diffusion-Limited Aggregation，简称DLA）模型是由Witten和Sander于1981年在研究随机行走的粒子如何聚集的过程中共同提出的。其基本思想分为两步：第一步是设置一个初始粒子作为种子；第二步是在远离种子的任意位置随机产生一个无规则行走的粒子，当其与种子接触时成为聚集体的一部分（新的种子）。然后不断重复第二个步骤，就能得到最终的聚集团簇。由此产生的聚集体具有高度支化和分型的特征，二维情形下其分形维数约为1.7。典型的DLA聚集图案如图7-4-15所示，由于聚集体的末端对中心附近区域的屏蔽作用，通常表现出更快的生长速度。类似的现象在很多体系中都可以观察到，如电化学沉积、毛细血管或支气管生长、介电击穿等。

对于使用任何一种编程语言的程序员来说，得到符合上述特征的图像都并非难事。考虑运行时长，大多数的模拟都是在二维平

图 7-4-15

面或三维曲面上进行的。在实际模拟中为了优化进程，不同的粒子生成或行走方式被采用。例如，根据团簇的回转半径来逐渐扩大随机粒子的生成范围；当粒子行走至足够远超出边界距离时让其消失并重新生成粒子，或者当粒子从一侧边界离开时同时又从另一侧边界进入，诸如此类。但如果要用设计类软件得到类似的结果，通常需借助粒子模拟或基于代码的操作，如C4D软件中的Thinking Particles、Houdini软件中的VEX等。

例如，在C4D的粒子系统中构造这样一种体系，在原点附近生成固定的种子粒子（seed），从半径为R的圆上往内部发射粒子（food）。显然，不同的发射方式会得到不同的结果。例如，这里选取六个发射点，为了让粒子分布更均匀，发射器发射粒子的同时缓慢旋转，如图7-4-16所示。让粒子朝种子方向运动虽然破坏了运动的随机性，但可以大大加快模拟进程。在用Thinking Particles创作的过程中，主要有三个注意点：（1）粒子的生成方式和受到的力场作用；（2）粒子的分组，即固定的聚集体和游走的粒子两组；（3）距离的判定和粒子所属组别的转化。这些都可以通过Xpresso编辑器中Thinking Particles节点来实现，例如用于生成粒子的"粒子事件波动"节点，用于添加立场的"PForce"节点，用于判定距离的"粒子排斥反弹"节点等。具体可参考文件"DLA.c4d"中XPresso标签的内容。如图7-4-17所示是不同帧数下的模拟结果，可以用"TP几何体"将粒子显示替换为模型。

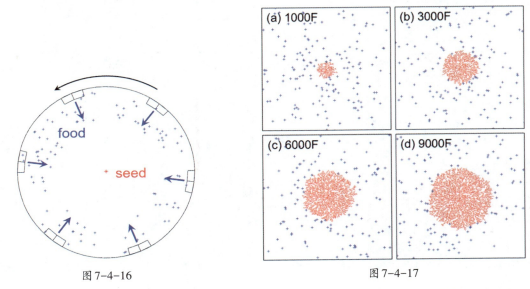

图7-4-16　　　　　　　　　　　图7-4-17

类似的算法思想还可以用于叶脉图案的生成中，叶脉相当于聚集体，生长源即随机生成的粒子。为每个生长源搜索最近的叶脉节点，使得节点朝着富有生长素的方向生长。根据节点生成的时刻还可以给叶脉的每个节点赋予寿命参数，在生成图像时对应产生粗细、颜色等方面的变化。传统的设计类软件由于面向的受众群体不同，在实现各种算法时仍存在诸多缺陷和不足，因而这类计算机图形主要依靠编写代码来获得。特别是3D分形图案中的自相似细节的表现和渲染，对传统三维软件而言仍是不小的挑战。不管是在功能还是速度方面，Houdini软件都是该领域的翘楚。

以上所介绍的算法仅仅是计算机图形相关算法中的几个经典案例，其他诸如Voronoi多边形、迷宫算法、最短路径算法、不等生长模型等，还可以生成更多复杂而有趣的图形。无论是需要从头编辑的算法，还是已经封装到软件操作内部的代码语言，它们共同构成了计算机图形的创作基础。点、线、面的构建，光与影的打磨，或建立在经验的积累和用心观察的基础上，或在不懈地思考中无限接近设计的本源。绚丽多姿的图像背后往往蕴藏着最简单的逻辑，那些存在于宇宙、山川、生物、细胞、分子等从宏观到微观各个尺度上的事物中的图案，也许就是科学和艺术之间最美妙的联系。

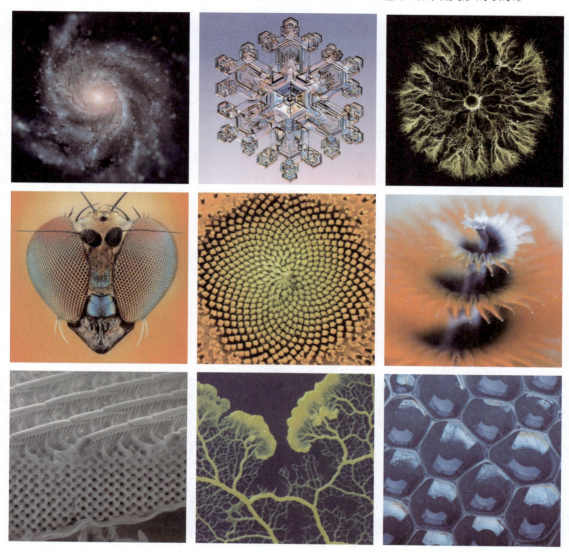

附录一 参考文献

[1] 钱学森，科学技术现代化一定要带动文学艺术现代化[R]. 科学文艺，1980 (2).

[2] Geoffrey B, The evolution of scientific illustration [J]. Nature 2019, 575: 25–28.

[3] Dahlia W Z, Split-brain, the right hemisphere, and art: fact and fiction [M]. Progress in Brain Research 2013: 3–17.

[4] Glasser L, Phase diagrams of ordinary water substance [J]. Journal of Chemical Education 2004, 81(3): 414–418.

[5] Brad R M, Colin B, Megan L M, Daniel W K, Leigh J M, Thomas H, Molly I W, Summer A P, Jonathan K W, An integrated approach to identify low-flammability plant species for green firebreaks [J]. Fire 2020, 3(9): 1–5.

[6] Salgado L E V, Vargas-Hernández C, Spectrophotometric determination of the pKa, isosbestic point and equation of absorbance vs. pH for a universal pH indicatior [J]. American Journal of Analytical Chemistry 2014, 5: 1290–1301.

[7] Milan R M, Jelena M Z, Dragan B N, Ivana M S, Snezana D Z, How flexible is the water molecule structure? Analysis of crystal structures and the potential energy surface [J]. Phys. Chem. Chem. Phys. 2020, 22(7): 4138–4143.

[8] Kenneth R S, John C R, Michael W D, Basic properties of digital images. https://micro.magnet.fsu.edu/primer/digitalimaging/digitalimagebasics.html, 2016-02-11/2022-07-02.

[9] William E L, Harvey E C, Marching cubes: a high resolution 3D surface construction algorithm [J]. Computer Graphics 1987, 21(4): 163–169.

[10] Hall S R, Allen F H, Brown I D, The crystaalographic information file (CIF): a new standard archive file for crystallography [J]. Acta Cryst 1991, A47: 655–685.

[11] Brown I D, McMahon B, The crystallographic information file (CIF) [J]. Data Science Journal 2006, 5: 174–177.

[12] Ligia-Domnica C, Teodora S, Mircea-Florin V, Alin V, 3D reconstruction and volume computing in medical imaging [J]. Acta Technica Napocensis 2011, 52(3): 18–24.

[13] Anja C S, Paul A B, Diethard T, Neil A T, TINA manual landmarking tool: software for the precise digitization of 3D landmarks [J]. Frontiers in Zoology 2012, 9(6): 1–5.

[14] Pan Z X, Tian S, Guo M Z, Zhang J X, Yu N B, Xin Y W, Comparison of medical image 3D reconstruction rendering methods for robot-assisted surgery [C]. 2nd International Conference on Advanced Robotics and Mechatronics (ICARM) 2017, Piscataway NJ: IEEE, 2017: 94–99.

[15] Brian S K, David G H, Donald F B, Elliot K F, Skeletal 3-D CT: advantages of volume rendering over surface rendering [J]. Skeletal Radiol 1996, 25: 207–214.

[16] Goddard T D, Huang C C, Meng E C, Pettersen E F, Couch G S, Morris J H, Ferrin T E, UCFX ChimeraX: Meeting modern challenges in visualization and analysis [J]. Protein Science 2018, 27(1): 14–25.

[17] Pettersen E F, Goddard T D, Huang C C, Meng E C, Couch G S, Croll T I, Morris J H, Ferrin T E, UCSF ChimeraX: Structure visualization for researchers, educators, and developers [J]. Protein Science 2021, 30(1): 70–82.

[18] Giuseppe G, Fulvio W, The evolution of the digital curve: from shipbuilding spline to the diffusion of NURBS, subdivision surfaces and t-splines as tools for architectural design [J]. INFOLIO 2020, 36: 127-133.

[19] Ravi R, Global illumination and the rendering equation. https://slidetodoc.com/advanced-computer-graphics-rendering-lecture-3-global-illumination/. 2009-09-09/2022-07-02.

[20] Johnson J E, Speir J A, Quasi-equivalent viruses: a paradigm for protein assemblies [J]. J. Mol. Biol. 1997, 269(5): 665-675.

[21] Reidun T, Antoni L, Structural puzzles in virology solved with an overarching icosahedral design principle [J]. Nature Communications 2019, 10(4414): 1-9.

[22] Antoni L, Sean B, Diana Y L, Colin B, Simon W, The missing tailed phages: prediction of small capsid candidates [J]. Microorganisms 2020, 8(1944): 1-18.

[23] Megan P, Todd B, Seeing science: using graphics to communicate research [J]. Ecosphere 2021, 12(10): 1-14.

[24] Fennifer L M, Piotr G, Stefan T, Matthew S, Digital medical illustration for the radiologist [J]. Radio Graphics 2018, 38(4): 1-13.

[25] Voger H, A better way to construct the sunflower head [J]. Mathematical Biosciences 1979, 44: 179-189.

[26] Neto A H C, Guinea F, Peres N M R, Novoselov K S, Geim A K, The electronic properties of graphene [J]. Reviews of Modern Physics 2009, 81(1): 109-162.

[27] Han L, Che S A, An overview of materials with triply periodic minimal surfaces and related geometry: from biological structures to self-assembled systems [J]. Advanced Materials 2018, 1705708: 1-22.

[28] House D H, Keyser J C, Foundation of physically based modeling and animation [M]. CRC Press 2017.

[29] Gardner A, Autin L, Barbaro B A, Olson A J, Goodsell D S, CellPAINT: Interactive illustration of dynamic mesoscale cullular environments [J]. IEEE Comput. Graph. Appl. 2018, 38(6): 51-66.

[30] Gardner A, Autin L, Fuentes D, Maritan M, Barad B A, Medina M, Olson A J, Grotjahn D A, Goodsell D S, CellPAINT: Turnkey illustration of molecular cell biology [J]. Frontiers in Bioinformatics 2021, 1(660936): 1-19.

[31] Hearn D, Baker M P, Carithers W R, 计算机图形学(第四版) [M]. 蔡士杰, 杨若瑜译. 北京: 电子工业出版社, 2014. 11.

[32] Lindenmayer A, The algorithmic beauty of plants [M]. Springer-Verlag, 1996.

[33] Turing A M, The chemical basis of morphologies [J]. Biological Sciences 1952, 237(641): 37-72.

[34] Witten T A, Sander L M, Diffusion-limited aggregation, a kinetic critical phenomenon [J]. Physical Review Letters 1981, 47(19): 1400-1403.

[35] Halsey T C, Diffusion-limited aggregation: a model for pattern formation [J]. Physical Today 2000, 53(11): 36-41.

[36] Runions A, Fuhrer M, Lane B, Federl P, Rolland-Lagan A, Prusinkiewicz P, Modeling and visualization of leaf venation patterns [M]. ACM SIGGRAPH 2005 Papers, 2005: 702-711.

[37] Ball P, Patterns in nature: why the natural world looks the way it does [M]. The University of Chicago Press, 2016.

附录二　软件快捷键

*本书整理的快捷键为Windows操作环境下，仅供参考。

❶ 通用型快捷键

【Ctrl+A】全选	【Ctrl+N】新建	【Ctrl+V】粘贴
【Ctrl+B】粗体	【Ctrl+O】打开文件	【Ctrl+X】剪切
【Ctrl+C】拷贝/复制	【Ctrl+S】保存文件	【Ctrl+Z】撤销
【Ctrl+I】斜体	【Ctrl+Shift+S】另存为	

*具体软件中可能存在个别差异。

❷ Photoshop 常用快捷键

【A】直接选择工具	【Ctrl+Shift+I】反向选择	【Alt+Backspace】填充前景色
【B】画笔工具	【Ctrl+E】向下合并图层	【Shift+<+/->】混合模式循环选择
【C】裁剪工具	【Ctrl+Shift+E】合并可见图层	【Shift+Alt+N】正常模式叠加
【D】重置前/背景色	【Ctrl+G】图层编组	【Shift+Alt+I】溶解
【E】橡皮擦工具	【Ctrl+Shift+G】取消编组	【Shift+Alt+K】变暗
【F】切换显示模式	【Ctrl+H】显示/隐藏选区	【Shift+Alt+M】正片叠底
【G】渐变工具	【Ctrl+I】反相	【Shift+Alt+A】线性加深
【H】抓手工具	【Ctrl+J】图层拷贝	【Shift+Alt+B】颜色加深
【I】吸管工具	【Ctrl+M】曲线调整	【Shift+Alt+G】变亮
【J】污点修复画笔工具	【Ctrl+L】色阶调整	【Shift+Alt+S】滤色
【K】图框工具	【Ctrl+Shift+L】自动调整色阶	【Shift+Alt+W】线性减淡
【L】多边形套索工具	【Ctrl+R】显示/隐藏标尺	【Shift+Alt+D】颜色减淡
【M】矩形选框工具	【Ctrl+U】色相/饱和度调整	【Shift+Alt+O】叠加
【O】减淡工具	【Ctrl+Shift+U】去色	【Shift+Alt+F】柔光
【P】钢笔工具	【Ctrl+T】自由变换	【Shift+Alt+H】强光
【Q】标准和快速蒙版模式切换	【Ctrl+Alt+C】画布大小调整	【Shift+Alt+V】亮光
【R】旋转视图工具	【Ctrl+Alt+E】盖印图层	【Shift+Alt+J】线性光
【S】仿制图章工具	【Ctrl+Alt+Shift+E】盖印可见图层	【Shift+Alt+Z】点光
【T】文字工具	【Ctrl+Alt+F】重复上次滤镜	【Shift+Alt+L】实色混合
【V】移动工具	【Ctrl+Alt+I】图像大小调整	【Shift+Alt+E】差值
【W】魔棒工具	【Ctrl+0】满画布显示	【Shift+Alt+X】排除
【X】前/背景色对调	【Ctrl+Alt+0】实际像素显示	【Shift+Alt+C】颜色
【Y】历史记录画笔工具	【Ctrl+;】显示/隐藏参考线	【Shift+Alt+U】色相
【Z】缩放工具	【Ctrl+"】显示/隐藏网格	【Shift+Alt+T】饱和度
【Ctrl+B】色彩平衡调整	【Ctrl+Delete】填充背景色	【Shift+Alt+Y】明度
【Ctrl+D】取消选择	【Ctrl+Backspace】填充背景色	
【Ctrl+Shift+D】重新选择	【Alt+Delete】填充前景色	

❸ Cinema 4D 常用快捷键

【F1】透视图	【Ctrl+左键】视图元素减选	【M+M】连接点/边
【F2】顶视图	【U+L】循环选择	【M+N】消除
【F3】右视图	【U+B】环状选择	【M+O】滑动
【F4】正视图	【U+Q】轮廓选择	【M+P】缝合
【E】移动	【U+F】填充选择	【M+Q】焊接
【R】旋转	【U+M】路径选择	【U+A】对齐法线
【T】缩放	【U+N】选择平滑着色断开	【U+R】反转法线
【C】转为可编辑对象	【U+I】反选	【U+C】坍塌
【L】启用轴心	【U+W】选择连接	【U+E】移除 N-gons
【W】切换坐标系统	【U+Y】扩展选区	【U+P】分裂
【Alt+左键】视图旋转	【U+K】收缩选区	【U+O】优化
【Alt+中键】视图移动	【0】框选	【U+S】细分
【Alt+右键】视图缩放	【8】套索选择	【Shift+F1】对象管理器
【Alt+G】群组对象	【9】实时选择	【Shift+F2】材质管理器
【Shift+G】解组对象	【N+A】光影着色	【Shift+F3】时间线(摄影表)
【Alt+R】交互式渲染	【N+B】光影着色(线条)	【Shift+F4】层管理器
【Ctrl+R】渲染当前活动视图	【N+G】线条	【Shift+F5】属性管理器
【Shift+R】渲染到图片查看器	【M+E】多边形画笔	【Shift+F6】图像查看器
【O】最大化显示所选对象	【M+A】创建点	【Shift+F7】坐标管理器
【H】最大化显示所有对象	【M+D】封闭多边形孔洞	【Shift+F8】内容浏览器
【S】最大化显示所选元素(包括点、边、多边形)	【M+S】倒角	【Shift+F9】构造管理器
【Shift+S】启用捕捉	【M+B】桥接(【B】)	【Shift+F10】控制台
【Ctrl+B】渲染设置	【M+T】挤压(【D】)	【Shift+F11】脚本管理器
【Ctrl+D】工程设置	【M+W】内部挤压(【I】)	【Shift+F12】自定义命令
【Ctrl+I】工程信息	【M+K】线性切割(【K~K】)	【Shift+Alt+F2】材质节点编辑器
【Ctrl+E】设置	【M+J】平面切割(【K~J】)	
【Shift+左键】视图元素加选	【M+L】循环/路径切割(【K~L】)	